"十二五"国家重点出版规划项目

雷达与探测前沿技术丛书

空间目标监视和测量
雷达技术

Space Object Surveillance and Measurement
Radar Technology

高梅国　付　佗　等著

国防工业出版社

·北京·

内 容 简 介

本书紧密围绕空间目标监视和探测的特殊问题,论述了雷达探测空间轨道目标的特色技术。全书共分三部分:第一部分主要介绍空间目标监视背景知识,包括空间目标监视概述和空间目标特性及观测需求;第二部分主要阐述空间编目批量目标监视探测技术,包括空间目标监视相控阵雷达技术和空间目标监视伪码连续波雷达信号处理技术;第三部分主要阐述空间目标精密测量、增程信号处理和成像技术,包括空间目标雷达精密测量技术、中高轨目标雷达探测技术和空间目标雷达成像技术。

本书可作为空间目标监视与识别、雷达探测技术、雷达系统设计、雷达信号处理等领域的科研工作者、研究生、系统应用人员的参考用书。

图书在版编目(CIP)数据

空间目标监视和测量雷达技术 / 高梅国等著. —北京:国防工业出版社,2017.12
(雷达与探测前沿技术丛书)
ISBN 978 - 7 - 118 - 11531 - 4

Ⅰ. ①空... Ⅱ. ①高... Ⅲ. ①测量雷达 - 研究
Ⅳ. ①TN959.6

中国版本图书馆 CIP 数据核字(2018)第 008710 号

※

国防工业出版社 出版发行
(北京市海淀区紫竹院南路 23 号 邮政编码 100048)
天津嘉恒印务有限公司印刷
新华书店经售
*
开本 710×1000 1/16 印张 19¾ 字数 337 千字
2017 年 12 月第 1 版第 1 次印刷 印数 1—3000 册 定价 88.00 元

(本书如有印装错误,我社负责调换)

国防书店:(010)88540777   发行邮购:(010)88540776
发行传真:(010)88540755   发行业务:(010)88540717

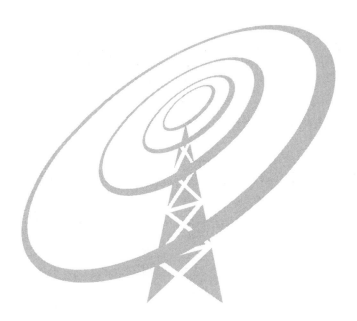

总　序

　　雷达在第二次世界大战中初露头角。战后，美国麻省理工学院辐射实验室集合各方面的专家，总结战争期间的经验，于1950年前后出版了一套雷达丛书，共28个分册，对雷达技术做了全面总结，几乎成为当时雷达设计者的必备读物。我国的雷达研制也从那时开始，经过几十年的发展，到21世纪初，我国雷达技术在很多方面已进入国际先进行列。为总结这一时期的经验，中国电子科技集团公司曾经组织老一代专家撰著了"雷达技术丛书"，全面总结他们的工作经验，给雷达领域的工程技术人员留下了宝贵的知识财富。

　　电子技术的迅猛发展，促使雷达在内涵、技术和形态上快速更新，应用不断扩展。为了探索雷达领域前沿技术，我们又组织编写了本套"雷达与探测前沿技术丛书"。与以往雷达相关丛书显著不同的是，本套丛书并不完全是作者成熟的经验总结，大部分是专家根据国内外技术发展，对雷达前沿技术的探索性研究。内容主要依托雷达与探测一线专业技术人员的最新研究成果、发明专利、学术论文等，对现代雷达与探测技术的国内外进展、相关理论、工程应用等进行了广泛深入研究和总结，展示近十年来我国在雷达前沿技术方面的研制成果。本套丛书的出版力求能促进从事雷达与探测相关领域研究的科研人员及相关产品的使用人员更好地进行学术探索和创新实践。

　　本套丛书保持了每一个分册的相对独立性和完整性，重点是对前沿技术的介绍，读者可选择感兴趣的分册阅读。丛书共41个分册，内容包括频率扩展、协同探测、新技术体制、合成孔径雷达、新雷达应用、目标与环境、数字技术、微电子技术八个方面。

　　（一）雷达频率迅速扩展是近年来表现出的明显趋势，新频段的开发、带宽的剧增使雷达的应用更加广泛。本套丛书遴选的频率扩展内容的著作共4个分册：

　　（1）《毫米波辐射无源探测技术》分册中没有讨论传统的毫米波雷达技术，而是着重介绍毫米波热辐射效应的无源成像技术。该书特别采用了平方千米阵的技术概念，这一概念在用干涉式阵列基线的测量结果来获得等效大

Ⅴ

口径阵列效果的孔径综合技术方面具有重要的意义。

（2）《太赫兹雷达》分册是一本较全面介绍太赫兹雷达的著作，主要包括太赫兹雷达系统的基本组成和技术特点、太赫兹雷达目标检测以及微动目标检测技术，同时也讨论了太赫兹雷达成像处理。

（3）《机载远程红外预警雷达系统》分册考虑到红外成像和告警是红外探测的传统应用，但是能否作为全空域远距离的搜索监视雷达，尚有诸多争议。该书主要讨论用监视雷达的概念如何解决红外极窄波束、全空域、远距离和数据率的矛盾，并介绍组成红外监视雷达的工程问题。

（4）《多脉冲激光雷达》分册从实际工程应用角度出发，较详细地阐述了多脉冲激光测距及单光子测距两种体制下的系统组成、工作原理、测距方程、激光目标信号模型、回波信号处理技术及目标探测算法等关键技术，通过对两种远程激光目标探测体制的探讨，力争让读者对基于脉冲测距的激光雷达探测有直观的认识和理解。

（二）传输带宽的急剧提高，赋予雷达协同探测新的使命。协同探测会导致雷达形态和应用发生巨大的变化，是当前雷达研究的热点。本套丛书遴选出协同探测内容的著作共 10 个分册：

（1）《雷达组网技术》分册从雷达组网使用的效能出发，重点讨论点迹融合、资源管控、预案设计、闭环控制、参数调整、建模仿真、试验评估等雷达组网新技术的工程化，是把多传感器统一为系统的开始。

（2）《多传感器分布式信号检测理论与方法》分册主要介绍检测级、位置级（点迹和航迹）、属性级、态势评估与威胁估计五个层次中的检测级融合技术，是雷达组网的基础。该书主要给出各类分布式信号检测的最优化理论和算法，介绍考虑到网络和通信质量时的联合分布式信号检测准则和方法，并研究多输入多输出雷达目标检测的若干优化问题。

（3）《分布孔径雷达》分册所描述的雷达实现了多个单元孔径的射频相参合成，获得等效于大孔径天线雷达的探测性能。该书在概述分布孔径雷达基本原理的基础上，分别从系统设计、波形设计与处理、合成参数估计与控制、稀疏孔径布阵与测角、时频相同步等方面做了较为系统和全面的论述。

（4）《MIMO 雷达》分册所介绍的雷达相对于相控阵雷达，可以同时获得波形分集和空域分集，有更加灵活的信号形式，单元间距不受 $\lambda/2$ 的限制，间距拉开后，可组成各类分布式雷达。该书比较系统地描述多输入多输出（MIMO）雷达。详细分析了波形设计、积累补偿、目标检测、参数估计等关键技术。

（5）《MIMO 雷达参数估计技术》分册更加侧重讨论各类 MIMO 雷达的算法。从 MIMO 雷达的基本知识出发，介绍均匀线阵，非圆信号，快速估计，相干目标，分布式目标，基于高阶累计量的、基于张量的、基于阵列误差的、特殊阵列结构的 MIMO 雷达目标参数估计的算法。

（6）《机载分布式相参射频探测系统》分册介绍的是 MIMO 技术的一种工程应用。该书针对分布式孔径采用正交信号接收相参的体制，分析和描述系统处理架构及性能、运动目标回波信号建模技术，并更加深入地分析和描述实现分布式相参雷达杂波抑制、能量积累、布阵等关键技术的解决方法。

（7）《机会阵雷达》分册介绍的是分布式雷达体制在移动平台上的典型应用。机会阵雷达强调根据平台的外形，天线单元共形随遇而布。该书详尽地描述系统设计、天线波束形成方法和算法、传输同步与单元定位等关键技术，分析了美国海军提出的用于弹道导弹防御和反隐身的机会阵雷达的工程应用问题。

（8）《无源探测定位技术》分册探讨的技术是基于现代雷达对抗的需求应运而生，并在实战应用需求越来越大的背景下快速拓展。随着知识层面上认知能力的提升以及技术层面上带宽和传输能力的增加，无源侦察已从单一的测向技术逐步转向多维定位。该书通过充分利用时间、空间、频移、相移等多维度信息，寻求无源定位的解，对雷达向无源发展有着重要的参考价值。

（9）《多波束凝视雷达》分册介绍的是通过多波束技术提高雷达发射信号能量利用效率以及在空、时、频域中减小处理损失，提高雷达探测性能；同时，运用相位中心凝视方法改进杂波中目标检测概率。分册还涉及短基线雷达如何利用多阵面提高发射信号能量利用效率的方法；针对长基线，阐述了多站雷达发射信号可形成凝视探测网格，提高雷达发射信号能量的使用效率；而合成孔径雷达（SAR）系统应用多波束凝视可降低发射功率，缓解宽幅成像与高分辨之间的矛盾。

（10）《外辐射源雷达》分册重点讨论以电视和广播信号为辐射源的无源雷达。详细描述调频广播模拟电视和各种数字电视的信号，减弱直达波的对消和滤波的技术；同时介绍了利用 GPS（全球定位系统）卫星信号和 GSM/CDMA（两种手机制式）移动电话作为辐射源的探测方法。各种外辐射源雷达，要得到定位参数和形成所需的空域，必须多站协同。

（三）以新技术为牵引,产生出新的雷达系统概念,这对雷达的发展具有里程碑的意义。本套丛书遴选了涉及新技术体制雷达内容的6个分册:

(1)《宽带雷达》分册介绍的雷达打破了经典雷达5MHz带宽的极限,同时雷达分辨力的提高带来了高识别率和低杂波的优点。该书详尽地讨论宽带信号的设计、产生和检测方法。特别是对极窄脉冲检测进行有益的探索,为雷达的进一步发展提供了良好的开端。

(2)《数字阵列雷达》分册介绍的雷达是用数字处理的方法来控制空间波束,并能形成同时多波束,比用移相器灵活多变,已得到了广泛应用。该书全面系统地描述数字阵列雷达的系统和各分系统的组成。对总体设计、波束校准和补偿、收/发模块、信号处理等关键技术都进行了详细描述,是一本工程性较强的著作。

(3)《雷达数字波束形成技术》分册更加深入地描述数字阵列雷达中的波束形成技术,给出数字波束形成的理论基础、方法和实现技术。对灵巧干扰抑制、非均匀杂波抑制、波束保形等进行了深入的讨论,是一本理论性较强的专著。

(4)《电磁矢量传感器阵列信号处理》分册讨论在同一空间位置具有三个磁场和三个电场分量的电磁矢量传感器,比传统只用一个分量的标量阵列处理能获得更多的信息,六分量可完备地表征电磁波的极化特性。该书从几何代数、张量等数学基础到阵列分析、综合、参数估计、波束形成、布阵和校正等问题进行详细讨论,为进一步应用奠定了基础。

(5)《认知雷达导论》分册介绍的雷达可根据环境、目标和任务的感知,选择最优化的参数和处理方法。它使得雷达数据处理及反馈从粗犷到精细,彰显了新体制雷达的智能化。

(6)《量子雷达》分册的作者团队搜集了大量的国外资料,经探索和研究,介绍从基本理论到传输、散射、检测、发射、接收的完整内容。量子雷达探测具有极高的灵敏度,更高的信息维度,在反隐身和抗干扰方面优势明显。经典和非经典的量子雷达,很可能走在各种量子技术应用的前列。

（四）合成孔径雷达(SAR)技术发展较快,已有大量的著作。本套丛书遴选了有一定特点和前景的5个分册:

(1)《数字阵列合成孔径雷达》分册系统阐述数字阵列技术在SAR中的应用,由于数字阵列天线具有灵活性并能在空间产生同时多波束,雷达采集的同一组回波数据,可处理出不同模式的成像结果,比常规SAR具备更多的新能力。该书着重研究基于数字阵列SAR的高分辨力宽测绘带SAR成像、极化层析 SAR 三维成像和前视 SAR 成像技术三种新能力。

（2）《双基合成孔径雷达》分册介绍的雷达配置灵活，具有隐蔽性好、抗干扰能力强、能够实现前视成像等优点，是 SAR 技术的热点之一。该书较为系统地描述了双基 SAR 理论方法、回波模型、成像算法、运动补偿、同步技术、试验验证等诸多方面，形成了实现技术和试验验证的研究成果。

（3）《三维合成孔径雷达》分册描述曲线合成孔径雷达、层析合成孔径雷达和线阵合成孔径雷达等三维成像技术。重点讨论各种三维成像处理算法，包括距离多普勒、变尺度、后向投影成像、线阵成像、自聚焦成像等算法。最后介绍三维 MIMO-SAR 系统。

（4）《雷达图像解译技术》分册介绍的技术是指从大量的 SAR 图像中提取与挖掘有用的目标信息，实现图像的自动解译。该书描述高分辨 SAR 和极化 SAR 的成像机理及相应的相干斑抑制、噪声抑制、地物分割与分类等技术，并介绍舰船、飞机等目标的 SAR 图像检测方法。

（5）《极化合成孔径雷达图像解译技术》分册对极化合成孔径雷达图像统计建模和参数估计方法及其在目标检测中的应用进行了深入研究。该书研究内容为统计建模和参数估计及其国防科技应用三大部分。

（五）雷达的应用也在扩展和变化，不同的领域对雷达有不同的要求，本套丛书在雷达前沿应用方面遴选了 6 个分册：

（1）《天基预警雷达》分册介绍的雷达不同于星载 SAR，它主要观测陆海空天中的各种运动目标，获取这些目标的位置信息和运动趋势，是难度更大、更为复杂的天基雷达。该书介绍天基预警雷达的星星、星空、MIMO、卫星编队等双/多基地体制。重点描述了轨道覆盖、杂波与目标特性、系统设计、天线设计、接收处理、信号处理技术。

（2）《战略预警雷达信号处理新技术》分册系统地阐述相关信号处理技术的理论和算法，并有仿真和试验数据验证。主要包括反导和飞机目标的分类识别、低截获波形、高速高机动和低速慢机动小目标检测、检测识别一体化、机动目标成像、反投影成像、分布式和多波段雷达的联合检测等新技术。

（3）《空间目标监视和测量雷达技术》分册论述雷达探测空间轨道目标的特色技术。首先涉及空间编目批量目标监视探测技术，包括空间目标监视相控阵雷达技术及空间目标监视伪码连续波雷达信号处理技术。其次涉及空间目标精密测量、增程信号处理和成像技术，包括空间目标雷达精密测量技术、中高轨目标雷达探测技术、空间目标雷达成像技术等。

（4）《平流层预警探测飞艇》分册讲述在海拔约 20km 的平流层，由于相对风速低、风向稳定，从而适合大型飞艇的长期驻空，定点飞行，并进行空中预警探测，可对半径 500km 区域内的地面目标进行长时间凝视观察。该书主要介绍预警飞艇的空间环境、总体设计、空气动力、飞行载荷、载荷强度、动力推进、能源与配电以及飞艇雷达等技术，特别介绍了几种飞艇结构载荷一体化的形式。

（5）《现代气象雷达》分册分析了非均匀大气对电磁波的折射、散射、吸收和衰减等气象雷达的基础，重点介绍了常规天气雷达、多普勒天气雷达、双偏振全相参多普勒天气雷达、高空气象探测雷达、风廓线雷达等现代气象雷达，同时还介绍了气象雷达新技术、相控阵天气雷达、双/多基地天气雷达、声波雷达、中频探测雷达、毫米波测云雷达、激光测风雷达。

（6）《空管监视技术》分册阐述了一次雷达、二次雷达、应答机编码分配、S 模式、多雷达监视的原理。重点讨论广播式自动相关监视（ADS-B）数据链技术、飞机通信寻址报告系统（ACARS）、多点定位技术（MLAT）、先进场面监视设备（A-SMGCS）、空管多源协同监视技术、低空空域监视技术、空管技术。介绍空管监视技术的发展趋势和民航大国的前瞻性规划。

（六）目标和环境特性，是雷达设计的基础。该方向的研究对雷达匹配目标和环境的智能设计有重要的参考价值。本套丛书对此专题遴选了 4 个分册：

（1）《雷达目标散射特性测量与处理新技术》分册全面介绍有关雷达散射截面积（RCS）测量的各个方面，包括 RCS 的基本概念、测试场地与雷达、低散射目标支架、目标 RCS 定标、背景提取与抵消、高分辨力 RCS 诊断成像与图像理解、极化测量与校准、RCS 数据的处理等技术，对其他微波测量也具有参考价值。

（2）《雷达地海杂波测量与建模》分册首先介绍国内外地海面环境的分类和特征，给出地海杂波的基本理论，然后介绍测量、定标和建库的方法。该书用较大的篇幅，重点阐述地海杂波特性与建模。杂波是雷达的重要环境，随着地形、地貌、海况、风力等条件而不同。雷达的杂波抑制，正根据实时的变化，从粗犷走向精细的匹配，该书是现代雷达设计师的重要参考文献。

（3）《雷达目标识别理论》分册是一本理论性较强的专著。以特征、规律及知识的识别认知为指引，奠定该书的知识体系。首先介绍雷达目标识别的物理与数学基础，较为详细地阐述雷达目标特征提取与分类识别、知识辅助的雷达目标识别、基于压缩感知的目标识别等技术。

（4）《雷达目标识别原理与实验技术》分册是一本工程性较强的专著。该书主要针对目标特征提取与分类识别的模式,从工程上阐述了目标识别的方法。重点讨论特征提取技术、空中目标识别技术、地面目标识别技术、舰船目标识别及弹道导弹识别技术。

（七）数字技术的发展,使雷达的设计和评估更加方便,该技术涉及雷达系统设计和使用等。本套丛书遴选了3个分册:

（1）《雷达系统建模与仿真》分册所介绍的是现代雷达设计不可缺少的工具和方法。随着雷达的复杂度增加,用数字仿真的方法来检验设计的效果,可收到事半功倍的效果。该书首先介绍最基本的随机数的产生、统计实验、抽样技术等与雷达仿真有关的基本概念和方法,然后给出雷达目标与杂波模型、雷达系统仿真模型和仿真对系统的性能评价。

（2）《雷达标校技术》分册所介绍的内容是实现雷达精度指标的基础。该书重点介绍常规标校、微光电视角度标校、球载 BD/GPS(BD 为北斗导航简称)标校、射电星角度标校、基于民航机的雷达精度标校、卫星标校、三角交会标校、雷达自动化标校等技术。

（3）《雷达电子战系统建模与仿真》分册以工程实践为取材背景,介绍雷达电子战系统建模的主要方法、仿真模型设计、仿真系统设计和典型仿真应用实例。该书从雷达电子战系统数学建模和仿真系统设计的实用性出发,着重论述雷达电子战系统基于信号/数据流处理的细粒度建模仿真的核心思想和技术实现途径。

（八）微电子的发展使得现代雷达的接收、发射和处理都发生了巨大的变化。本套丛书遴选出涉及微电子技术与雷达关联最紧密的3个分册:

（1）《雷达信号处理芯片技术》分册主要讲述一款自主架构的数字信号处理(DSP)器件,详细介绍该款雷达信号处理器的架构、存储器、寄存器、指令系统、I/O 资源以及相应的开发工具、硬件设计,给雷达设计师使用该处理器提供有益的参考。

（2）《雷达收发组件芯片技术》分册以雷达收发组件用芯片套片的形式,系统介绍发射芯片、接收芯片、幅相控制芯片、波速控制驱动器芯片、电源管理芯片的设计和测试技术及与之相关的平台技术、实验技术和应用技术。

（3）《宽禁带半导体高频及微波功率器件与电路》分册的背景是,宽禁带材料可使微波毫米波功率器件的功率密度比 Si 和 GaAs 等同类产品高 10倍,可产生开关频率更高、关断电压更高的新一代电力电子器件,将对雷达产生更新换代的影响。分册首先介绍第三代半导体的应用和基本知识,然后详细介绍两大类各种器件的原理、类别特征、进展和应用：SiC 器件有功率二极管、MOSFET、JFET、BJT、IBJT、GTO 等；GaN 器件有 HEMT、MMIC、E 模 HEMT、N 极化 HEMT、功率开关器件与微功率变换等。最后展望固态太赫兹、金刚石等新兴材料器件。

　　本套丛书是国内众多相关研究领域的大专院校、科研院所专家集体智慧的结晶。具体参与单位包括中国电子科技集团公司、中国航天科工集团公司、中国电子科学研究院、南京电子技术研究所、华东电子工程研究所、北京无线电测量研究所、电子科技大学、西安电子科技大学、国防科技大学、北京理工大学、北京航空航天大学、哈尔滨工业大学、西北工业大学等近 30 家。在此对参与编写及审校工作的各单位专家和领导的大力支持表示衷心感谢。

2017 年 9 月

前　言

随着航空航天技术的发展，外层空间获得了广泛的开发和利用，人们的生活与空间利用已密不可分。人类已历经进入空间、利用空间、监视空间的阶段，正步入控制空间的时代。获取空间优势和空间控制能力已成为维护国家安全和利益所必须关注和占据的战略制高点。

空间目标监视是实现空间利用和控制的基础。空间目标监视系统也称为空间监视系统，是对人造天体向空间的进入、在空间的运行及离开空间的过程进行监视，以获取其轨道、功能和状态信息的信息获取系统。空间监视系统的监视网主要由光电、雷达、无线电侦察等探测设备组成，雷达是近地轨道目标探测的主要设备，并向中高轨目标探测扩展，它具有全天时、全天候、主动探测的特点。

目前，大于10cm的空间目标已超过20000个，而1~10cm的空间目标高达500000个以上；人类空间活动要求对重点目标的轨道定轨精度达到米级，并能够确认空间目标的身份和任务。这些给空间目标监视和精密测量带来了极大挑战。

本书紧密围绕空间目标监视和探测的特殊性，重点论述雷达探测空间轨道目标的特色技术，而不涉及具体的雷达天线、发射机、接收机、雷达终端等技术，本书重点在空间目标编目用相控阵雷达和"电子篱笆"资源调度和数据处理技术、空间目标探测雷达探测威力增程技术、空间目标精密参数测量技术和空间目标高分辨ISAR成像技术等。

本书内容分三部分：第一部分介绍空间目标监视背景知识，包括第1、2章，分别是空间目标监视概述和空间目标特性及观测需求；第二部分阐述空间编目批量目标监视探测技术，包括第3、4章，分别是空间目标编目监视雷达技术和空间目标监视伪码连续波雷达信号处理技术；第三部分阐述空间目标精密测量、增程信号处理和成像技术，包括第5~7章，分别是空间目标雷达精密测量技术、中高轨目标雷达探测技术和空间目标ISAR成像技术。

本书是北京理工大学雷达与对抗技术研究所空间目标雷达探测技术研究团队最近10余年科研成果的结晶。本书主要著作者为高梅国、付佗，同时参加撰写工作的还有陈德峰、王俊岭、赵莉芝等研究工作者。衷心感谢本领域机关、总体单位和用户单位各位领导和专家对本书研究工作的指导和支持。特别感谢曹华伟、傅雄军、张雄奎、李云杰、徐成发等教师，以及翟欢欢、丁帅、陈津、尚华涛、张硕、王焱、董健、郭宝锋、赵会朋、熊娣、袁正坤、李琳、徐安、方秋均、夏雯涓、黄永佳、张志伟、唐明桂、张程、刘正萍、李博、高凯、王慧、屈金烨、薛杉、林雨、钟芳宇、田健、王岩、韩贞威、陈金霞、李曦、火利珍、张永红、陆潞、都春霞、袁志华、王祎、董思远、赵会娟、杨培文、陈皓伟、许洋、熊威博等历届研究生围绕本书方向所做的研究和试验工作。

作 者
2017 年 3 月

目　录

第 **1** 章

概　论

◤ 1.1　空间目标监视

1.1.1　空间目标监视的意义

随着航空航天技术的发展,外层空间获得了广泛的开发和利用,外层空间活动安全在人类政治、军事、经济以及日常生活的各个方面所起的作用越来越重要。第一颗人造卫星由苏联于1957年发射到太空,此后,人类进入空间、利用空间的能力不断增强,空间对国家战略利益的影响日益突出。现在,人类已历经进入空间、利用空间、监视空间的阶段,正步入控制空间的时代,即在确保己方及盟国对空间的进入与利用的同时,阻止敌方对空间的进入与利用。

获取空间优势和空间控制能力已成为维护国家安全和利益所必须关注和占据的战略制高点。强大的空间态势感知能力可保障在轨空间财产安全以及未来空间活动的发展,是获取空间优势和控制空间的基础。空间态势感知的定义为"尽最大可能地保持对地球轨道目标种群、空间环境以及可能威胁的充分了解"。该定义不仅包括常规的空间目标编目维持、跟踪以及对空间环境的监控,还包括对具体空间目标的物理特征、工作状态、功能特性的详细侦察,对再入目标的威胁分析以及对空间系统情报数据的采集与处理等内容[1-3]。

在人类得以主动进入空间的同时,空间监视即告诞生,人类便开始了对空间目标的监视与测量。空间目标监视是实现空间态势感知的主要手段。如图1.1所示,空间目标监视是利用地基或天基传感器实现弹道导弹预警、再入空间目标识别、空间目标编目维持以及空间环境监控等空间态势感知的主要任务[4]。

1.1.2　空间目标监视系统及发展

空间目标监视系统也称为空间监视系统,是对人造天体向空间的进入、在空间的运行及离开空间的过程进行监视,以获取其轨道、功能和状态信息的国家战

(a) 空间监视网传感器分布

(b) 空间监视雷达分布

图 1.1　空间目标监视网[4]（见彩图）

略信息获取系统[5,6]。

　　空间目标监视系统一般由空间监视网、空间监视中心和时统、通信等辅助系统组成,由专门的机构负责其建设、管理和使用。在空间目标监视系统中:空间监视网承担着采集测量数据的任务,是空间监视的基础;空间监视中心承担着任务规划、数据处理(定轨、识别、编目、评估)、数据库建设、成果管理与服务等任务,是空间监视的核心[7]。

　　空间目标监视系统的任务包括以下四类[8]:

　　(1) 维持空间目标编目,及时发现新的发射,监视已有目标的轨道机动、陨落及解体情况等;

　　(2) 进行空间目标识别,评估任务载荷,分析威胁程度;

　　(3) 实施空间控制支持,监督空间控制有关条约的执行情况,提供卫星攻击预警等服务;

　　(4) 对重要航天器提供碰撞规避支持。

　　空间目标编目是空间监视系统必须完成的基本任务,因此空间监视网必须具备相应的数据采集能力。由于空间目标编目的实质是给出反映目标运动轨迹的轨道参数,因此空间监视网必须具备相应的弹道数据采集能力,为轨道确定提供必需的测量数据。

　　随着空间活动以及空间目标监视技术的发展,无论是地球轨道的空间环境,还是人类在政治、军事、经济方面对空间目标信息的需求均产生了较大的变化。这不断地改变着各国在空间态势感知中所关心的信息内容,空间目标监视任务的重心也在随之调整。各大军事强国或经济体在过去的 50 多年里逐步建立并发展了自己的空间目标监视系统。目前,美国拥有世界上最强大的空间监视网络(SSN),而其空间目标监视系统的进展与升级趋势可以作为空间目标监视技术和空间目标观测需求的发展历史[7]。

　　在空间目标监视系统建设初期,空间目标数量并不太多,空间目标监视的主要任务是探测、跟踪空间目标的在轨运行、再入情况以及确定洲际导弹的弹道。该阶段以海军空间目标监视系统的"电子篱笆"以及弹道导弹早期预警系统（BMEWS）的建立和使用为标志。

在空间目标监视系统建设中期，随着中高轨道空间目标的增多，开始出现对高轨道空间目标的监视跟踪需求。并且，随着人类空间活动的增多，空间目标碎片数量急剧增加，为保证空间财产和太空活动安全，对空间碎片的编目维持需求使得空间目标观测需求急剧增加。该阶段的空间目标监视任务中增加了中高轨空间目标，并且空间目标监视系统进行空间目标编目维持的负担相对空间目标监视系统建设初期有了极大的加重。该阶段空间目标监视系统的发展主要是以地基深空光电系统（GEODSS）投入使用以及每年千万次级别的观测量为标志。

在空间目标监视系统建设的后期，空间目标数量已远超过空间监视网的设计容限[9]，空间目标（主要是空间碎片）数量的增长增大了空间目标相互之间的碰撞概率。为保障空间财产和太空活动安全，空间目标监视的主要任务之一变成利用有限的空间目标观测资源提高空间目标的观测次数和观测精度，以满足日益增长的空间目标编目定轨精度需求。空间监视网观测资源的融合调度观测可更高效地利用空间目标监视资源，是缓解空间监视网压力的一个主要手段。因此，该阶段以空间目标监视系统的监视资源以及计算资源融合为标志，这也意味着空间目标监视系统由分散观测时代进入融合观测时代。

当然，以上只是空间目标监视系统发展过程的一种粗略划分，空间目标监视系统的进展和升级趋势是一个循序渐进的过程，以上各阶段并没有一个明确的时间划分，空间目标监视的各重点任务也是相对其他阶段而言。此外，随着人类空间活动的开展，除了空间目标的位置信息外，卫星故障诊断、空间攻防对抗等商业或军事应用，常需要了解包括空间目标的物理特征、工作状态、功能特性等在内的详细侦察信息，因此空间目标的特性测量和识别贯穿于整个空间目标监视系统的发展历史。

虽然各国空间目标监视系统的空间目标监视能力在近十年内有了极大的提升，但随着空间目标数量的增多以及空间目标监视信息需求量的不断增多，空间目标监视系统的负担越来越重。即使是空间目标监视能力最强的美国，其空间目标监视资源也日趋紧张，空间探测任务已远超出空间监视网的观测资源容限，因此如何有效利用和优化空间目标探测资源成为核心关键技术[10]。

组成空间目标监视系统的"眼睛"是探测设备，探测设备包括雷达、光电望远镜、红外探测设备、无线电侦测设备等。

空间目标探测的手段根据航天器的配合与否可分为合作式探测和非合作式探测。对本国发射的在轨运行的空间目标，空间监视系统可利用航天器自带的通信或应答设备进行测控和跟踪[11]。本国已失效卫星、空间碎片或其他国家的空间目标基本上属于非合作目标,这些目标的轨道、物理特征以及功能特性是不确定或完全未知的。对该类目标,需采取主动探测的方式发现、跟踪、识别以及判断其工作状态、功能特性等。

按照空间目标探测传感器的位置,空间目标探测可分为地基探测和天基探测两大类[7]。地基探测是利用安装在地球表面的设备对空间目标进行探测。该类探测设备的优势是可长期连续地监测空间目标,便于组网,建设运行成本相对天基探测系统较低,技术上较为成熟。不过,地基探测的监视视野有限,无论是雷达还是光学设备,对空间目标的探测均会受到目标的可见性约束。此外,地基探测受天气影响也较大,雷暴和太阳风暴会干扰雷达的探测效果,云雨雪天气会影响光学望远镜的观测效果。美国在 20 世纪 80 年代提出发展天基监视探测系统弥补地基监视系统的这一缺陷[12]。天基探测系统是指利用星载传感器对空间目标进行监视探测的传感器系统。该类探测系统主要用于深空目标的搜索,也可执行近地目标的搜索任务,具有高轨道观测能力强、重复观测周期短、可全天候观测的特点。不过,该类探测系统的建设运行成本较高,大多数天基空间目标监视系统仍处于试验验证阶段。

全网观测资源调度是空间目标监视系统中极为重要的环节,它在一定的观测资源约束条件下,利用优化准则来确定观测资源的分配情况,即确定哪个传感器在什么时刻以什么方式观测目标。通过调度,各类监视传感器相互协作,以较小的能量消耗,完成对空间目标的数据采集,以满足空间目标编目定轨精度、特性采集或目标识别等任务的需求。全网观测资源调度功能如图 1.2 所示。

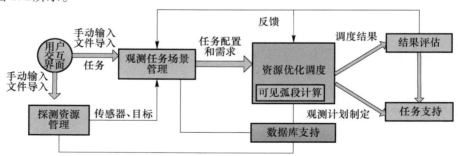

图 1.2　全网观测资源优化调度功能(见彩图)

全网观测资源优化调度主要功能包括探测资源管理、观测任务场景设置及任务配置需求、可见弧度计算、资源优化调度、调度结果评估以及任务支持等,此外还包括用户交互界面(设置参数、显示数据)、数据输出及数据库支持等。

▉ 1.2　空间目标探测雷达技术特点和发展

1.2.1　空间目标探测雷达技术特点

由于空间目标的特殊性,空间目标探测雷达具有与传统雷达不同的特点,具体表现在以下方面。

1.2.1.1　探测威力

空间目标距离远,轨道高度一般为 200 ~ 40000km,雷达散射截面积(RCS)一般为 0.001 ~ 25m²,因此要求雷达探测威力大。雷达的探测威力与距离的四次方成反比,空间目标探测雷达要求有很大的发射功率和很大的天线面积。例如,Haystack 远程成像雷达的最大平均功率可达到 250kW,天线口径为 36.6m。即便如此,空间目标探测雷达对中高轨目标的探测能力仍然受限,Haystack 对 RCS 为 1m² 的空间目标单脉冲探测距离只能达到 10000km。但是,雷达回波为矢量数据,并且空间目标的运动受轨道动力学约束,可通过长时间相参积累的方式获得更远的探测距离。例如,Haystack 雷达可通过 256 个脉冲的积累增益获得对 RCS 为 1m²、距离 40000km 处空间目标的探测能力。

1.2.1.2　任务体制

空间目标探测雷达按照任务目标分为编目监视雷达和精密测量雷达。编目监视雷达主要用于采集日常空间目标编目维持用数据,包括新目标发现、旧目标轨道维持等,它要求搜索范围大,搜索速度快,数据具备完备性,因此常采用大型固面相控阵雷达和"电子篱笆"体制。

精密测量雷达主要用于重点目标位置、运动参数测量和目标特性测量,以及目标轨道精密定轨和目标识别,它要求高精度测量、目标成像、极化测量等,因此经常采用抛物面天线单脉冲机械跟踪雷达。

1.2.1.3　工作模式

由于空间目标的运行轨迹受轨道力学约束,空间目标探测雷达的工作模式与传统目标探测时并不相同。

相控阵编目监视雷达的工作模式有屏搜索模式和跟踪测量模式。屏搜索模式用于新目标和变轨目标发现,建立目标的初始轨道。跟踪测量模式用于库内目标参数测量,目标轨道维持。搜索屏大小需考虑空间目标轨道周期对应的地球转角,最好使搜索屏涵盖同一目标相邻圈次的两次经过。搜索屏扫描周期需考虑空间目标的穿越搜索屏时间,需小于穿越搜索屏时间减信号积累时间。跟踪测量目标弧段长度需满足定轨需求。

精密测量雷达的工作模式主要有引导－跟踪模式和等待－跟踪模式。引导－跟踪模式是在外部粗轨道信息引导下雷达随动照射和搜索空间目标,当检测捕获目标后转自动跟踪目标,然后精密测量目标角度、距离、速度和幅度等信息。等待－跟踪模式是雷达波束在空间目标将会进入点的位置等待,待检测到目标后自动转入跟踪测量状态。另外,为了统计空间碎片,精密测量雷达有时也工作在凝视或凝视－跟踪模式。在凝视模式下,雷达天线固定在一个方向上,接收穿越雷达波束视场的空间目标回波信号,检测并统计空间目标数量和目标等效尺寸等信息;但是该模式下测量参数对定轨很不精确。在凝视－跟踪模式下,雷达先以凝视模式工作,当有空间目标穿越波束时立刻切换到跟踪模式。

1.2.1.4 信号波形和处理

由于空间目标与雷达距离较远,不存在近距离盲区的问题,因此,发射信号的脉冲可以很宽,达毫秒量级。为了提高雷达探测威力,发射信号的占空比一般较高,为 10%～30%。采用收发分置的空间目标探测雷达常使用调制连续波信号。对于目标搜索,信号波形还需考虑解距离和速度模糊问题。

在理想情况下,脉冲压缩以及在多个脉冲上做匹配处理可获得与处理点数一致的信噪比增益。但是,当观测的目标相对雷达运动时,相对速度、加速度会引入多普勒频移和调频斜率失配,同时在各脉冲间会产生回波包络徙动和初相误差。空间目标具有很高的飞行速度(例如,卫星和空间碎片的在轨运行速度一般大于 8km/s,弹道导弹的速度为 1～8km/s)。因此,在处理空间目标探测雷达的回波信号时,不仅需要对目标回波脉冲进行包络对齐和对应的相位补偿,还需要考虑回波脉内速度补偿的问题。

1.2.1.5 收发配置

空间目标探测雷达收发天线配置有收发一体、收发分置、收发双基地三种方式。

收发天线一体雷达的发射天线和接收天线共用一套天线,这与传统的雷达是一致的。收发天线分置雷达是指发射天线和接收天线是两套天线,一般分开放置,且接收天线孔径常大于发射天线孔径,收发分置容易解决大功率发射散热和收发切换问题,通过配置大接收天线可以提高探测威力和角度测量精度。收发双基地雷达是指发射与接收异地放置,两地距离几十千米以上,收发双基地最大的优点是可以解决大功率连续波发收的隔离问题。由于空间目标的探测区域确定和轨道特性,双基地收发波束的空间同步容易解决,因此收发双基地是空间目标探测常采用的一种体制。双基地雷达的一个例子是德国 Effelsberg 无线电观测站和 FGAN 研究所的 TIRA 发射站构成的双基地雷达,前者天线孔径为 100m,后者的天线孔径为 34m。

1.2.1.6　空间目标探测雷达频段选择

雷达的工作频段对雷达工作性能的影响面极广,雷达频段的选择是雷达系统设计中的重要内容。

雷达的工作频段首先取决于其功能目的。一般而言,空间目标探测雷达利用低频段信号对空间目标进行搜索和跟踪,利用高频段信号对空间目标进行精密测量和成像。

由于在低频段上更易造出具有大的天线和发射功率的远程探测雷达,因此空间目标编目监视雷达常采用低频段信号。目前,常用的空间目标编目探测雷达的发射信号频段有 P 频段、L 频段、S 频段,而早期的“电子篱笆”甚至工作在 VHF 频段[7]。

在空间目标成像应用中,在相同天线口径条件下,雷达频段越高,天线波束宽度越窄、增益越大,这有利于提高测量精度和威力。同时,在高频段雷达能实现的工作带宽也越宽,越能够实现高分辨率成像。特别是对于不断发展的微小卫星和空间碎片等目标,在低频段雷达对其探测时,有可能处于目标反射的瑞利区,RCS 损失过大,不利于达到更高的威力。因此,随着对空间目标成像分辨率需求的提高以及雷达探测技术的发展,空间目标成像雷达的信号频段逐渐由 X 频段扩展到 Ku、Ka 甚至 W 频段[13]。必须指出的是,虽然选取高频段信号有利于提高空间目标的成像分辨率,但是,天线构成的复杂程度与工作频率成正比,这使得高频设备的造价和维护成本极为高昂,应综合实际成像需求和成本来选择工作频段。

电磁波在大气中的传播特性是雷达工作频段设计中需要着重考虑的因素。作为各频段无线电波传播的介质,中高层大气、电离层、磁层等空间环境影响不同频段的无线电波的传播性能。由于大气对电磁波的衰减随着频率的增高而增大[14],且在电磁波频率与大气中的水蒸气和氧气分子的共振频率相同或者接近时衰减变得尤其严重。因此,空间目标探测设备的工作频段基本都在 UHF 和 W 频段之间,并且避开了 22GHz 的水蒸气吸收峰和 60GHz、118GHz 的氧气吸收峰。

1.2.2　空间目标探测雷达技术发展趋势

为满足空间目标监视需求,需不断地完善空间目标监视系统,发展空间目标探测新技术。总体而言,当前空间监视技术雷达的新发展和研究热点主要体现在以下几个方面。

1.2.2.1 空间目标增程探测

空间监视系统要获得更全面的覆盖,要求空间目标探测传感器具有更远的探测距离。雷达的探测距离与目标距离的四次方成反比,这意味着增加探测距离是很困难的。通过增加传感器的孔径等方式提高传感器的探测性能是一种不经济也不现实的途径。通过信号处理的方式增加传感器的探测性能是一种更有效和经济的方法。该方法为长时间相参积累技术。因此,研究空间目标增程探测技术也是当前空间目标探测的研究重点之一。

1.2.2.2 空间目标精密参数测量

空间目标参数测量主要包括位置参数测量(如空间目标的距离、方位和俯仰)和运动参数测量(如速度、加速度、转动速度等)。这些参数的高精度测量是空间目标精密定轨预报的基础,是碰撞预警以及空间目标逆合成孔径雷达(ISAR)成像等应用的基础。另外,空间目标除受地球引力外,还受大气阻力、第三体引力以及光压等摄动力的影响,很难获得满足需求的高精度轨道预报,因此,通过雷达对空间目标的精密跟踪和参数测量可以及时修正轨道预报误差,以满足上述应用的需求。

1.2.2.3 空间目标高分辨成像

通过对空间目标进行多角度、多频段、多极化、高分辨的二维 ISAR 成像和三维成像,可以获取目标丰富的雷达散射特性和结构形态特性,为空间目标识别提供重要特性测量数据,并支撑空间目标监视、编目和态势感知等,具有重要的应用价值。空间目标的高精度成像与识别已成为当前空间目标探测领域的重要研究分支。

1.2.2.4 双/多基地空间目标探测和成像

在空间目标精密参数测量方面,多基地系统可利用多站测量数据进行数据融合,获得远高于单站的多元高精度测量数据。在空间目标成像方面,双/多基地系统可从多个视角获取目标的电磁散射特性,有利于空间目标的识别[15]。双/多基地系统中的时间、频率、空间同步,多基地数据融合以及长时间相参积累是一直有待解决的问题。

1.2.2.5 空间目标观测调度技术

除了不断地增加空间监视系统的传感器数量、观测精度以及提高空间监视中心的计算能力外,提高空间监视系统的传感器观测效率是缓解当前空间监视网压力的一种更为经济和高效的方法[16]。对空间监视传感器网络按照不同任务需求进行观测策略、方法的优化调度,可充分发挥各传感器的效能,提高空间监视网的日常监视能力及对空间事件的响应能力。由于可以同时搜索和测量不同方向的多个目标,相控阵是空间目标观测系统中的主要传感器。因此,相控阵波束的时空资源调度也是空间目标观测调度的一个重要研究方向。

1.2.2.6 厘米级空间目标探测

厘米级空间碎片数量多达几十万个,目前在轨有效运行卫星数量约1400颗,预计十年左右时间将达到1万颗以上,这显著增加了发生碰撞的概率。而一般卫星的防护能力只能防护1cm以下的空间碎片,对厘米级危险碎片需要进行规避变轨。目前还没有完整有效的低成本厘米级目标探测方案,以实现编目支持碰撞预警。对低轨厘米级空间目标进行编目,雷达需要巨大的功率孔径积,如何实现有效的搜索和测量,将给雷达体制、工作方式、发射、接收、信号和数据处理等设计带来巨大挑战,需要不断的深入研究。

1.2.3 空间目标探测雷达发展状况

雷达设备在空间目标的探测和监视中发挥了非常重要的作用。但随着空间态势感知任务需求的不断增加,需要不断开发和使用新的技术来改进已有设备,进一步提升雷达的工作性能。常见的空间目标探测雷达体制有相控阵雷达、"电子篱笆"及机械扫描式雷达等,这三类雷达的升级改造情况也体现了空间目标监视雷达探测技术的发展情况[17],其中,相控阵雷达和"电子篱笆"的发展详见3.6节,机械跟踪测量和成像雷达详见6.1节和7.1节。

第 ❷ 章
空间目标特性及观测需求

◤ 2.1　空间目标状况及发展趋势

2.1.1　空间目标分类

空间目标是指包括卫星、空间站、进入空间轨道的弹道导弹以及空间碎片等在地球轨道上运行的人造天体和进入地球外层空间的各种宇宙飞行物的统称。

研究人员常根据空间目标的工作状态、轨道分布、体积大小以及功能的不同对空间目标进行分类。根据研究内容的不同,空间目标也有不同的分类方式。

按空间目标的工作状态分类是常用的空间目标分类方式。根据空间目标工作状态的不同,可将空间目标分为正常在轨工作的航天器以及空间碎片两大类[18]。正常在轨工作的航天器可分为卫星、空间站以及空间攻防武器等。空间碎片是对地球轨道内无任何功能和作用的人造物体及其碎片的统称,主要源于失效航天器、火箭末级箭体、人为散布[19]、任务相关碎片以及在轨航天器因各种原因解体产生的碎片等[20]。此外,由于弹道导弹仅在部分阶段进入地球外层空间,常被另外划分为一类[18]。

空间目标也可按照其轨道特征进行分类。按照轨道周期对应的空域,空间目标可分为近地轨道(LEO)空间目标、中地球轨道(MEO)空间目标、地球同步轨道/地球静止轨道(GSO/GEO)空间目标[21]。

轨道高度为 160 ~ 2000km 的近圆轨道空间目标称为近地轨道空间目标。该类轨道的轨道周期为 88 ~ 127min。由于近地轨道离地面较近,将空间目标送到该轨道上较为容易,并且可提供更大的通信带宽,因此,绝大多数的对地观测卫星、测地卫星、空间站以及一些新的通信卫星系统采用近地轨道。不过,这也导致该区域相对其他轨道而言具有最大密度的空间碎片[20]。此外,热成层(离地 80 ~ 500km)或散逸层(离地 500 ~ 1000km)的气体阻力会缩短该类轨道上的空间目标的在轨寿命。事实上,很少有低于 300km 的轨道的空间目标,这是因为在该轨道高度以下大气阻力对空间目标影响极为严重,会导致目标的快速陨落[22]。

中地球轨道空间目标的轨道高度为 2000 ~ 35586km,是介于近地球轨道和地球同步轨道之间的近圆轨道。除了空间碎片外,该区域范围内的空间目标多为导航卫星、通信卫星以及大地测量/空间环境科学研究卫星。该类目标中,常见的轨道高度约为 20000km,具有约 12h 的轨道周期。常用的 GPS 卫星、俄罗斯的格洛纳斯系统、欧盟的伽利略定位系统以及部分的北斗卫星导航系统均采用该类轨道。

地球同步轨道/地球静止轨道空间目标的轨道高度为 35586 ~ 35986km,轨道周期与地球自转周期一致。地球静止轨道为轨道倾角和偏心率均为零的一种特殊的地球同步轨道。在地球静止轨道上的空间目标相对地球表面位置基本保持不变,所以地基传感器的天线无需进行跟踪便可保持对该空间目标的观测和通信,因此大多数通信卫星和气象卫星常采用地球静止轨道。海洋观测卫星也经常利用这一特点对海洋环境进行监测[23]。这也导致在该轨道的空间碎片密度相对较大,最大分布密度约为 LEO 的 10%[3]。

不同轨道类别的空间目标具有不同的功能特性或运动特性,在空间监视过程中可利用该特性更有效地获得空间目标信息。

2.1.2　空间目标发展趋势

自 1957 年 Sputnik - 1 号卫星上天至 2017 年 1 月,人类已进行了 5240 次以上的空间发射活动,而发射入轨的航天器已超过 7000 个[24],仍在轨运行的正常工作卫星有 1420 颗,已失效卫星有 2570 多颗。在超过半个世纪的空间活动中,人类在地球轨道上留下了大量的空间目标,截至 2017 年 1 月大于 10cm 的可跟踪空间目标数量已超过 20000 个,而 1 ~ 10cm 的目标高达 500000 个[24,25]。除了正常工作的空间目标外,绝大多数空间目标为包括失效的航天器、运载火箭末级箭体等在内的空间碎片。在编的 15796 个空间目标中,正常工作的航天器只占不到 9% ,其余均为空间碎片。图 2.1 给出了自 1957 年以来美国空间监视网编目空间目标数量变化情况。

由图 2.1 可知,空间目标数量在很短的时间内迅速增加,并且在 2007 年和 2008 年出现大的增加,分别对应 2007 年 1 月中国的风云-1C 解体(截至 2016 年,该次事件共产生了大约 3400 个 5cm ~ 1m 的空间碎片[25])、2007 年 2 月俄罗斯 Briz - M 上面级火箭解体(该次解体产生了 1000 个以上可被跟踪到的空间碎片[25])以及 2008 年的美国的 Iridium33 卫星与俄罗斯的 Cosmos2251 卫星相撞事件(该次碰撞产生了 2000 个以上的大的空间碎片[25])所产生的大量碎片。此外,还发生过其他大约 200 次有记录的航天器或者运载火箭末级在轨道上爆炸或碰撞所引发的解体事件[26],每一次解体都会产生大量的残骸与碎块。

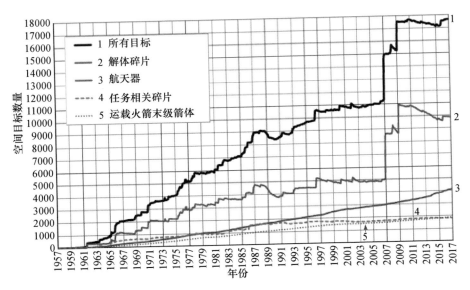

图 2.1　美国空间监视网编目空间目标数量变化情况[24]（见彩图）

除了反卫星武器以及空间目标碰撞解体产生的空间碎片外,空间目标的增加主要源于发射航天器以及发射过程中抛弃的箭体等。不过,随着世界各国相继制定和出台空间碎片减缓技术和政策,空间目标数量增加速度迅速减小。

空间目标数量的增长增大了空间目标相互之间的碰撞概率,空间目标周均 5km 以下接近次数已由 2005 年的 6000 多次上升到 2009 年的接近 14000 次[27]。2008 年的美俄卫星相撞[28]以及 2013 年年初俄罗斯科研卫星与空间碎片的撞击事件[29]表明,空间目标的碰撞已严重威胁在轨航天器的安全运行[30]。为避免类似事件的发生,需不断提高空间目标监视系统对空间目标的探测能力和定轨跟踪精度[31]。此外,空间力量快速部署计划[32]要求空间监视网不仅要有对大量空间目标长期的轨道编目维持能力,还要有对紧急观测任务的迅速响应能力。

目前公开可查的空间目标资料数据主要来源于美国战略司令部,其官方网站 Space Track 定时发布卫星状态报告(SSR)和两行轨道根数(TLE)数据等[33]。另外,一些研究机构提供的空间目标信息库,如 UCS Satellite Database、DISCOS 系统及 ESA 的数据库等,也覆盖了部分或全部空间目标信息及历史,包含了任务数据和轨道历史记录、质量和横截面积、发射和离轨信息,以及运载器、发射场等辅助信息。这些数据对我们了解和掌握空间目标的整体情况及演变特性非常有帮助。

■ 2.2　空间目标轨道特性

2.2.1　轨道描述

空间目标轨道可用轨道根数描述,传统上使用的轨道根数为开普勒根数,它们是半长轴 a、偏心率 e、轨道倾角 i、升交点赤经 Ω、近地点角距 ω 以及平近点角 M(或真近点角 f),其中,a、e 是决定空间目标轨道的形状参数,i、Ω、ω 是决定空间目标轨道方向的参数,M 决定卫星在轨道上的位置。

TLE 是常用的一种空间目标轨道根数编码方法,由两行 69 字符数据组成。TLE 中给出了目标根数的历元时刻,轨道根数参数 a、e、i、Ω、ω、M,以及大气阻力项等信息,可由此计算空间目标的轨道。此外,TLE 还包含目标编号、国际编号、密级等目标相关信息。TLE 是用特定方法去掉周期扰动项的平均轨道根数,需与特定轨道预报模型如 SGP4/SDP4 一起使用方可对空间目标某一时刻的状态进行预报。美国空间监视网会周期性地更新 TLE,用于维持对编目空间目标进行所需精度的预报能力,大多数公开的空间目标 TLE 会定期在互联网上公布[33]。

虽然空间目标轨道可由目标的轨道根数进行计算,但由于地球非球形引力、日月引力、大气阻力、大气光压等摄动力的影响,空间目标的轨道根数在每一时刻都是变化的,不能只用一组轨道根数来描述,这样看来,很难用解析表达式描述预报位置与目标实际位置之间的误差。但是,一方面由于目标预报位置与实际位置之间的误差可等效看作由瞬时轨道根数误差引入,另一方面由于摄动力对空间目标轨道的影响在相对长的时间尺度上才较明显,对于雷达探测和成像帧时间尺度来说,可以认为在测量和成像时间内除平近点角外,瞬时轨道根数和实际轨道根数都是不变的,这样便可在测量和成像时间内建立目标位置误差的表达式。

2.2.2　轨道分布

空间目标监视探测设备的指标、测站布置及工作模式,与空间目标的空间分布和轨道特性密切相关。利用 2017 年 2 月美国在轨空间目标的编目数据,给出空间目标的半长轴、偏心率、轨道倾角的分布情况,如图 2.2 所示。

空间目标在地球轨道上的分布是不均匀的,与轨道的利用程度密切相关[20]。从空间目标的轨道高度或半长轴来看,约 77% 的空间目标分布在 LEO 区域内,峰值分布在 800km 的轨道高度附近,另外两个峰值点为 20200km 左右的导航卫星和 35786km 左右的地球同步轨道卫星,分别占 6%、5% 以上。从轨道偏心率来看,约 61% 的空间目标分布在偏心率小于 0.01 的近圆轨道上,而 84% 的空间目标的偏心率小于 0.05,这与空间目标多数为 LEO 目标对应。从轨

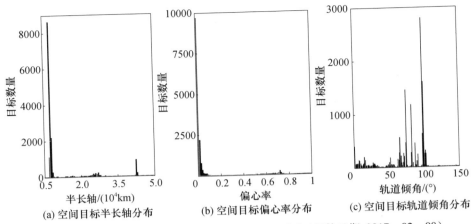

(a) 空间目标半长轴分布　　　　(b) 空间目标偏心率分布　　　　(c) 空间目标轨道倾角分布

图 2.2　空间目标半长轴、偏心率以及轨道倾角分布(根数日期:2017 – 02 – 08)

道倾角分布来看,空间目标的轨道倾角主要分布在 60°~110°倾角范围内,峰值分布集中在倾角 98°左右的太阳同步轨道区域。

◤ 2.3　空间目标测量坐标系

2.3.1　常用坐标系

空间目标雷达观测几何模型如图 2.3 所示,其中显示了 5 个最重要的坐标系,即地心惯性坐标系(ECI)、测站坐标系(NZE),星基轨道坐标系(RSW、NTW)和星基本体坐标系(SBF)。此外,还需用到一系列的辅助参考坐标系,如地心固定坐标系、轨道平面内的辅助坐标系和测站基准水平面内的辅助坐标系。

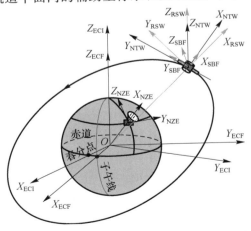

图 2.3　空间目标观测几何模型和坐标(见彩图)

2.3.1.1　地心惯性坐标系

地心惯性坐标系(ECI)简称地惯系,地惯系的原点位于地球质心 O; X 轴从地心指向春分点(春分点为黄道面与赤道面交线的一个端点); Z 轴指向地球自转轴的正向,与天球交于天极; Y 轴与其他两个坐标轴一起构成右手笛卡儿坐标系。由于 Z 轴与赤道平面垂直,因此, X 轴和 Y 轴所在的坐标平面即为地球的赤道平面。

理想的地惯系在空间中的方位相对于太阳系应是固定的,但受月球及其他天体的影响,地球春分点以及赤道面均随着时间推移缓慢变化,地惯系不是真正的惯性坐标系。不过,以某特定历元的平赤道面及平春分点作为参考,可以获得一个"伪"经典力学惯性系。目前常用 2000 年的起始时刻作为历元构建标准参考坐标系 J2000 地心惯性坐标系[35]。

2.3.1.2　地心固定坐标系

地心固定坐标系(ECEF 或 ECF)简称地固系,地固系采用国际参考地极和子午线作为基准。原点位于地球的质心 O; X 轴为国际参考子午面与赤道平面的交线; Z 轴指向地球自转轴的正向,与天球交于天极; Y 轴位于地球的赤道平面内与 X 轴垂直。与地惯系不同,该坐标系相对于太阳系是变化的,但相对于地球表面固定不变。必须指出,由于地球存在板块漂移以及极移,地固系也并不是真正意义上与地球固连在一起。

2.3.1.3　测站坐标系

测站坐标系(NZE)以测站为原点,基础平面为测站当地水平面,本书定义 X 轴指向测站上方并与测站水平面垂直, Y 轴由测站指向正东, Z 轴指向正北。在测站坐标系可以定义对空间目标观测时的方位角以及俯仰角,方位角为测站视线在测站坐标系基础平面上由正北顺时针旋转到目标正下方所转的角度,顺时针旋转为正;俯仰角则为测站视线由目标在测站坐标系基础平面的投影点转到指向空间目标的夹角,俯仰角方向向上为正。测站坐标系固连在地球上,因此,相对于地惯系是时变的,相对于地固系是静止的(忽略极移、板块漂移等因素)。

2.3.1.4　星基轨道坐标系

星基轨道坐标系(SCF)有多种定义,常以卫星质心为原点, X 轴由质心指向某参考点, Y 轴指向受某种方向的约束,并与 X 轴垂直, Z 轴通过右手法则确定。

常用的星基轨道坐标系有 RSW 坐标系、NTW 坐标系、PQW 坐标系和 EQW 坐标系等。RSW 坐标系的原点位于空间目标质心, X 轴在地心与空间目标连线上并指向太空，Y 轴在轨道平面内垂直于 X 轴并指向目标运动方向，Z 轴垂直于轨道平面并与 X 轴、Y 轴组成右手坐标系。NTW 坐标系的原点位于空间目标质心，Y 轴在轨道平面内平行于空间目标速度方向，X 轴在轨道平面内垂直于 Y 轴，Z 轴垂直于轨道平面并与 X 轴、Y 轴组成右手坐标系。

2.3.1.5 目标本体坐标系

目标本体坐标系（SBF）是与目标固连的右手笛卡儿坐标系，坐标系原点位于目标质心，X 轴沿着目标某一特征轴方向，Y 轴与 Z 轴沿着另外两个特征方向。该坐标系常用来描述目标自身的某种特性。

在对地定向情况下，本书定义目标本体坐标系与星基轨道坐标系的 RSW 坐标系重合。在惯性系定向情况下，本书定义目标本体坐标系轴和惯性系轴平行或夹角固定。

2.3.1.6 参考轨道坐标系

参考轨道坐标系（REF）取轨道平面为 XY 平面，地心 O 为原点，X 轴为由地心指向拱点（观测仰角最大、径向速度为零的轨迹点）D 的连线，Y 轴垂直于 X 轴，且正向与 D 点速度方向相同，Z 轴按右手定则确定。

2.3.2 坐标描述和转换

空间目标的轨道模型如图 2.4 所示，图中，O 代表地心，A 代表任意时刻空间目标质心的位置。根据轨道动力学原理可知，以地惯系为参考，空间目标的运动轨迹近似为圆或椭圆，可用轨道六要素描述，分别为轨道长半轴 a、轨道偏心

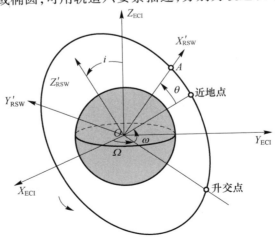

图 2.4 空间目标的轨道模型（见彩图）

率 e、轨道倾角 i、升交点赤经 Ω、近地点幅角 ω 和真近点角 f。图 2.4 中坐标系 $X'_{\mathrm{RSW}}Y'_{\mathrm{RSW}}Z'_{\mathrm{RSW}}$ 是 RSW 坐标系的平移坐标系,坐标原点从卫星质心 A 移至地心 O,称为 RSW′坐标系。

坐标变换经常通过旋转和平移实现,假设旋转角为 ϕ,当旋转方向与右手螺旋方向一致时旋转角取值为正,反之旋转角取值为负。定义围绕 X、Y、Z 三个坐标轴旋转的旋转矩阵分别为 $\boldsymbol{R}_x$,$\boldsymbol{R}_y$,$\boldsymbol{R}_z$,则

$$\boldsymbol{R}_x(\phi) = \begin{bmatrix} 1 & 0 & 0 \\ 0 & \cos\phi & -\sin\phi \\ 0 & \sin\phi & \cos\phi \end{bmatrix}, \quad \boldsymbol{R}_y(\phi) = \begin{bmatrix} \cos\phi & 0 & \sin\phi \\ 0 & 1 & 0 \\ -\sin\phi & 0 & \cos\phi \end{bmatrix},$$

$$\boldsymbol{R}_z(\phi) = \begin{bmatrix} \cos\phi & -\sin\phi & 0 \\ \sin\phi & \cos\phi & 0 \\ 0 & 0 & 1 \end{bmatrix} \tag{2.1}$$

根据轨道六个参数可以确定空间目标质心的位置,地惯系下空间目标质心 A 的坐标为

$$\boldsymbol{A}_{\mathrm{ECI}} = \boldsymbol{R}_z(\Omega)\boldsymbol{R}_x(i)\boldsymbol{R}_z(\omega)\left[\left(a\frac{1-e^2}{1+e\cos f}\right)\cos f \ \left(a\frac{1-e^2}{1+e\cos f}\right)\sin f \ \ 0\right]^{\mathrm{T}} \tag{2.2}$$

星基轨道坐标系与地惯系之间的坐标旋转矩阵为[34]

$$\boldsymbol{M}_{\mathrm{RSW\text{-}ECI}} = \boldsymbol{R}_z(\Omega)\boldsymbol{R}_x(i)\boldsymbol{R}_z(\omega+f) \tag{2.3}$$

坐标旋转矩阵 $\boldsymbol{M}_{\mathrm{RSW\text{-}ECI}}$ 中的三个列矢量分别代表平移星基轨道坐标系 RSW′的三个坐标轴在以地惯系为参考时的单位矢量。真近点角 f 随时间变化,文献[26]中利用平近点角和偏近点角分析了真近点角 f 与时间 t 的关系。

在地惯坐标系下,随着地球的自转,雷达位置也是随时间变化的。图 2.5 为地惯系下雷达位置示意,记雷达在地球表面上的投影点为 C',雷达站的经度、纬

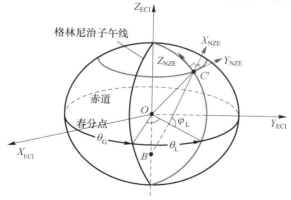

图 2.5　地惯系下雷达位置示意

度和高度分别为 θ_L、φ_L 和 H_c。假设地球的长半轴为 R_e，偏心率为 e_E。雷达站 C 点在地惯系下的三维坐标可表示为

$$\boldsymbol{C}_{\mathrm{ECI}} = \boldsymbol{R}_z(\theta_G + \theta_L) \left[(R + H_c)\cos\varphi_L \quad 0 \quad \left[(1 - e_E^2)R + H_c \right]\sin\varphi_L \right]^{\mathrm{T}} \quad (2.4)$$

式中：R 为矢量 $\overrightarrow{BC'}$ 的模长，$R = R_e \big/ \sqrt{1 - e_E^2\sin^2\varphi_L}$；$\theta_G$ 为格林尼治子午面与过春分点的子午面之间的夹角，根据世界时间（UT）计算格林尼治子午线的恒星时可得到 θ_G，其具体计算方法参见文献[36]。

假设目标轨道为理想的圆轨道和地球为理想球体，目标轨道偏心率 $e = 0$，地球偏心率 $e_E = 0$，$R_c = R_e + H_c$，则式（2.2）、式（2.4）中表示的空间目标位置矢量和雷达位置矢量分别简化为

$$\boldsymbol{A}_{\mathrm{ECI}} = \boldsymbol{R}_z(\Omega)\boldsymbol{R}_x(i)\boldsymbol{R}_z(\omega) \left[a\cos f \quad a\sin f \quad 0 \right]^{\mathrm{T}} \quad (2.5)$$

$$\boldsymbol{C}_{\mathrm{ECI}} = \boldsymbol{R}_z(\theta_G + \theta_L) \left[R_c\cos\varphi_L \quad 0 \quad R_c\sin\varphi_L \right]^{\mathrm{T}} \quad (2.6)$$

◥ 2.4 空间目标观测特性

空间目标相对雷达的距离、径向速度、径向加速度、角速度等特性关系到空间目标探测中的相参积累及空间目标回波的速度补偿等处理设计和探测性能，空间目标相对雷达的观测视线（LOS）转动、姿态等特性关系到空间目标成像处理设计和效果，本节对空间目标的平动、转动、姿态等与探测和成像性能相关的特性进行分析。

2.4.1 平动和角动特性

雷达视线矢量可以通过地惯系下卫星坐标矢量减雷达坐标矢量得到，对于圆轨道目标，由式（2.5）和式（2.6）得

$$\begin{aligned} \boldsymbol{r}_{\mathrm{ECI}} &= \boldsymbol{A}_{\mathrm{ECI}} - \boldsymbol{C}_{\mathrm{ECI}} \\ &= \boldsymbol{R}_{zxz}(\Omega, i, \omega)\boldsymbol{R}_z(f) \left[a \quad 0 \quad 0 \right]^{\mathrm{T}} - \boldsymbol{R}_z(\theta_G + \theta_L)\boldsymbol{R}_y(-\varphi_L) \left[R_c \quad 0 \quad 0 \right]^{\mathrm{T}} \end{aligned}$$

$$(2.7)$$

式中

$$\boldsymbol{R}_{zxz}(\Omega, i, \omega) = \boldsymbol{R}_z(\Omega)\boldsymbol{R}_x(i)\boldsymbol{R}_z(\omega)$$

矢量 $\boldsymbol{A}_{\mathrm{ECI}}$ 的模长为 a，矢量 $\boldsymbol{C}_{\mathrm{ECI}}$ 的模长为 R_c，$R_c = R_e + H_c$。

令 η 为矢量 $\boldsymbol{A}_{\mathrm{ECI}}$ 和矢量 $\boldsymbol{C}_{\mathrm{ECI}}$ 之间的夹角，令 $\boldsymbol{M} = \boldsymbol{R}_{zxz}(\Omega, i, \omega)\boldsymbol{R}_z(f)$ 和 $\boldsymbol{N} = \boldsymbol{R}_z(\theta_G + \theta_L)\boldsymbol{R}_y(-\varphi_L)$，则 $\cos\eta$ 等于 $\boldsymbol{M}^{\mathrm{T}}\boldsymbol{N}$ 的第一行第一列的元素。$\cos\eta$ 可表示为

$$\begin{aligned} \cos\eta &= \{\boldsymbol{M}^{\mathrm{T}}\boldsymbol{N}\}_{11} \\ &= \left[\cos\Omega\cos(\omega + f) - \sin\Omega\cos i\sin(\omega + f) \right]\cos(\theta_G + \theta_L)\cos\varphi_L \end{aligned}$$

$$+ \left[\sin\Omega\cos(\omega + f) + \cos\Omega\cos i\sin(\omega + f) \right] \sin(\theta_G + \theta_L)\cos\varphi_L$$
$$+ \sin i\sin(\omega + f)\sin\varphi_L \tag{2.8}$$

由三角形余弦定理可知,雷达到目标质心的距离为

$$r = R_{CA} = |r_{ECI}| = \sqrt{a^2 + R_c^2 - 2aR_c\cos\eta} \tag{2.9}$$

为了便于进一步直观分析,下面从雷达测站相对轨道面的关系分析平动和转动参数。图 2.6 给出了近圆轨道目标与雷达相对位置关系,图中 C 为雷达位置,O 为地心,R_e 为地球半径,目标轨道高度为 H_s,雷达站大地水准面与目标轨道相交于弦 PQ,弧线 $\overset{\frown}{PDQ}$ 是该轨道目标上升到雷达站大地水准面之上的可见轨道段,D 为可见轨道段的拱点,ξ 为可见轨道段对应圆心角的 $1/2$,θ_e 为目标至拱点的轨道地心角。设 E 为雷达站在轨道平面内的射影(一定在 OD 连线上),则雷达站至轨道平面的距离 $CE = h$,射影点 E 至目标 A 的距离为 ρ,雷达站至目标的斜距为 r。又假设雷达站至地心连线与轨道面的夹角 $\angle COD = \zeta$,该角称为雷达站 – 轨道面夹角。

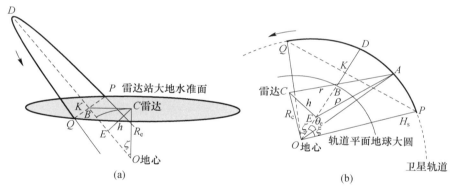

图 2.6　轨道目标与雷达相对位置关系(见彩图)

低轨近圆轨道时,取 $e = 0$,$a = R_s = R_e + H_s$,$R_c = R_e + H_c$,并令 $\rho_{sc} = a/R_c$,目标绕地球匀速转动,对应的转动角速度 $\omega_0 = \sqrt{GM/(R_e + H_c)^3}$。以拱点为零时刻,则目标至拱点的轨道地心角为

$$\theta_e = \omega_0 t = \sqrt{\frac{GM}{(R_e + H_c)^3}} \cdot t \tag{2.10}$$

容易求出,雷达视场内轨道对应最大圆心角的 $1/2$ 为

$$\xi = \arccos\left[\frac{R_c}{(R_e + H_s)\cos\zeta}\right] \tag{2.11}$$

该角度决定了目标在雷达视场内通过的轨道长度,即决定了目标在雷达视

场内的可观测时间。由式(2.11)可以看到,该角度与目标高度及雷达站 – 轨道面夹角有关:目标高度越高,雷达站 – 轨道面夹角越小,视场内轨道地心角越大,观测时间越长。

则可见弧段的时长为

$$T_V = \frac{2\xi}{\omega_0} = \frac{2}{\sqrt{GM/(R_e + H_s)^3}} \arccos\left[\frac{R_e}{(R_e + H_s)\cos\zeta}\right] \qquad (2.12)$$

低轨圆轨道目标的径向距离及其速度、加速度、加加速度、仰角为

$$r = R_c \sqrt{1 + \rho_{sc}^2 - 2\rho_{sc}\cos\zeta\cos\theta_e} \qquad (2.13)$$

$$v = \frac{R_c\rho_{sc}\omega_o\cos\zeta\sin\theta_e}{\sqrt{1 + \rho_{sc}^2 - 2\rho_{sc}\cos\zeta\cos\theta_e}} \qquad (2.14)$$

$$a = -\frac{R_c\rho_{sc}^2\omega_o^2\cos^2\zeta}{(1 + \rho_{sc}^2 - 2\rho_{sc}\cos\zeta\cos\theta_e)^{\frac{3}{2}}}\left(\cos^2\psi - \frac{1 + \rho_{sc}^2}{\rho_{sc}\cos\zeta}\cos\theta_e + 1\right) \qquad (2.15)$$

$$\dot{a} = -\frac{R_c\rho_{sc}^3\omega_o^3\cos^3\zeta\sin\theta_e}{(\sqrt{1 + \rho_{sc}^2 - 2\rho_{sc}\cos\zeta\cos\theta_e})^5}\left[\cos^2\theta_e - \frac{1 + \rho_{sc}^2}{\rho_{sc}\cos\zeta}\cos\theta_e + \left(\frac{1 + \rho_{sc}^2}{\rho_{sc}\cos\zeta}\right)^2 - 3\right]$$

$$\qquad (2.16)$$

$$E = \arcsin\left(\frac{\rho_{sc}\cos\zeta\cos\theta_e - 1}{\sqrt{1 + \rho_{sc}^2 - 2\rho_{sc}\cos\zeta\cos\theta_e}}\right) \qquad (2.17)$$

在实际雷达应用中,过顶仰角相比于雷达站 – 轨道面夹角来说更为通用,过顶仰角和雷达站 – 轨道面夹角的几何关系如图 2.7 所示。

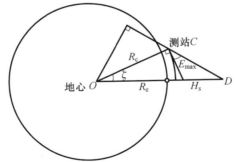

图 2.7 过顶仰角和雷达站 – 轨道面夹角的几何关系

根据图 2.7 中描述的几何关系,可以计算得到过顶仰角和地心轨道面夹角的转换关系如下:

$$E_{\max} = \arctan\left[\frac{(R_e + H_s)\cos\zeta - R_c}{(R_e + H_s)\sin\zeta}\right] \qquad (2.18)$$

$$\zeta = \arccos\left(\frac{R_c\cos E_{\max}}{R_e + H_s}\right) - E_{\max} \qquad (2.19)$$

从以上公式可以看到,卫星径向距离、速度、加速度是目标轨道高度 H_s、目标至拱点的轨道地心角 θ_e、雷达站 – 轨道面夹角 ζ、时间 t 的函数。图 2.8 给出了目标相对雷达径向速度随观测时间及雷达站 – 轨道面夹角情况下的变化情况。图 2.9 给出了目标相对雷达加速度随观测时间及雷达站 – 轨道面夹角的变化情况。图中零时刻对应目标过拱点的时刻,该点目标相对雷达只有切向速度,径向速度为零,加速度最大;$\zeta_{\max}$ 为最大雷达站 – 轨道面夹角,对应于过顶仰角为零,测站只能够瞬时观测到目标的情况。

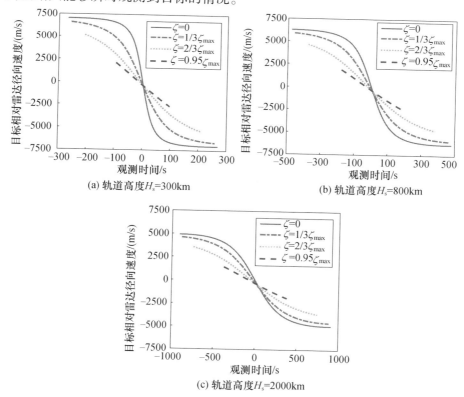

图 2.8 目标相对雷达径向速度随观测时间及雷达站 – 轨道面夹角的变化情况(见彩图)

由上面的仿真结果可以得到下面的规律:

(1)目标高度 H_s 越高,视场内雷达观测时间越长,目标平均径向速度越低,目标平均径向加速度越低。

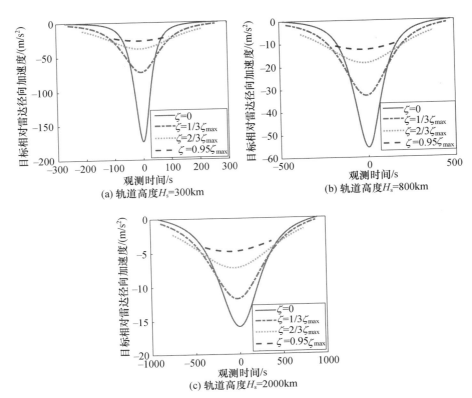

图 2.9　目标相对雷达径向加速度随观测时间及雷达站 – 轨道面夹角变化情况（见彩图）

（2）在同一轨道高度下，雷达站 – 轨道面夹角 ζ 越小，雷达观测时间越长，目标平均径向速度越大，平均加速度越大。

（3）在目标的一个可见弧段内，目标相对雷达有如下运动规律：目标轨道自雷达视场的大地水平面下方升起后，目标在雷达视线方向的径向速度不断减小，径向加速度不断增大，目标与雷达距离不断靠近，相对雷达仰角不断增大，直至视场内轨道拱点，此时目标与雷达距离在该段轨道内最近，径向速度减小为零，径向加速度达到最大，切向速度达到最大，此后目标开始远离雷达，并反向加速，加速度和雷达仰角不断减小。

（4）当目标轨道与雷达共面，且目标相对雷达仰角很小时，目标具有相对雷达径向速度的最大值；当目标轨道与雷达共面，且目标运动至拱点附近时，目标具有相对雷达径向加速度的最大值。

测站坐标系下空间目标的径向距离、速度、加速度、角速度、穿越波束时间、多普勒等特性对探测的雷达设计非常重要。这些参数随仰角、距离等变化很大，随雷达测站位置变化不大（取值范围）。为了全面总览空间目标以上参数的分布情况,下面以雷达位于石家庄(东经114°,北纬38°)为例,分别统计分析目标进站(仰角3°)、仰角45°、过顶(拱点)情况下(方位360°,波束宽度0.1°),目标的径向距离、径向速度、径向加速度、角速度、穿越波束时间等特性,多普勒可通过径向速度获得。

统计目标数据源于美国空间监视网公布的 TLE 数据[33],为协调世界时2016 年 3 月 13 日 0 时 0 分 0 秒至 16 日 0 时 0 分 0 秒的过境目标,总数 15434个,其中碎片 9864 个,箭体 1736 个,卫星 3834 颗,轨道高度(这里指目标轨道半长轴与地球半径之差,地球半径取平均半径 6371.004km)小于 2000km 的目标11938 个,大于 2000km 的 3496 个;统计中目标个数对同一目标不同圈次做合并处理,但即便是同一目标如果两次穿越波束时所处的统计区间(距离、速度、加速度、角速度、穿越波束时间)不同时也认为是两个目标,因此统计结果中的目标总数有可能会比实际统计的目标个数多。统计中独立参量的分布特性主要是统计各区段内的目标个数,用直方图表示;参量随距离分布的统计用直接打点散布图表示。在统计分析时,分为全部目标(包含碎片、箭体、卫星)和卫星目标两种情况。

统计结果中的目标个数:因为不是所有的目标都会出现在45°仰角处,而只要出现在视线范围内,目标就存在 3°仰角和拱点,所以通常情况下 45°仰角处的目标个数是最少的,而 3°仰角和拱点处的目标数量则基本保持一致。

空间目标观测距离分布如图 2.10 所示。统计中仰角 3°和 45°波束的距离步长为 250km,拱点时距离步长为 500km,由于大多数情况下,同一个目标拱点处的仰角在不同的观测时间内是不同的,与观测点之间的距离变化较大,不容易进行归并。而同一目标 3°拱点处的距离通常情况下不会有太大的变化,较易进行归并,因此拱点处的统计目标个数要比 3°仰角处的统计目标个数更多。另外,观测距离超过 10000km 的全目标统计数约占 7% ,卫星约占 10% 。

空间目标观测速度分布如图 2.11 所示。空间目标观测速度随距离分布如图 2.12 所示。统计中速度步长为 0.5km/s。目标在拱点处的速度通常在 0 附近,较容易归并;而在 3°和 45°仰角处的速度通常较大,且不同时间点的速度也有较大差别,不容易归并,所以拱点处的目标会较少。所有目标的速度均小于 9.5km/s。

空间目标观测加速度分布如图 2.13 所示。空间目标观测加速度随距离分布如图 2.14 所示。统计中加速度步长,3°仰角时为 $2m/s^2$,45°仰角和拱点时为 $5m/s^2$。绝大多数目标的加速度范围小于 $200m/s^2$,拱点处个别目标的加速度达 $425m/s^2$。

空间目标观测角速度分布如图 2.15 所示。空间目标观测角速度随距离分布如图 2.16 所示。统计中角速度步长,3°仰角时为 0.0125(°)/s,45°仰角和拱

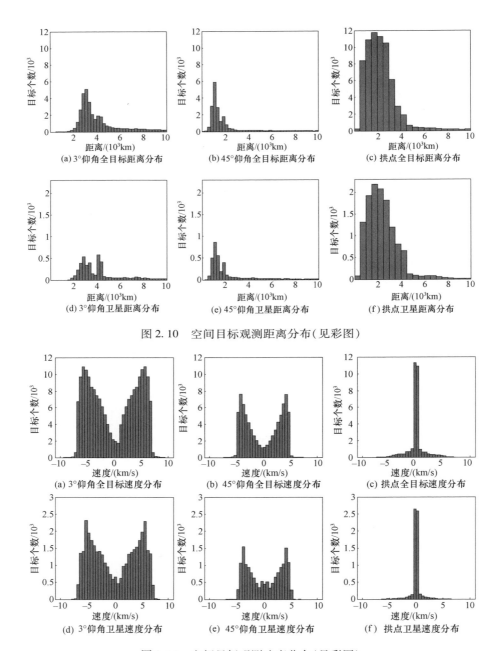

图 2.10　空间目标观测距离分布(见彩图)

图 2.11　空间目标观测速度分布(见彩图)

点时为 0.025(°)/s。目标在 3°仰角处的速度主要分量在与目标的连线上,即用来改变距离,相应的角速度分量较小,不同观测时间的变化也较小,较容易归并;而目标在拱点处的速度则刚好相反,其速度主要用来改变角度,角速度较大,不

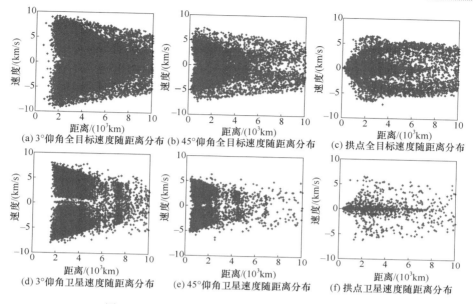

图 2.12　空间目标观测速度随距离分布(见彩图)

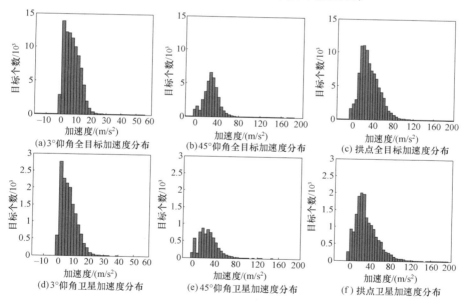

图 2.13　空间目标观测加速度分布(见彩图)

同时间点的变化也较大,难以归并,所以拱点处的统计目标会较多。绝大多数目标的角速度小于 0.6(°)/s,角速度的最大值约为 2.8(°)/s。

空间目标穿波束时间分布如图 2.17 所示。空间目标观测穿波束时间随距

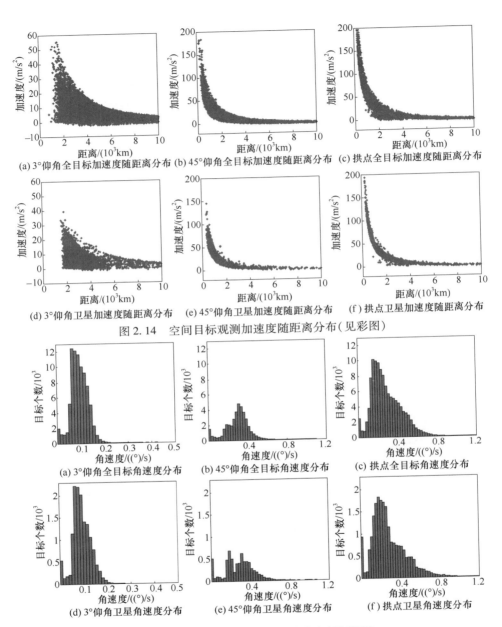

图 2.14 空间目标观测加速度随距离分布(见彩图)

图 2.15 空间目标观测角速度分布(见彩图)

离分布如图 2.18 所示(假设波束宽度 0.1°)。统计中穿波束时间步长为 0.25s。波束宽度为 0.1°时,穿波束时间最小值约为 80ms,3°仰角穿波束时间大部分为 2s 左右,45°仰角穿波束时间大部分为 0.5s 左右。穿波束时间超过 10s 的统计目标数占比约为 5%。

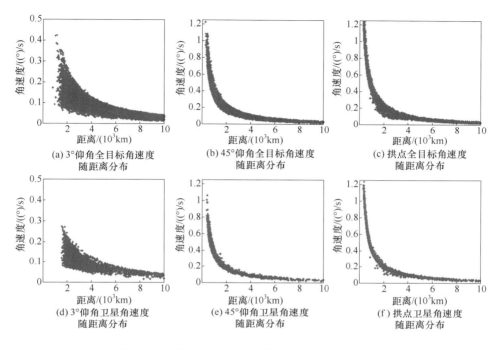

图 2.16　空间目标观测角速度随距离分布(见彩图)

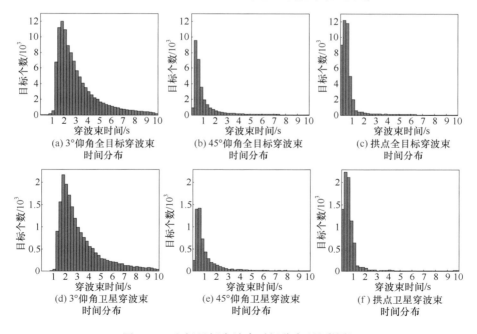

图 2.17　空间目标穿波束时间分布(见彩图)

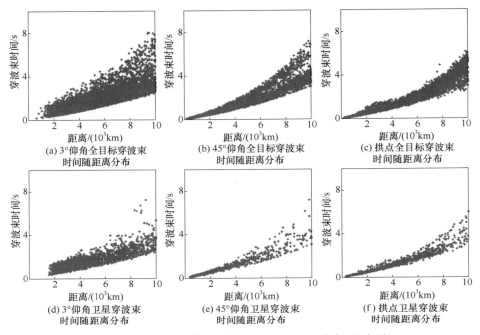

图 2.18　空间目标观测穿越波束时间随距离分布（见彩图）

2.4.2　相对转动特性

2.4.2.1　地惯系雷达观测目标视线转动

地惯系下雷达观测目标视线的转动规律,即确定雷达视线的转动轴方向和转动角速度的大小。将雷达视线矢量除以该矢量的模长得到雷达视线单位矢量,然后雷达视线单位矢量对时间求导得到雷达视线单位矢量的切向速度矢量,最后根据向心力转动定理,通过雷达视线单位矢量和切向速度矢量的叉乘得到雷达视线矢量的转动角速度矢量。

由式(2.1)、式(2.7)以及式(2.9),可得到雷达视线单位矢量为

$$
\boldsymbol{E}_{\text{CA-ECI}} = \frac{\boldsymbol{r}_{\text{ECI}}}{R_{\text{CA}}} = \begin{bmatrix} \tilde{a}\cos\Omega\cos(\omega+f) - \tilde{a}\sin\Omega\cos i\sin(\omega+f) - \tilde{R}_{\text{c}}\cos(\theta_{\text{G}}+\theta_{\text{L}})\cos\varphi_{\text{L}} \\ \tilde{a}\sin\Omega\cos(\omega+f) + \tilde{a}\cos\Omega\cos i\sin(\omega+f) - \tilde{R}_{\text{c}}\sin(\theta_{\text{G}}+\theta_{\text{L}})\cos\varphi_{\text{L}} \\ \tilde{a}\sin i\sin(\omega+f) - \tilde{R}_{\text{c}}\sin\varphi_{\text{L}} \end{bmatrix}
$$

$$(2.20)$$

式中:$\tilde{a}$、$\tilde{R}_{\text{c}}$ 分别为以雷达到目标质心的距离进行归一化后的轨道半径和雷达地心距,可表示为

$$\tilde{a} = a \Big/ \sqrt{a^2 + R_c^2 - 2aR_c\cos\eta}, \quad \tilde{R}_c = R_c \Big/ \sqrt{a^2 + R_c^2 - 2aR_c\cos\eta}$$

由于地球自转周期和空间目标公转周期的不同,造成雷达视线矢量的方向和模长均随时间变化。从式(2.9)和式(2.20)可知,雷达视线矢量的方向和模长均为空间目标真近点角 θ 和格林尼治恒星时 θ_G 的函数。因为真近点角 f 和格林尼治恒星时 θ_G 是时变的,所以雷达视线矢量的方向和模长也是随时间变化的。因此,对雷达视线矢量 $\boldsymbol{r}_{ECI}$ 求导后的速度矢量由径向速度矢量和切向速度矢量两部分组成。

切向速度矢量 $\boldsymbol{V}_{CA\text{-}ECI}$ 可通过直接对视线单位矢量 $\boldsymbol{E}_{CA\text{-}ECI}$ 求导得到,其表达式为

$$\boldsymbol{V}_{CA\text{-}ECI} = \frac{\mathrm{d}\boldsymbol{E}_{CA\text{-}ECI}}{\mathrm{d}t} = \frac{1}{R_{CA}}\frac{\mathrm{d}\boldsymbol{r}_{ECI}}{\mathrm{d}t} - \frac{1}{R_{CA}}\frac{\mathrm{d}R_{CA}}{\mathrm{d}t}\boldsymbol{E}_{CA\text{-}ECI}$$

$$= \boldsymbol{h}_1\frac{\mathrm{d}f}{\mathrm{d}t} + \boldsymbol{h}_2\frac{\mathrm{d}\theta_G}{\mathrm{d}t} + \boldsymbol{h}_3\frac{\mathrm{d}\eta}{\mathrm{d}t} \tag{2.21}$$

式中: η 见式(2.8); $\boldsymbol{h}_1$、$\boldsymbol{h}_2$ 和 $\boldsymbol{h}_3$ 分别为

$$\boldsymbol{h}_1 = \begin{bmatrix} -\cos\Omega\cos(\omega+f) - \sin\Omega\cos i\sin(\omega+f) \\ -\sin\Omega\cos(\omega+f) + \cos\Omega\cos i\sin(\omega+f) \\ \sin i\sin(\omega+f) \end{bmatrix}\tilde{a}$$

$$\boldsymbol{h}_2 = \begin{bmatrix} \cos(\theta_G+\theta_L)\cos\varphi \\ -\sin(\theta_G+\theta_L)\cos\varphi \\ 0 \end{bmatrix}\tilde{R}_c$$

$$\boldsymbol{h}_3 = \begin{bmatrix} \tilde{a}\cos\Omega\cos(\omega+f) - \tilde{a}\sin\Omega\cos i\sin(\omega+f) - \tilde{R}_c\cos(\theta_G+\theta_L)\cos\varphi_L \\ \tilde{a}\sin\Omega\cos(\omega+f) + \tilde{a}\cos\Omega\cos i\sin(\omega+f) - \tilde{R}_c\sin(\theta_G+\theta_L)\cos\varphi_L \\ \tilde{a}\sin i\sin(\omega+f) - \tilde{R}_c\sin\varphi_L \end{bmatrix}(-\tilde{a}\tilde{R}_c\sin\eta)$$

根据雷达视线单位矢量 $\boldsymbol{E}_{CA\text{-}ECI}$ 与切向速度矢量 $\boldsymbol{V}_{CA\text{-}ECI}$ 可推出视线转动的角速度矢量 $\boldsymbol{W}_{CA\text{-}ECI}$,其表达式为

$$\boldsymbol{W}_{CA\text{-}ECI} = \boldsymbol{E}_{CA\text{-}ECI} \times \boldsymbol{V}_{CA\text{-}ECI}$$

$$= \frac{1}{R_{CA}^2}(\boldsymbol{A}_{ECI} - \boldsymbol{C}_{ECI}) \times \left(\frac{\mathrm{d}\boldsymbol{A}_{ECI}}{\mathrm{d}t} - \frac{\mathrm{d}\boldsymbol{C}_{ECI}}{\mathrm{d}t}\right) \tag{2.22}$$

$$= \boldsymbol{g}_1\frac{\mathrm{d}f}{\mathrm{d}t} + \boldsymbol{g}_2\frac{\mathrm{d}\theta_G}{\mathrm{d}t}$$

式中

$$\boldsymbol{g}_1 = \begin{bmatrix} \sin\Omega\sin i \\ -\cos\Omega\sin i \\ \cos i \end{bmatrix} \tilde{a}^2 -$$

$$\begin{bmatrix} \sin i\cos(\omega+f)\sin(\theta_G+\theta_L)\cos\varphi_L + \sin\Omega\sin(\omega+f)\sin\varphi_L - \cos\Omega\cos i\cos(\omega+f)\sin\varphi_L \\ -\sin i\cos(\omega+f)\cos(\theta_G+\theta_L)\cos\varphi_L - \cos\Omega\sin(\omega+f)\sin\varphi_L - \sin\Omega\cos i\cos(\omega+f)\sin\varphi_L \\ \{-\sin\Omega\sin(\omega+f)\cos(\theta_G+\theta_L)\cos\varphi_L + \cos\Omega\cos i\cos(\omega+f)\cos(\theta_G+\theta_L)\cos\varphi_L + \cdots \\ +\cos\Omega\sin(\omega+f)\sin(\theta_G+\theta_L)\cos\varphi_L + \sin\Omega\cos i\cos(\omega+f)\sin(\theta_G+\theta_L)\cos\varphi_L\} \end{bmatrix} \tilde{a}\tilde{R}_c$$

$$\boldsymbol{g}_2 = \begin{bmatrix} -\cos(\theta_G+\theta_L)\sin\varphi_L \\ -\sin(\theta_G+\theta_L)\sin\varphi_L \\ \cos\varphi_L \end{bmatrix} \tilde{R}_c^2\cos\varphi_L -$$

$$\begin{bmatrix} -\sin i\sin(\omega+f)\cos(\theta_G+\theta_L) \\ -\sin i\sin(\omega+f)\sin(\theta_G+\theta_L) \\ \{\cos\Omega\cos(\omega+f)\cos(\theta_G+\theta_L) - \sin\Omega\cos i\sin(\omega+f)\cos(\theta_G+\theta_L) + \cdots \\ +\sin\Omega\cos(\omega+f)\sin(\theta_G+\theta_L) + \cos\Omega\cos i\sin(\omega+f)\sin(\theta_G+\theta_L)\} \end{bmatrix} \tilde{a}\tilde{R}_c\cos\varphi_L$$

下面给出用测站坐标系的坐标轴和星基轨道坐标系的坐标轴作为自变量的雷达视线切向速度矢量和转动角速度矢量,分别为

$$V_{\text{CA-ECI}} = \tilde{a}\frac{\mathrm{d}f}{\mathrm{d}t}Y_{\text{RSW-ECI}} - \tilde{R}_c\frac{\mathrm{d}\theta_G}{\mathrm{d}t}\cos\varphi\, Y_{\text{NZE-ECI}} + \tilde{a}\tilde{R}_c\frac{\sin\eta\,\mathrm{d}\eta}{R_{\text{CA}}\,\mathrm{d}t}E_{\text{CA-ECI}} \quad (2.23)$$

$$W_{\text{CA-ECI}} = \frac{a^2}{|\boldsymbol{r}|^2}\frac{\mathrm{d}f}{\mathrm{d}t}Z_{\text{RSW-ECI}} + \frac{R_c^2\cos\varphi_L}{|\boldsymbol{r}|^2}\frac{\mathrm{d}\theta_G}{\mathrm{d}t}Z_{\text{NZE-ECI}} -$$

$$\frac{aR_c\cos\varphi}{|\boldsymbol{r}|^2}\frac{\mathrm{d}\theta_G}{\mathrm{d}t}X_{\text{RSW-ECI}}\times Y_{\text{NZE-ECI}} - \frac{aR_c}{|\boldsymbol{r}|^2}\frac{\mathrm{d}f}{\mathrm{d}t}X_{\text{NZE-ECI}}\times Y_{\text{RSW-ECI}} \quad (2.24)$$

式中:矢量 $I_{\text{nam-ref}}$,$I\in[E,V,W]$,下标中 nam 代表矢量两端点的名字或坐标系,ref 代表矢量表达式所参照的坐标系名称。例如,$X_{\text{NZE-RSW}}$ 代表测站坐标系的 X 轴在以星基轨道坐标系为参考坐标时对应的单位矢量。

当空间目标姿态不做调整时,即以地惯系为参考,星基轨道坐标系为静止坐标系时,以上分析得到的转动角速度矢量便可表征雷达对空间目标探测成像过程中空间目标与雷达的相对转动。然而,本书定义的星基轨道坐标系相对于地惯系并非静止,因此,星基轨道坐标系变化引起的相对转动不容忽视。下面将空间目标视为静止不动,分析雷达视线矢量在星基轨道坐标系下的转动,这种方法等同于分析空间目标与雷达的相对转动。若将雷达和目标视为一个整体,目标中心是该整体的转动中心。雷达与目标中心的连线类似于直升机的旋翼,在随

目标一起转动的同时还存在一个相对转动,因此,雷达视线在星基轨道坐标系下的转动代表空间目标与雷达之间的相对转动。

2.4.2.2　星基轨道坐标系雷达视线转动

由地惯坐标系下的雷达视线单位矢量 $\boldsymbol{E}_{\text{CA-ECI}}$ 通过坐标转换可以得到星基轨道坐标系下的雷达视线单位矢量 $\boldsymbol{E}_{\text{CA-RSW}}$。

在圆轨道假设下,从地惯系到星基轨道坐标系的坐标变换矩阵为

$$\boldsymbol{M}_{\text{ECI-RSW}} = \boldsymbol{M}_{\text{RSW-ECI}}^{\text{T}} = \left[\boldsymbol{R}_z(\Omega) \quad \boldsymbol{R}_x(i) \quad \boldsymbol{R}_z(\omega + f) \right]^{\text{T}} = \boldsymbol{M}^{\text{T}} \quad (2.25)$$

联立式(2.20)和式(2.25),可得星基轨道坐标系下的雷达视线单位矢量为

$$\boldsymbol{E}_{\text{CA-RSW}} = \boldsymbol{M}_{\text{ECI-RSW}} \boldsymbol{E}_{\text{CA-ECI}} \quad (2.26)$$

上式对时间求导后,得到星基轨道坐标系下切向速度矢量为

$$\boldsymbol{V}_{\text{CA-RSW}} = \frac{\mathrm{d}\boldsymbol{E}_{\text{CA-RSW}}}{\mathrm{d}t} = \frac{\mathrm{d}\boldsymbol{M}_{\text{ECI-RSW}}}{\mathrm{d}t} \boldsymbol{E}_{\text{CA-ECI}} + \boldsymbol{M}_{\text{ECI-RSW}} \boldsymbol{V}_{\text{CA-ECI}} \quad (2.27)$$

由上式可知,星基轨道坐标系下雷达视线转动对应的切向速度矢量由两项组成:第一项为坐标变换矩阵 $\boldsymbol{M}_{\text{ECI-RSW}}$ 求导后得到的新矩阵与地惯系下的雷达视线单位矢量 $\boldsymbol{E}_{\text{CA-ECI}}$ 的乘积,该项来源于星基轨道坐标系与地惯系之间的相对变化;第二项为地惯系下的切向速度矢量 $\boldsymbol{V}_{\text{CA-ECI}}$ 转换到星基轨道坐标系下的速度矢量,该项来自于雷达视线单位矢量的变化。

星基轨道坐标系下的雷达视线单位矢量和切向速度矢量的叉积为星基轨道坐标系下的转动角速度矢量,即

$$\begin{aligned} \boldsymbol{W}_{\text{CA-RSW}} &= \boldsymbol{E}_{\text{CA-RSW}} \times \boldsymbol{V}_{\text{CA-RSW}} \\ &= \boldsymbol{M}_{\text{ECI-RSW}} \boldsymbol{E}_{\text{CA-ECI}} \times \frac{\mathrm{d}\boldsymbol{M}_{\text{ECI-RSW}}}{\mathrm{d}t} \boldsymbol{E}_{\text{CA-ECI}} + \boldsymbol{M}_{\text{ECI-RSW}} \boldsymbol{W}_{\text{CA-ECI}} \end{aligned} \quad (2.28)$$

由上式可知,星基轨道坐标系下的转动角速度矢量也包括两项:第一项反映了坐标变换矩阵 $\boldsymbol{M}_{\text{ECI-RSW}}$ 的时变影响;第二项对应于地惯系下的转动速度矢量 $\boldsymbol{W}_{\text{CA-ECI}}$ 通过坐标转换后在星基轨道坐标系下的新的表达式。

由文献[37]进一步推导得

$$\begin{aligned} \boldsymbol{W}_{\text{CA-RSW}} &= \widetilde{R}_{\text{c}}^2 \left(\frac{\mathrm{d}f}{\mathrm{d}t} \boldsymbol{X}_{\text{NZE-RSW}} \times \boldsymbol{b} + \cos\varphi_{\text{L}} \frac{\mathrm{d}\theta_{\text{G}}}{\mathrm{d}t} \boldsymbol{Z}_{\text{NZE-RSW}} \right) - 2\widetilde{a}\widetilde{R}_{\text{c}} \frac{\mathrm{d}f}{\mathrm{d}t} \left(\boldsymbol{X}_{\text{NZE-RSW}} \times \boldsymbol{Y}_{\text{RSW-RSW}} \right) \\ &\quad - \widetilde{a}\widetilde{R}_{\text{c}} \left(\frac{\mathrm{d}f}{\mathrm{d}t} \boldsymbol{X}_{\text{RSW-RSW}} \times \boldsymbol{b} + \cos\varphi_{\text{L}} \frac{\mathrm{d}\theta_{\text{G}}}{\mathrm{d}t} \boldsymbol{X}_{\text{RSW-RSW}} \times \boldsymbol{Y}_{\text{NZE-RSW}} \right) + 2\widetilde{a}^2 \frac{\mathrm{d}f}{\mathrm{d}t} \boldsymbol{Z}_{\text{RSW-RSW}} \end{aligned}$$
$$(2.29)$$

式中: $\boldsymbol{b} = \left[-l_{21} \quad l_{11} \quad 0 \right]^{\text{T}}$ 位于星基轨道坐标系的 XY 平面内,并且 $\boldsymbol{b} \perp \boldsymbol{X}_{\text{NZE-RSW}}$, $l_{11} = \{\boldsymbol{M}^{\text{T}}\boldsymbol{N}\}_{11}$, $l_{21} = \{\boldsymbol{M}^{\text{T}}\boldsymbol{N}\}_{21}$ 。

图 2.19 给出了星基轨道坐标系下等效转动角速度、俯仰角和方位角的

变化。

如图 2.19 所示,目标的等效转动角速度矢量的模长与雷达站 – 轨道面夹角成反比,并随着轨道高度的增加而降低。前者源于目标旋转角速度在雷达成像面的有效投影值随着雷达站 – 轨道面夹角的增加而变小,后者源于目标在轨运动引起的视线转动矢量随着轨道周期增加而降低。

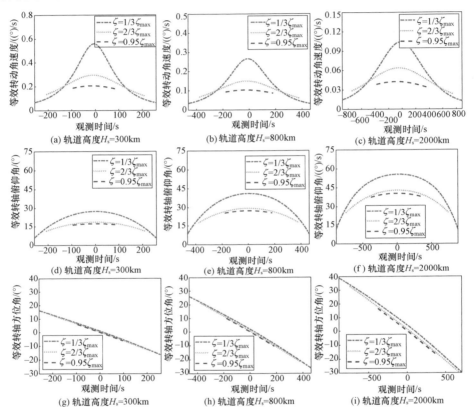

图 2.19 星基轨道坐标系下转动角速度、俯仰角和方位角的变化(见彩图)

同样可观察到目标等效转动角速度矢量俯仰角与雷达站 – 轨道面夹角成反比,并随着轨道高度的增加而变大。这是因为随着雷达站 – 轨道面夹角的减小或者轨道高度的增加,目标轨道面与雷达成像面的夹角变小,垂直于目标轨道面的目标旋转矢量则与雷达成像面夹角增加。

目标等效转动角速度矢量方位角由目标相对于定义参考坐标系的转动引入,由于取目标仰角最大的过顶时刻定义的坐标系,因此目标方位角在整个可见弧段具有相同的变化率,且在目标过顶时刻方位角为零。必须指出的是,受地球自转影响,图 2.19 中的目标方位角转动速度并非是一条直线,而是有一定弯曲。

此外,虽然在目标轨道较低时具有相对高的转动角速度,但是由于高轨道目标的可见弧段相对较长,因此在整个可见弧段具有更大的累积转动角度。

2.4.3　姿态稳定和定向特性

卫星载荷为了实现其功能,需要保持对地或太阳等一定的卫星姿态,这种维持卫星姿态的方式称为卫星目标姿态稳定方式。空间目标稳定方式有三轴姿态稳定、自旋姿态稳定等方式。

许多卫星在飞行时要对其相互垂直的三个轴进行控制,不允许任何一个轴产生超出规定值的转动和摆动,这种稳定方式称为卫星的三轴姿态稳定。目前,大多数卫星采用三轴稳定方式控制目标姿态,因为它适用于在各种轨道上运行的、具有各种指向要求的卫星,也可用于卫星的返回、交会、对接及变轨等过程。如果三轴稳定目标本体坐标系轴和惯性系轴平行或夹角固定,则称为惯性系定向,如图 2.20(a)所示。

另一种是目标本体系的某一个轴指向固定方向,称为定向姿态稳定方式。如果目标本体系的某一个轴指向地心方向,则称为对地定向,如图 2.20(b)所示。

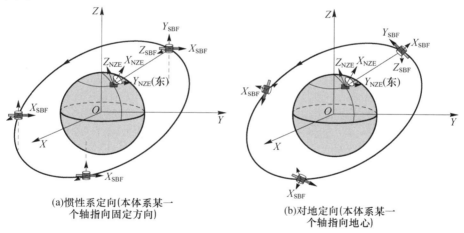

(a)惯性系定向(本体系某一个轴指向固定方向)　　(b)对地定向(本体系某一个轴指向地心)

图 2.20　空间低轨目标定向姿态稳定方式

在轨运行中空间目标除受与速度方向相反的阻力外,还受垂直于速度方向的力。并且,由于该力一般并不正好通过空间目标的质心,可分解为通过质心且与速度垂直的升力和围绕质心的转矩。转矩由重力场、地球磁场、电动力以及大气力矩等组成。大多数空间目标为非受控目标,转矩的存在使得目标在轨运行时会产生翻滚,并且由于感应电势产生的电磁阻尼的影响,翻滚的旋转速度不会太快[22]。

2.4.4　观测时空特性

　　监视探测设备对空间目标采集测量数据的基本条件之一是探测设备与监视目标间几何可见,即探测设备与监视目标的连线间无遮挡(通视)。监视设备有地基(含船载、机载)和天基两类,两类设备在惯性空间中都是运动的,前者是地球自转,后者是天基载体的轨道运动;而空间目标也按力学规律运动。因此,两者间能否几何可见将取决于两者的相对运动结果,即地球是否处于设备和目标间的连线上产生遮挡。由此可见,相对运动是两个运动目标间可见的内在原因。当没有相对运动时,要么一直可见,要么永不可见。

　　对于地基探测设备而言,反映设备和目标相对运动的最直接方法之一是目标的星下点轨迹。对轨道高度 $300 \sim 1700 \mathrm{km}$ 的低轨道目标而言,其运动周期为 $90 \sim 120 \mathrm{min}$,每天绕地球运行 $12 \sim 15$ 圈,纬度覆盖范围取决于轨道倾角的大小。因此,低轨道目标对于布设在纬度小于轨道倾角的设备(面北)每天总有至少两次可见。对于北半球阵面法向朝南的雷达,理论上对低轨目标仍然存在盲区,对于轨道高度小于 $H_{\min} = R_{e}(1/\cos(\varphi_{L} - i) - 1)$ 的目标,视线不可见。

　　对于回归轨道目标,如果在一个回归周期内,目标均不在雷达视场内,则对该目标的轨道不可见。

　　对于同步轨道目标,其星下点是一个细长"8"字,对于位于"8"字内和附近的设备目标一直可见,很大区域的设备目标永不可见。

　　若目标出现在测站所在地平面上,则认为目标是视线可见的。视线可见性计算是得到一定时间内测站对空间目标的观测时机。视线可见时长与目标高度、雷达站 - 轨道面夹角 ζ 有关,如图 2.21 所示。

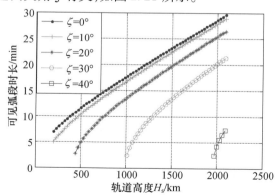

图 2.21　可见时长与轨道高度、雷达站 - 轨道面夹角的关系(见彩图)

　　定义两次可见时间间隔为在第一次观测到目标之后再一次观测到同一目标的时间间隔,两次可见经度变化量表示两次观测到目标时目标在地球上投影所处经度之差。

位于石家庄附近测站的空间目标可见时长、可见时间间隔和两次可见经度变化量分布如图 2.22 所示,可见时长、可见时间间隔和两次可见经度变化量随轨道半长轴分布如图 2.23 所示,仿真统计条件同 2.4.1 节,可见俯仰角大于或等于 3°。从图可见,可见时长和两次可见时间间隔分布范围都很广。

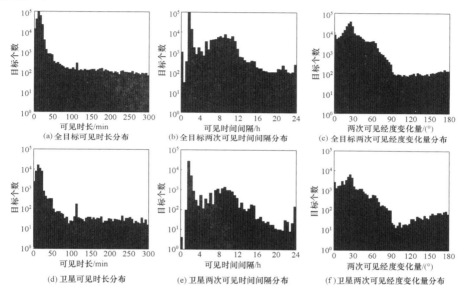

图 2.22　空间目标可见时长、间隔和经度变化量分布(见彩图)

在视线可见性的基础上,还需根据设备的波束空域覆盖范围、探测距离、工作时间等,结合天气和环境因素(主要针对光学设备),可进一步得到目标的设备可见性时段。由于空间目标的轨道运动和地球自转,如果探测设备希望每天能够观测到低轨目标一升一降两次,则探测设备需要同时覆盖(或快速扫描覆盖)较大的东西方向角度(经度)。

2.4.5　电磁散射特性

雷达设备确定后,RCS 决定探测目标距离。另外 RCS 大小从一个方面反映出目标的大小。根据统计,空间目标的尺寸分布非常广泛,并且存在着大量的小尺寸目标。美国空间监视网已编目空间目标的 RCS 分布如图 2.24 所示,从图可以看出大量空间目标的 RCS 小于 −20dBsm。

改善雷达探测空间轨道目标作用距离的重要技术措施之一是目标回波信号相参积累处理,而影响目标回波相参性的一个很重要因素是雷达观测卫星视角

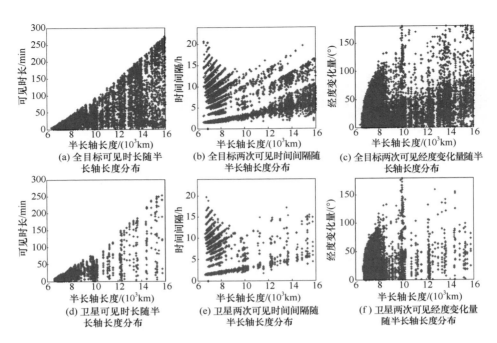

图 2.23 空间目标可见时长、间隔和经度随半长轴长度分布(见彩图)

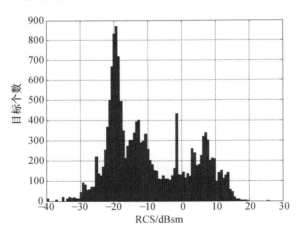

图 2.24 空间目标的 RCS 分布

变化。在对空间目标进行探测过程中,由于目标在轨运动、姿态调整或者目标自身翻滚使得雷达对目标的观测视角是时变的。目标回波信号的相干时间是一个与射频信号中心频率、目标各散射点的复散射系数、各散射点的位置坐标等因素有关的复杂函数。文献[38]分析了均匀线阵点散射体高度简化模型下目标回波信号幅度去相干的角度变化量和频率变化量,分别为

$$\Delta\theta = \frac{c}{2Lf_{c}} \tag{2.30}$$

$$\Delta f_{c} = \frac{c}{2L\theta_{M}} \tag{2.31}$$

式中:L 为目标大小;θ_{M} 为目标转角;f_{c} 为信号载频。

　　S 频段(3GHz)的雷达对 5m 大小的目标进行观测时,目标信号去相干对应转角为 0.57°,而在 W 频段(95GHz),这个角度缩小为 0.018°。根据该模型粗略估计目标因在轨运动引起雷达观测视角变化对应的去相干时间:在观测低轨道(400km)的空间目标时,由于目标的等效转动角速度为 0.2 ~ 1(°)/s,相应在 S 频段的去相干时间为 0.57 ~ 2.9s,W 频段的去相干时间 18 ~ 90ms;在空间目标轨道高度增加至 800km 时,目标的等效转动角速度变为 0.11 ~ 0.5(°)/s,相应在 S 频段的去相干时间为 1.1 ~ 5.2s,W 频段的去相干时间为 0.04 ~ 0.16s;空间目标为中轨道卫星(20000km)时,对应目标的等效转动角速度为 0.0005 ~ 0.01(°)/s,相应在 S 频段的去相干时间为 28 ~ 1140s,W 频段的去相干时间为 1.8 ~ 36s。

　　在对空间目标探测时,电磁波穿越电离层会产生包括折射、法拉第旋转、色散、相移、时延、衰减等。电离层扰动对回波信号去相干主要表现在电离层整体对电磁波的附加时延、沿电磁波路径总电子量变化引起的多普勒变化、电离层不规则体引入的点扩散、法拉第旋转引起的极化通道相对相位关系变化等[39]。表 2.1 给出了电离层效应的最大估计值[40]。

表 2.1　电离层效应最大估计值[40]

频率/GHz	参量与频率关系	群时延/μs	折射到达方向改变	法拉第旋转/(°)	吸收/dB
1		0.25	<0.6′	108	0.05
3	f_{c}^{2}	0.028	<4″	12	0.006
10		0.0025	<0.36″	1.1	0.0005

注:单程传播,30°仰角,总电子含量(TEC)为 $10^{18}/m^{3}$

◤ 2.5　空间目标观测需求

　　空间目标观测需求是指为了完成空间目标的定轨、编目、识别、监视、轨道预报、目标攻击等任务而需要对空间目标的测量元素、测量频度、测量精度、测量特征等的需求。

　　空间目标定轨就是确定空间目标的轨道,获取轨道根数,是空间目标监视最基本的任务。空间目标编目是对空间目标进行编号管理,其核心是给出反映目标运动轨迹的轨道参数,更进一步是标明其身份等。

空间目标定轨预报精度需求随着空间监视任务而不同。在进行空间目标编目探测时,首先受初始确定轨道对观测精度和数据量的需求;其次为保证测站能够对其顺利地再次捕获和跟踪,空间目标的轨道预报误差还受空间目标搜索捕获区间大小的约束,该搜索捕获区间大小取决于雷达或光电望远镜所能容许的目标搜索范围。而对于空间目标攻击盲打,则需精密定轨预报,轨道预报精度可能要求在 10m 量级。

空间目标的观测需求与其类别有很大关系,下面进行具体分析。

2.5.1 基于观测需求的卫星分类

在进行空间目标轨道编目保持时,不同类型的空间目标观测需求是不同的,为了以最小的观测需求(最少观测资源)实现空间目标编目维持,一般将卫星分为若干类,然后给每一类卫星分配不同的观测次数及观测频次来进行任务调度。根据观测需求的卫星分类方式有以下几种。

2.5.1.1 Gabbard 卫星分类

Gabbard 卫星分类是美国空间目标监视系统中最早采用的空间目标分类方法[41]。这个由美国空间控制中心的轨道分析员 John Gabbard 提出并随后以其名字命名的空间目标分类方法是一种经验方法[42],对应的轨道外推算法为 SGP4 模型。该方法按照空间目标的近地点和远地点高度的不同将空间目标分为 32 个区间[43],每个区间均对应一个推荐轨道更新时间间隔(LUPI)和观测频率(观测/天)。该方法符合当时的空间监视网能力和定轨需求,虽然并无严格的理论证明支撑,仍作为一种有效的经验方法在 1SPCS(1st Space Control Squadron)的 427M 传感器调度系统中使用[41]。1993 年 MITRE 公司为 Space Defense Operations Center(SPADOC)所构建的自动传感器任务分配原型系统仍采用该空间目标分类方式确定空间目标的观测需求,不同之处在于其分类区间被扩展细化为 65 个[41],如图 2.25 所示,其中每格为一类,点为空间目标散布情况。

若不考虑空间目标摄动力模型误差带来的影响,空间目标的轨道外推误差将取决于其初始状态误差的扩散。空间目标的初始误差扩散主要源于由轨道半长轴误差引起的沿迹向和径向误差扩散,而且该扩散速率的大小受目标的轨道半长轴和偏心率加权。此外,大气阻力摄动为空间目标所受到的主要摄动力之一,其大小正比于大气密度,不准确的大气密度模型会极大地影响空间目标轨道外推误差的结果,由于大气在不同轨道高度上具有不同的密度,因此大气阻力摄动模型误差引入的轨道外推误差与目标轨道几何相关。

Gabbard 分类方法实际上是根据空间目标的初始误差扩散率以及不同轨道

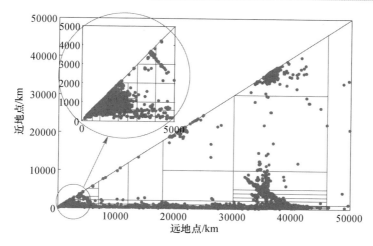

图 2.25 Gabbard 分类下空间目标的散布图(2017 – 02 – 08)(见彩图)

高度下大气密度对轨道外推误差的影响来分类的。然而,Gabbard 分类忽略了其他因素(如空间目标的弹道系数)的不同对轨道外推误差带来的影响。此外,作为一种基于经验的方法,Gabbard 分类的另一个缺陷在于理论支撑不足。

2.5.1.2　基于根数的卫星分类

Berger 等在 1992 年提出了一种基于根数的分类方法,该方法根据轨道平均角速度、偏心率以及轨道倾角将空间目标划分到 30 个有效统计区间内。除轨道半长轴以及偏心率,基于轨道根数的分类方法还考虑轨道倾角在空间目标轨道外推误差扩散中的影响。Berger 等解释提出该分类的目的在于"构建一个基于空间目标摄动的目标分类,……,更多的对空间目标进行统计"[41]。该方法可视为 Gabbard 分类方法的扩展,按照轨道半长轴、偏心率以及轨道倾角这三个因素对空间目标进行分类事实上综合考虑了大气密度、卫星初始状态误差以及轨道外推部分系统误差对空间目标解析法轨道外推误差的影响。

2.5.1.3　EDR 分类

随着计算机运算性能的增强,空间目标编目系统可使用更为复杂但精确的力学模型(如 SP[44,45])进行轨道外推。对于近地点较低的轨道,其力学模型误差将主要源于大气阻力,保守力模型误差对编目维持所带来的影响相对已可忽略[44]。Omitron 公司在空间监视网优化(SSNO)报告中提出一种基于卫星的能量耗散率(EDR)的分类方法[46,47]。与单纯基于轨道几何特征的分类方法相比,除大气密度外,该方法还考虑了目标的物理特性(如弹道系数)对轨道外推误差的影响,对目标的观测需求的描述更准确。对每个 EDR 区间,SSNO 报告还给出

了对应的定轨精度 – 观测需求函数曲线[46]。作为对 SSNO 报告的补充,Hejduk 等[48]指出太阳光压模型误差对空间目标观测需求的影响也不可忽略,并按照 EDR 分类方式构建了一种基于太阳光压的空间目标分类方法对同步轨道空间目标进行进一步分类。

EDR 为目标所经历的大气阻力的度量,取决于目标的弹道系数、轨道以及光压对电离层的影响,单位为 W/kg,可用下式表示:

$$\text{EDR} = -\frac{1}{T}\int_{s_1}^{s_2} a_D \cdot \mathrm{d}s \tag{2.32}$$

式中:T 为目标由点 s_1 到 s_2 所经历的时间间隔,由定轨间隔或者轨道更新间隔确定;a_D 为大气阻力加速度;$\mathrm{d}s$ 为路径积分。

SSNO 报告将 EDR 分为 11 个区间,其中 0 区包括无大气阻力的空间目标,1 ~ 10 区大气阻力逐步增加,并且,随着轨道以及太阳辐射情况的变化,目标的 EDR 级别随之动态的逐步变化[46]。图 2.26 给出了 2012 年 5 月 14680 个空间编目目标的 EDR 分类[49]。其中,属于 0 区的目标占了整个编目的 13.5% ,而 1 区的占 53.2% 。

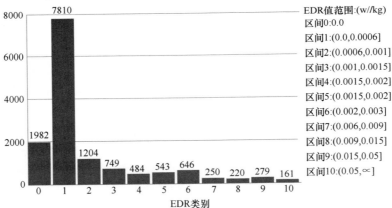

图 2.26   EDR 分类下空间目标的散布图[49]

2.5.2   编目定轨观测需求

空间目标编目的实质是给出反映目标运动轨迹的轨道参数。空间目标在轨道上的运动均受到轨道动力学约束,若将地球看成一个密度分布均匀的球体,则它对绕其运行的空间目标的引力作用等效于一个质点,相当于质量全部集中在质心上,于是构成了一个简单的二体运动,在该情况下,并且不考虑其他天体等因素的影响,直接利用牛顿第二定理可获得空间目标的轨道参数。然而,空间目标在轨运行过程中,除了地心引力外,还受到包括地球非球形引力、第三体引力、大气阻力、太阳辐射压、潮汐力、地球反照和红外辐射压力等微弱摄动力的影响。这些摄动力虽然相对地心引力而言较为微弱,但在轨道精确预报,尤其是长期预报的过程中对空间目标的影响不可忽略。因此,虽然空间目标的运动可归结为一个受摄二体问题,但所涉及的空间目标的受力模型是一个非常复杂的非线性动力系统,对该系统进行精确的长期预报仍然较为困难。

针对不同的应用需求,目前主要有三类不同的轨道外推方法,分别为解析方法、半解析方法以及数值方法[50]。解析方法通过对摄动加速度模型进行级数展开的方式求解表示空间目标运动或轨道根数变化的微分方程,在简化高阶项模型下有实用的显式解,常称为普适摄动法。数值方法根据运动方程和确定的初值以数值积分的方式逐步地递推下一时刻的卫星位置和速度或瞬时轨道,它并不给出轨道变化的一般解析表达式,不需要简化模型,精度高,运算量大,常称为特殊摄动(SP)法。半解析方法综合了解析方法和数值方法的优点,使精度和速度达到了统一。

轨道确定是利用测量值来拟合轨道,获得所需要的轨道根数或其他参数的过程,一般包括定初轨和精密定轨。

2.5.2.1　初始轨道确定

初始轨道确定(IOD)是指空间目标在无任何初始轨道信息时利用少量、离散的跟踪观测数据确定目标轨道的近似值,也称为定初轨。定初轨一般利用若干点测量值构建方程组求解或通过迭代方法来计算目标轨道根数,精度较差。根据使用的测量数据类型不同,可分如下三种方法[51]:

(1)两位置矢量定轨:已知空间两点位置矢量及两点间的时间间隔确定卫星轨道。常用的方法有高斯方法、普适变量法、兰伯特法、直接 p 迭代法等。

(2)纯角度定轨:已知空间角度和角度变化率确定卫星轨道。常用的方法有高斯法、拉普拉斯法、双 r 迭代和双 ρ 迭代方法等。

(3)混合定轨:已知距离、方位角或俯仰角可用 Gibbs 方法和 Herrick 方法确定卫星轨道,已知距离变化率、方位角和俯仰角可用改进的拉普拉斯方法和贝克法确定卫星轨道。

2.5.2.2　精密定轨和预报

精密定轨是指利用大量的观测数据使用统计学原理对航天器轨道进行精确估计[51]。精密轨道计算常采用轨道改进的方法,其原理是通过不断迭代来修正初始轨道参数,使得其在一定轨道模型下递推得到的预测值与测量数据之间的误差达到最小。精密定轨使用大量的测量数据和较为准确完善的力学模型,定轨精度高。

轨道预报是指利用包含摄动项的较为精确的轨道模型以及预报算法对精密定轨所采用数据弧段以外的空间目标状态进行预报。

定轨精度与使用的力学模型,测量数据的数量、类型、精度,以及观测几何等密切相关。初始确定一个未知目标的轨道根数,需要至少 2 ~ 4 个测量点,并且测量点之间需要有足够的时间间隔。精密定轨仅有足够长的观测弧段是不够的,还需要观察站之间有一定的离散度。经验性的做法是,定轨所用的观测值可来自监视网中分布的三个传感器;若使用两个传感器的观测值,则它们之间的时间间隔至少差 1.5 圈以上较好;若是单个传感器的观测值,则希望是多个离散圈次的观测值。

空间监视网没有必要对目标的所有可见弧段进行连续观测,连续观测会产生信息冗余现象,也降低了空间监视网的观测效率。一般只需维持空间目标的根数在一定的精度即可,这仅需要一定的观测数据量及设备量。

探测设备为了实现对空间目标的有效监视和发挥更好的效能,必须结合监视网考虑以下问题。

1)探测数据完备性需求[52]

空间目标编目要求监视网能对监视高度范围内的所有目标进行自主、可靠、周期性的数据采集,只有这样才能对区域内的所有目标进行编目及更新,发现新的发射及已有目标的轨道变化。将监视网对区域内所有目标进行足以支持库内目标编目维持(含变轨目标)、新目标发现(含新发射、解体形成碎片等)的数据采集特性称为监视网的完备性。

监视网的完备性是空间目标监视系统对监视网的基本要求。根据空间监视的内在机理和空间目标的运动特性将其分解为监视网需监视的时间 – 空间范围要求。

对于地基低轨目标监视而言,分析低轨目标的星下点轨迹,可以清楚地看出,相对于地表任一点:

(1)目标相邻两圈的星下点间距约为目标一个轨道周期内地球自转的角度,轨道高度低于 2000km 目标小于 32°。

(2)目标每天有升降两(批)次过境,升降间隔的最小值不到 12h。

根据这两个特点可以推出:只要对一定的经度范围(不小于一个轨道周期内地球自转的角度)进行一定时长(不小于 12h)的连续监视,便可以可靠地发现目标。

然而,仅发现目标还不行。因为编目需要的是轨道根数,而定轨特别是初轨确定需要一定数量及分布的数据(具体视精度要求、轨道类型及定轨水平等),并且只有在确定出初轨的情况下,才能给出数据 – 目标对应关系,测得的数据才可以用于以后的轨道改进。因此,监视网必须确保初轨确定所需的弧长。由于近地目标中约 90% 以上目标的轨道倾角大于 65°,目标的运动表现出明显的南北方向,因此可通过设计监视网监视的纬度范围来满足观测弧长的要求。

监视网监视的纵深范围必须覆盖近地目标的活动区域。这一活动区域可以目标相对于设备的斜距的最大、最小值表示。最低有效仰角对应最大斜距,最高有效仰角对应最小斜距。一般而言,轨道测量所采用的最低有效仰角可取为 5°,最高仰角可取为 90°。由于轨道高度在 300 ~ 1700km 间的目标多采用近圆轨道,据此可求出其几何意义上的纵深范围为 300 ~ 4400km。

根据以上的分析,可以将近地目标监视网的完备性进行如下的时空分解:

(1)监视网每次连续监视的时间段不少于 12h。

(2)监视网每次连续监视的经度范围不少于目标一个轨道周期内地球自转的角度。

(3)监视网每次连续监视的纬度范围可保证初轨确定所需的弧长。

(4)监视网监视的纵深范围可保证对选定目标 5°以上仰角的有效跟踪。

2)监视设备布站需求[8]

监视网中设备布设的基本原则是获取尽可能多的监视能力。对于空间监视而言,由于单台设备难以实现监视网的完备性,因此空间监视一般是组网工作。这样,监视设备的布站包括单台设备布站要求和监视网内多台设备间的布站要求两部分。这些要求主要体现在以下三方面:

(1)设备布站的面向。

对于监视区域方位宽、俯仰窄的探测设备,如固面大型天线阵相控阵雷达(监视方位 120°,俯仰 50°左右),由于空间目标绕地球的转速比地球自转转速快的特点,若将方位对应转换到经度方向上,能够获得较大的监视能力。因此,固面相控阵雷达应将其监视范围较大的方位面面向南北方向布设。具体对于北半球而言,就是将低纬度地区的设备面向南布设,以便监视低倾角目标;将高纬度地区设备面向北布设,以获得尽可能多的观测时长。

(2)设备布站的纬度。

设备布设的纬度需考虑设备纬度与空间目标轨道倾角间的关系以及监视网中各设备间的纬度关系。

为了确保对低倾角目标的探测,我国面向北设备布站纬度应小于目标轨道倾角,否则设备对该目标将不可见。根据对近地空间目标轨道倾角分布的统计,倾角小于 25°的不到 1%,因此设备布设的最小纬度在 25°左右即可;同样根据倾角分布情况,设备最大纬度为 80°左右。

另外,设备布设时还需考虑与其他设备配合:一是构成目标探测完备性所要求的经度范围,这时要求设备尽量在同一纬度线上;二是为了有利定轨,延长跟踪弧段,这时要求纬度上尽量拉开。

（3）设备布站或覆盖的经度。

设备布设的经度或波束覆盖的经度要求是为了满足监视网完备性要求中连续监视的最小经度范围，即不能小于拟监视目标中最大轨道周期内地球的自转角度（不计轨道面进动）。表2.2给出了近地空间目标中不同高度对应的轨道周期及地球自转角度。

表2.2 不同高度空间目标对应的轨道周期及地球自转角度

卫星高度/km	300	500	700	758	900	1100	1300	1500	1700
轨道周期/min	90.5	94.6	98.8	100.0	103.0	107.3	111.6	116.0	120.4
地球自转角度/(°)	22.6	23.7	24.7	25.0	25.75	26.83	27.9	29.0	30.1

2.5.3 特性测量观测需求

特性测量是目标识别的基础。

目标识别包括分类、识别、辨认三个层次。分类是初级的，如把空间目标分为卫星、箭体、碎片等不同的组。识别是指在每个分类组内区别不同的类型和型号，例如对某卫星识别出是"风云"系列或"遥感"系列，并在重复出现时进行复核确认。辨认是最高级层次，要求给出目标的序号、牌照号或其他目录配置，对于空间目标识别，就是要达到个体确认的结果。鉴别一般用于描述真假目标识别，例如从伴飞诱饵中识别出真弹头。有时候，把以上工作统称为识别。

空间目标的识别任务是对空间目标进行分类、判断其类型和型号、明确其功能和用途，对其多圈次出现时进行复核确认，更进一步可分析其工作状态和行为。这些任务的完成有赖于空间目标特性的测量。

雷达观测空间目标的特性有目标雷达散射截面积、ISAR图像、极化矩阵等。雷达散射截面积及其起伏特性的测量可以有效判别稳定目标和翻滚目标。ISAR图像可以判别目标的特征结构。

2.5.4 空间目标的观测需求分析与计算

随着每个空间目标所能分得的观测资源日益紧张，平均分配观测资源的策略会造成某些定轨精度需求较高的空间目标得不到充足的观测，而另一些空间目标在相同的观测条件下所得的定轨精度远高于需求，出现"冗余观测"现象。空间监视网观测资源的高效利用需要给每个待观测目标分配充足但不冗余的观测，其前提是确定每个空间目标获得或维持规定轨道精度所需的观测，并按照该目标的观测需求分类对其进行调度[53]。

若将空间监视网传感器对空间目标的观测定轨视为一个零输入非线性系统的状态估计过程，则空间目标的观测需求计算可视为对获得规定系统状态误差所需的观测量进行的估计。当空间目标的定轨精度要求已知时,空间目标的观测需求将取决于空间目标的初始轨道误差和力学模型误差引起的系统误差。空间目标的初始轨道误差的扩散情况可通过数值方法获得。然而,由于无法构建"真实"的空间目标轨道外推模型,空间目标轨道外推过程中的系统误差是一个未知量。因此,很难通过直接构建空间目标轨道外推误差模型的方式获得空间目标的观测需求。

空间目标的观测需求数据最早由 NORAD 公布的空间目标探测技术报告给出[41]。该报告所引数据源于 1973 年 9 月至 1974 年 4 月为研究近地空间目标观测次数需求所做的"系统效能研究"实验的结果。在该研究中,首先将空间目标按照 Gabbard 32 分类以及目标类型(有效载荷、火箭以及碎片)将待观测空间目标分类,然后根据对每类空间目标长期的、大量的实际观测定轨的结果进行分析,进而获得各分类空间目标在给定最大预报误差下的最小观测需求,所得结果如表 2.3 所列[41],其中在轨道更新间隔内空间目标的最大轨道预报误差设为 12km。

表 2.3　Gabbard 32 分类下空间目标的观测需求[41]

Gabbard 分类	目标类型	LUPI/天	观测需求次数	日均观测需求次数
1	Payload	7	30	4.3
1 +	Rocket	6	20	3.3
1 +	Debris	5	+ 30	+ 6.0
2 + *	Payload	7	20 − 30	2.9 − 4.3
2	Rocket	7	20	2.9
2 +	Debris	6	+ 30	+ 5.0
3	Payload	11	12	1.1
3	Rocket	10	13	1.3
3	Debris	9	13	1.4
4 +	Payload	6	30	5.0
4 + *	Rocket	7	30	4.3
4 +	Debris	7	20	2.9
5	Payload	11	14	1.3
5	Rocket	11	16	1.5
5	Debris	11	15	1.4
6	Payload	13	12	0.9
6	Rocket	13	16	1.2
6	Debris	14	17	1.2

Gabbard 分类	目标类型	LUPI/天	观测需求次数	日均观测需求次数
7 +	Payload	8	20	2.5
7	Rocket	7	14	2.0
7	Debris	8	15	1.9
8 *	Payload	10	16	1.6
8	Rocket	9	15 - /20	1.7 ~ 2.2
8	Debris	10	15	1.5
9	Debris	14	15	1.1
11 +	Payload	6	30	5.0
11 +	Debris	11	+30	2.7
12 *	Payload	10	15 - 20	1.5 - 2.0
12 *	Rocket	10	20	2.0
12 + *	Debris	17	+30	1.8
13 +	Debris	16	+30	1.9
14 +	Payload	13	15	1.2
14 +	Debris	14	15	1.1
15 +	Payload	14	20	1.4
15 +	Debris	15	30	2.0
18 +	Payload	17	30	1.8
18 +	Rocket	13	30	2.3
19 - 32 +	N/A	N/A	—	—

注："+"表示观测样本较小,或者数据出错,或者两种情况都有;

"*"表示在任何观测率下,均不满足最大轨道外推误差为12km的要求

　　空间目标的观测需求也可通过数值仿真的方式获得。然而,基于数值仿真的方法难以在观测稀疏时获得稳定的空间目标观测需求分析结果,并且数值仿真方法只考虑了观测次数以及轨道更新间隔对空间目标观测需求的影响。而空间目标的定轨精度不仅与观测次数有关,还取决于传感器的观测数据类型、观测精度、观测时刻、拟合时间段、观测几何等多个观测因素以及空间目标的初始状态误差,因此空间目标的观测需求与观测次数并不是一个简单的线性关系。

　　随着计算机技术的发展以及高精度引力场模型的引入,保守力模型误差相对非保守力模型误差而言基本上已可忽略,轨道外推误差主要由空间目标不准确的非保守力模型产生。因此,空间目标的观测需求与空间目标所受耗散力的大小有关。Omitron 公司[46]在 2002 年的空间目标观测需求仿真实验中,提出基于数值仿真的观测需求计算方法。在该方法中,研究人员先将空间目标按照

EDR 进行分类,接着对每一分类目标选出一组轨道参数和弹道系数等具有代表性的空间目标作为标准,然后构建每一分类的代表性空间目标在不同轨道更新间隔下的观测频率与定轨精度之间的关系曲线,最后由关系曲线确定不同 EDR 分类和定轨精度下的空间目标观测需求。有关采用 EDR 和 TLE 的空间目标观测需求计算可参见文献[53]。

第 3 章
空间目标编目监视雷达技术

空间目标编目监视雷达的基本功能是实现未知和已知空间目标的探测与测量。在体制上,根据波形可以分为连续波雷达和脉冲雷达,根据收发天线的配置可以分为单基地(收发一体或收发分置)以及双多基地(收发间隔较远距离)雷达。本章重点讨论单基地脉冲体制的空间目标编目监视相控阵雷达。

▉ 3.1 相控阵雷达探测空间目标的工作方式与流程

3.1.1 工作方式

相控阵雷达探测空间目标的工作方式包括搜索方式和跟踪方式。搜索方式分为无先验轨道信息的搜索和有先验轨道信息的搜索。为了描述方便,将有先验轨道信息的搜索称为引导搜索,在不引起混淆的情况下将无先验轨道信息的搜索简称为搜索。

相控阵雷达对未知空间目标的搜索通常采用搜索屏的方式,这种方式利用了空间目标和搜索屏相对运动的特点。搜索屏设计见 3.3 节。

引导搜索方式在中心计划的驱动下,根据先验轨道信息的精度确定搜索范围,在引导轨道或等待点附近进行搜索。引导搜索设计见 6.3.1 节。

搜索屏或引导搜索捕获到目标后,转入跟踪方式。根据是否为已知目标,跟踪可以设计不同的模式,对未知目标需要较高的数据率,而已知目标通过利用先验信息辅助维持跟踪,可以采用较低的数据率。

3.1.2 工作流程

3.1.2.1 已知任务目标的探测

对于已知并下达探测任务的目标的探测,工作流程一般分为以下三个阶段:
(1)任务计划加载。任务计划由雷达界面加载或程序自动解析,任务相关信息发送至雷达控制计算机,加载任务计划时,还可以根据引导轨道精度手动或自动设定相应搜索区域。

(2)任务执行。雷达控制计算机在任务计划开始时,调度脉冲,开始任务执行,首先进行目标搜索捕获,发现目标并确认后转入跟踪。

① 目标搜索捕获。搜索捕获时,可以采用引导轨道随动的方式,在引导轨道附近编排搜索波位,也可以在惯性空间中构建等待点或垂直于目标运动方向的小搜索屏,后者要求波束重返时间小于目标穿越波束时间。

② 目标确认与跟踪。雷达截获目标后,进行实时关联匹配,确认为计划目标后,以中心要求的数据率或设备自适应的数据率进行跟踪。

(3)任务测量结果上报。根据设定,实时向中心上报测量结果,或者跟踪弧段结束后生成测量文件上报中心。

3.1.2.2　未知和非任务目标的探测

对于未知和非任务目标的探测,工作流程如下:

(1)搜索屏参数设置。对搜索屏参数进行设置,如搜索屏的周期、空域、波形等。

(2)任务执行。雷达控制计算机根据搜索屏的参数设置进行脉冲调度,开始任务执行,首先进行目标搜索捕获,捕获后根据目标属性决定是否进行跟踪。

① 目标搜索捕获。搜索波束按编排的波位和设定的重返周期进行搜索,要求波束重返时间小于目标穿越波束时间。

② 目标确认与跟踪。雷达截获目标后,进行实时关联匹配,确认目标属性:如果是未知目标,则要重点进行跟踪;如果是已知目标,则根据事先装定的策略决定是否进行跟踪。

(3)任务测量结果上报。根据设定,实时向中心上报测量结果,或者跟踪弧段结束后生成测量文件上报中心。

3.2　相控阵雷达探测空间目标的约束条件

相控阵雷达探测空间目标的首要条件是满足视线可见性,详见 2.4.4 节分析。其他约束条件还包括威力、时间、容量等。

3.2.1　威力约束

3.2.1.1　雷达跟踪作用距离

设雷达用于跟踪某一目标的积累时间为 T_{ob},则信号能量为

$$E_t = P_{av}T_{ob} \qquad (3.1)$$

式中: P_{av} 为雷达平均发射功率。

跟踪状态下的雷达方程为

$$R_{max}^4 = \frac{P_{av}A_rA_t\sigma}{4\pi L_s kT_e(E/N_0)} \times \frac{T_{ob}}{\lambda^2} \qquad (3.2)$$

式中: A_r 为接收天线有效面积; A_t 为发射天线有效面积为; σ 为目标有效散射面积; L_s 为系统损耗因子; k 为玻耳兹曼常数; T_e 为系统等效噪声温度; E 为回波能量; N_0 为雷达接收分系统噪声功率谱密度; λ 为发射信号波长。

由式(3.2)可以看出,要提高雷达跟踪距离,可以增大发射机平均功率、目标照射积累时间、接收天线口径、发射天线有效口径,或者降低波长。

3.2.1.2 雷达搜索作用距离

在搜索状态下,设搜索完立体角 Ω 空域所需要的时间为 t_s ,可得雷达方程为

$$R_{max}^4 = \frac{P_{av}A_r\sigma}{4\pi L_s kT_e(E/N_0)} \times \frac{t_s}{\Omega} \qquad (3.3)$$

上式为通用的搜索方程。实际上,针对空间目标的搜索,不同空域所需的作用距离和重返时间 t_s 可能都会不同,具体的作用距离依赖于雷达能量的时空分解,后面会详细介绍。

3.2.2 时间约束

相控阵脉冲雷达对空间目标的探测采用分时工作的方式,时间资源本身也是一种约束。

3.2.2.1 驻留时间

相控阵雷达对低轨空间目标探测通常采用非模糊距离的波形工作,因而驻留时间受限于最远距离探测目标的回波时间,该时间为 $2R_{max}/c + T_p$,其中 R_{max} 为目标最远距离, T_p 为脉冲时宽。

3.2.2.2 重返时间

搜索波束需要保证在目标经过搜索空域的时间内对该空域进行照射,重返时间受限于目标穿越该空域的最小时间。跟踪波束的重返时间,即跟踪数据周期,主要受限于目标的起伏特性和跟踪航迹的成熟度。此外,在搜索波束发现目标时,还需要确认波束,通常要求重返时间很短,能够在几个驻留周期之内完成。

3.2.2.3 总时间约束

在一段时间内,搜索或跟踪波束的数量乘以各自的驻留周期得到总的时间,

该时间可能会超出搜索或跟踪波束要求的重返时间,导致搜索目标遗漏或跟踪目标丢失。

对于空间目标探测,时间资源的紧张主要来源于脉冲返回时间较长,几千千米的目标,回波返回时间需要几十毫秒。时间资源的冲突可以通过采用距离模糊重频及脉冲交织的方式获得部分缓解,但会将系统时序变得复杂,并且回波在时间上不能交叠。对于接收采用单元级 DBF 的系统,可以一个驻留期间内对不同方向的多个目标进行探测,时间资源的冲突将大大缓解或消除。

3.2.3　目标容量约束

在雷达视场内,同时存在的空间目标数量可达几百至上千个,从编目定轨的角度,这些目标不需要都进行跟踪,典型情况下对几十至上百个目标进行跟踪。目标容量受限于雷达的时间资源和平均功率资源。每个目标消耗的平均功率资源等于目标跟踪脉冲的能量除以跟踪周期,实际跟踪过程中通常在跟踪起始阶段数据率会略高。时间资源依赖于目标探测脉冲的驻留时间,在采用单元级 DBF 技术的情况下,由于一个驻留期间内可以对多个目标进行探测,时间资源的限制将不再是瓶颈。

◤ 3.3　搜索屏设计

3.3.1　搜索屏主要的特性和参数

3.3.1.1　搜索屏的空间特性

搜索屏空间特性是指其空域扫描范围,包括角度维和距离维,角度维主要参数包括屏的形状、方位和俯仰角度范围,距离维主要参数包括距离范围和威力。

搜索屏形状可以取为等俯仰角面,相当于锥面的一部分,如图 3.1 所示[57]。

搜索屏也可以将扫描面取为平的扇面,扇面的中间部分对应的俯仰角高于扇面两侧,如图 3.2 所示[58]。

搜索屏的方位张角由相控阵雷达水平方向的扫描范围决定,扫描范围典型值取 ±60°。

3.3.1.2　搜索屏的时间特性

搜索屏的时间特性主要包括屏内波束的重返周期和脉冲重复周期。

搜索屏内波束的重返周期由目标穿越该波束的时间决定,为了保证不漏目标,重返周期要小于穿越波束时间。

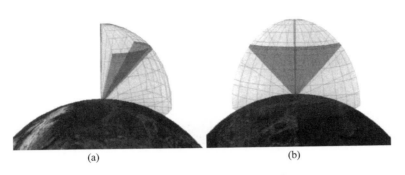

(a)　　　　　　　　　　　　　　(b)

图 3.1　等锥角面搜索屏示意[57]

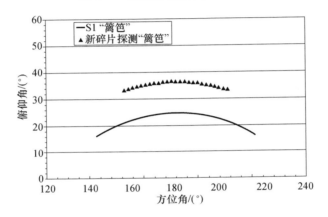

图 3.2　扇面搜索屏方位和俯仰示例(设备面南)

搜索屏内波束的脉冲重复周期,由于通常采用非模糊距离工作,因而首先受限于最远距离探测目标的回波时间;其次,为了获得足够的单脉冲能量,对脉冲宽度产生要求,脉冲宽度除以雷达波形的占空比,也会对脉冲重复周期产生约束。

3.3.2　搜索屏设计的考虑因素

在搜索屏的形状和水平扫描范围确定后,搜索屏的性能主要受其俯仰角的影响,俯仰角设置应考虑以下因素:

(1)目标穿越搜索屏的时间长度。

(2)目标穿越搜索屏时的距离。

(3)所能形成的经度覆盖范围。

(4)发现目标后确定初轨的能力。

目标穿越搜索屏的最小时间长度对应于扫描搜索屏的周期,周期长些可以留出更多的能量用于跟踪目标。搜索屏的仰角低时对应的目标穿越波束时间长,搜索屏扫描周期长。

目标穿越搜索屏时的距离决定了搜索屏能够捕获到的最小目标。搜索屏的仰角高时,对应的斜距小,可以发现更小的目标。

搜索的仰角影响扫描扇面的经度覆盖范围。仰角低,发现目标时的距离远,张开的经度范围就大。

搜索屏捕获到新目标后,调度跟踪波束,获得目标的初轨。如果搜索屏高度不够,对下降的目标难以确定初始轨道。

3.3.3　垂直搜索屏

3.3.3.1　搜索屏配置

为了尽量在较近的距离对目标进行探测,采用阵面法向朝天的配置。根据空间目标的分布特性,绝大多数目标轨道倾角大于 $50°$,为了有效截获目标,搜索屏采用东西向扫描的配置。

3.3.3.2　搜索空域与覆盖性

1)目标径向距离约束

忽略地球扁率的影响,雷达至目标的径向距离 R 由目标轨道高度 H_s 和扫描俯仰角 E 确定(图 3.3),由三角几何关系可得

$$R = -(R_e + H_c)\cos E + \sqrt{((R_e + H_c)\cos E)^2 - ((R_e + H_c)^2 - (R_e + H_s)^2)}$$

$$(3.4)$$

式中:R_e 为地球半径;H_c 为测站海拔。

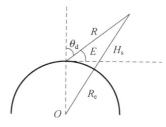

图 3.3　目标斜距 – 轨道高度关系

空间目标观测距离总体分布可参见图 2.10。

2)搜索屏张角约束

仅考虑几何关系的约束,当雷达测站纬度确定时,要确保搜索屏对不同轨道高度目标的完全覆盖,要求搜索屏的经度覆盖范围要大于该轨道高度下目标周期内地球自转转过的角度,据此可以给出搜索屏张角的约束关系。

设搜索屏张角为 ϕ，测站位于 C 点（对应地心纬度为 φ_L），如图 3.4 所示，假定测站所在卯酉圈圆心为 O'，其半径为

$$R_0 = R_e \cos\varphi_L \tag{3.5}$$

设测站 C 对于轨道高度 H_s 的目标对应的搜索屏边界点分别为 P、Q，分别过 P、Q 作地轴的垂线，垂足为 O''，则 $\angle PO''Q = \alpha$ 为搜索屏张角 ϕ 对应经度覆盖范围。

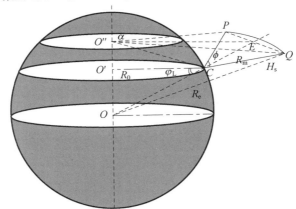

图 3.4　经度覆盖范围计算示意

为计算 α，现延长 OC 交 PQ 于 E 点，设地球为理想球体，则 CE 为扫描屏法线，由几何关系可得

$$CE = R_m \cos\frac{\phi}{2} \tag{3.6}$$

$$OO' = R_e \sin\varphi_L \tag{3.7}$$

$$OO'' = \left(R_e + R_m \cos\frac{\phi}{2} \right) \sin\varphi_L \tag{3.8}$$

式中：R_m 可由式（3.4）得到，对于垂直屏 $E = \phi/2$

由几何关系可解得

$$\alpha = \arccos\left(1 - \frac{R_m^2 (1 - \cos\phi)}{(R_e + H_s)^2 - \left(R_e + R_m \cos\frac{\phi}{2} \right)^2 \sin^2\varphi_L} \right) \tag{3.9}$$

轨道目标匀速圆周运动的周期为

$$T = 2\pi \sqrt{\frac{(R_e + H_s)^3}{GM}} \tag{3.10}$$

设地球自转角速度为 ω_e，则在目标的一个自转周期内，地球自转转过的角度为

$$\psi = T\omega_e \tag{3.11}$$

要保证搜索屏能截获目标，需使得搜索屏经度覆盖范围大于目标运动周期内地

球自转的角度,即

$$\alpha \geqslant \psi \tag{3.12}$$

图 3.5 为不同纬度测站在屏张角为 ±60° 时对不同轨道高度目标的经度覆盖范围。

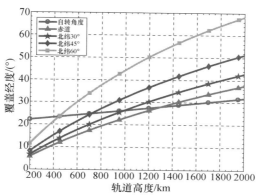

图 3.5　不同纬度测站下,搜索屏经度覆盖范围与
轨道高度关系(屏张角 ±60°)(见彩图)

图 3.5 中自转角度表示不同轨道高度处目标一个自转周期对应的地球转过的角度。只有当搜索屏的经度覆盖范围大于相应的自转角度时,才能确保该轨道高度的目标在过境时被截获。例如,在测站纬度为 0° 时,只有当目标轨道高度达到约 1300km 时,才能保证搜索屏截获目标。

如果需要保证系统对于某一轨道高度目标的覆盖,则可根据该轨道高度一个自转周期内地球的自转角度,利用式(3.12)反解得到搜索屏的张角,如图 3.6 所示。

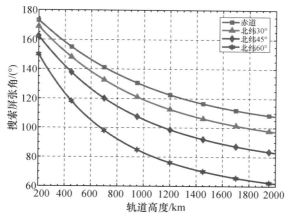

图 3.6　搜索屏张角与轨道高度关系(见彩图)

3.3.3.3 目标穿越搜索屏的时间

目标穿越搜索屏的时间受到目标轨道高度、屏厚和扫描俯仰角的约束,这里扫描俯仰角是指扫描波束偏离法线方向夹角的余角。如图 3.7 所示,高度 H_s 的目标做匀速圆周运动的速度为

$$v_0 = \sqrt{\frac{GM}{R_e + H_s}} \tag{3.13}$$

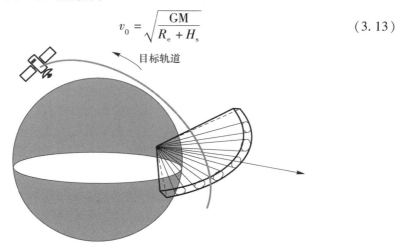

图 3.7   目标穿越搜索屏几何关系

由于雷达阵面法线指天、东西向扫描,对于大多数空间目标将南北向垂直穿越搜索屏,假设南北向波束宽度为 θ_0(搜索屏厚度),则目标穿越搜索屏时间为

$$T_{ob} = \frac{\theta_0}{v_0/R} = R\theta_0 \sqrt{\frac{R_e + H_s}{GM}} \tag{3.14}$$

式中:R 由式(3.4)确定。

空间目标穿越搜索时间总体分布情况如图 2.17 和图 2.18 所示。

3.3.3.4 波束扫偏时的回波功率比

波束扫描偏离法向方向时,由于天线增益下降,回波功率将降低,不考虑其他损失,则由雷达方程,距离为 R 的目标其雷达回波功率满足

$$P_r \propto \frac{G_t G_r}{R^4} \tag{3.15}$$

当雷达波束偏离法线方向 θ 角时天线增益变为

$$G' = \cos^\alpha \theta \cdot G \tag{3.16}$$

式中:α 为经验常数,$\alpha = 1 \sim 2$。

则波束扫偏时雷达回波功率与未扫偏时雷达回波功率之比为

$$\frac{P'_r}{P_r} = (\cos^\alpha\theta)^2 \cdot \left(\frac{R_0}{R}\right)^4 \tag{3.17}$$

式中：R_0 为目标位于雷达阵面法线方向时与雷达天线相位中心的距离，等于目标轨道高度，即

$$R_0 = H_s - H_c \tag{3.18}$$

R 由式（3.4）给出。取 $\alpha = 1.5$，图3.8 给出式（3.17）的计算结果。

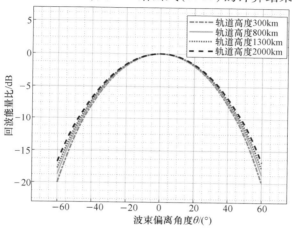

图3.8　雷达波束扫偏时的回波能量比（见彩图）

由图3.8 的仿真结果可知，当雷达波束偏离法线方向 60°时，雷达回波能量最大相差 20dB 左右，即使对于 2000km 轨道高度的目标，回波能量也会相差 16.7dB。较大的回波能量差异使得通过调整不同方向天线增益等手段以保证对同一轨道高度目标的合理雷达威力变得不现实，这就表明对雷达搜索屏空域能量分配需做进一步细分的必要性。

3.3.3.5　波位编排

设搜索屏张角为 $-\phi/2 \sim \phi/2$，阵面法线方向波束宽度为 θ_0，假定波束交叠系数为 η，则扫描屏中偏离法线方向的第 i 个波束的宽度满足

$$\theta_i = \frac{\eta\theta_0}{\cos\alpha_i}(i \geqslant 1) \tag{3.19}$$

式中：α_i 为第 i 个波束偏离法线方向的夹角，且有

$$\alpha_i = \alpha_{i-1} + \frac{\theta_{i-1}}{2} + \frac{\theta_i}{2} \quad (i \geqslant 1) \tag{3.20}$$

$$\alpha_0 = 0$$

设扫描屏波位从法线方向开始排布，则由扫描屏张角范围约束可得

$$\phi \leqslant \theta_0 + \sum_{i=1}^{N} 2\theta_i \tag{3.21}$$

或

$$\phi \leqslant 2\alpha_N + \theta_N \tag{3.22}$$

式中：N 为偏离法线方向的波位数目（覆盖张角 $0 \sim \phi/2$），总波位数目为 $2N + 1$。当扫描屏的张角 ϕ 确定之后，根据式（3.21）可计算得到覆盖需要的总波位数。

3.3.3.6　时空分解

在保证雷达威力的前提下，为避免浪费雷达发射功率，同时降低系统实现成本，提出对雷达搜索屏能量分配的两个准则：

（1）时间分配准则：对关心的轨道高度区间，保证该区间目标搜索波束的重返时间小于目标穿越搜索屏的时间。由于不同仰角搜索波束到达同一轨道高度目标的距离不同，目标穿越时间不同，因而波束重返周期也不同，仰角低的波束重返周期长。为提高雷达能量利用效率，搜索屏各波束不再使用同一个重返周期，而是每个波束使用各自的周期。

（2）空间分配准则：在搜索屏监视空域，需保证搜索屏对于关注的轨道高度目标的威力覆盖。由于在不同仰角下，目标的径向距离与轨道高度之间的关系是非线性的，对其他轨道高度的目标，雷达威力会有所不同。

为保证搜索屏对指定轨道高度的威力，同时有效利用雷达的发射功率，本节对搜索屏覆盖空域进行时间、空间维的分解，将雷达发射功率细分到搜索屏的每一个扫描波束上，这样分解虽然会增加系统实现的复杂度，但是对于能量利用效率的提高而言是值得的。

1）波束覆盖范围

假设搜索屏纬度为 φ_L，张角为 ϕ_m，作用的目标轨道高度区间 $H_s \in [h_{\min}, h_{\max}]$，为提高能量利用效率，对每一个波位进行相应的距离覆盖划分。根据扫描屏需要覆盖的最大轨道高度 $h_{\max}$，由式（3.12）可以计算出保证经度覆盖所需的扫描屏张角 ϕ_{int}。对于指向在 $\left[-\dfrac{\phi_{\mathrm{int}}}{2}, \dfrac{\phi_{\mathrm{int}}}{2}\right]$ 范围内的波位，其作用的轨道高度按 $h_{\max}$ 计算；波束指向 θ_i（i 为波位号）在 $\left[-\dfrac{\phi_m}{2}, -\dfrac{\phi_{\mathrm{int}}}{2}\right)$ 和 $\left(\dfrac{\phi_{\mathrm{int}}}{2}, \dfrac{\phi_m}{2}\right]$ 范围内的波位，其作用的轨道高度需要按照式（3.12）计算保证经度覆盖的最低轨道高度 h_{int}，即对指向处于该范围内的波束，其覆盖的轨道高度按 h_{int} 计算。根据上述划分规则，每个波位覆盖的目标轨道高度为

$$h_i = \begin{cases} \leqslant h_{\max}\left(\theta_i \in \left[-\dfrac{\phi_{\text{int}}}{2}, \dfrac{\phi_{\text{int}}}{2} \right] \right) \\[3mm] \geqslant h_{\text{int}_i}\left(\theta_i \in \left[-\dfrac{\phi_{\text{m}}}{2}, -\dfrac{\phi_{\text{int}}}{2} \right) \cup \left(\dfrac{\phi_{\text{int}}}{2}, \dfrac{\phi_{\text{m}}}{2} \right) \right) \end{cases} \tag{3.23}$$

2）距离（轨道高度）分段

由式（3.4）、式（3.23）可计算得到每个波位对应的最远覆盖距离：

$$R_i = \begin{cases} R(h_{\max}, \theta_i)\left(\theta_i \in \left[-\dfrac{\phi_{\text{int}}}{2}, \dfrac{\phi_{\text{int}}}{2} \right] \right) \\[3mm] R(h_{\text{int},i}, \theta_i)\left(\theta_i \in \left[-\dfrac{\phi_{\text{m}}}{2}, -\dfrac{\phi_{\text{int}}}{2} \right) \cup \left(\dfrac{\phi_{\text{int}}}{2}, \dfrac{\phi_{\text{m}}}{2} \right) \right) \end{cases} \tag{3.24}$$

为了在保证雷达性能的前提下尽量减小功率孔径积，特定波位考虑采用对远距离目标和近距离目标分段搜索的策略。假设搜索轨道高度范围 $H_s \in [h_{\min}, h_{\max}]$，仅考虑距离和穿越搜索屏时间的影响。在仰角确定的情况下，由于在最大轨道高度处有最大距离，而在最小轨道高度处有最短穿越搜索屏时间，为保证功率孔径积达到需求，则：

$$(P_A \cdot A_R)_0 \propto \frac{R^4(E, h_{\max})}{T_s(E, h_{\min})} \tag{3.25}$$

为了减小功率孔径积，考虑采用分段搜索策略，即取 $h_0 (h_0 \in [h_{\min}, h_{\max}])$，对于轨道高度大于 h_0 和小于 h_0 的目标采用不同的搜索策略[59]：

$$(P_A \cdot A_R)_1 \propto \frac{R^4(E, h_{\max})}{T_s(E, h_0)} + \frac{R^4(E, h_0)}{T_s(E, h_{\min})} \tag{3.26}$$

由式（3.26）可知，功率孔径积由仰角和轨道高度共同决定，当仰角确定时，可以得出搜索不同轨道高度处目标所需的功率孔径积。根据 $(P_A \cdot A_R)_1 / (P_A \cdot A_R)_0$ 最小确定最优分段高度 h_{opt}，进而计算得到对应的最优分段距离 R_{opt}，最终得到保证距离覆盖所需的最小功率孔径积。

图 3.9 为分段搜索策略下功率孔径积占比变化。

从图 3.9 可以看出，使用分段搜索策略后，在大部分轨道高度搜索需要的功率孔径积 P_A 都有所下降，假设雷达仰角为 $60°$，当轨道高度为 948km 时，仅需要原来功率孔径积的 26.3%。

3）扫描空域形状

根据前述关于搜索屏空时分配准则、波位编排、距离分段等约束，可以得到搜索屏扫描空域的范围。为方便可视化，这里在天 – 东坐标系下给出搜索屏波束覆盖示意图。以北纬 $30°$ 布站为例，搜索屏张角为 $120°$，扫描空域范围如

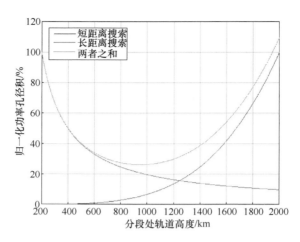

图 3.9　分段搜索策略下功率孔径积占比变化($E=60°$)(见彩图)

图 3.10 所示,从图中可以看出,对于轨道的高段,扫描屏不再需要扫到设备支持的最大扫描角。图 3.11(a)、(b)分别给出了搜索屏各波位的高度、距离覆盖,从图中可以看出,搜索屏可以保证对 2000km 轨道高度的覆盖,但是各波束最优分段距离对应的轨道高度是不相同的。

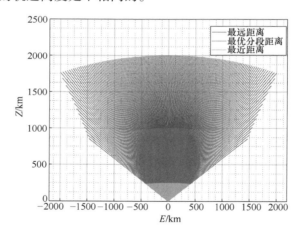

图 3.10　天 – 东坐标系(ZE)下搜索屏波束覆盖(见彩图)

3.3.3.7　搜索功率孔径计算

1)搜索屏平均功率计算

设第 i 个波位对应的最优分段高度为 $h_{\mathrm{opt},i}$,根据波位编排设需要 $2N+1$ 个搜索波束,每个波束 B_i 包括参数 R_i、T_i、Az_i、El_i,其中 R_i、T_i、Az_i、El_i 分别为第 i 个波束的最远探测距离、周期、方位和俯仰。对于第 i 个波位,根据以上计算的最

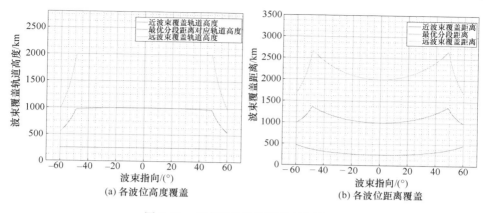

图 3.11　搜索屏各波位覆盖(见彩图)

优分段高度 $h_{\text{opt},i}$ 可以计算得到相应的最优分段距离 $R_{\text{opt},i}$，则第 i 个波位所需平均功率为

$$P_{\text{av},i} = \frac{E_i}{T_i} = \frac{(4\pi)^3 kT_e L_s \text{SNR} R_{\text{max},i}^4}{G_T G_R \lambda^2 \sigma \cos^{2\alpha} \varphi_i T_{\text{opt},i}} + \frac{(4\pi)^3 kT_e L_s \text{SNR} R_{\text{opt},i}^4}{G_T G_R \lambda^2 \sigma \cos^{2\alpha} \varphi_i T_{\text{min},i}}$$

$$= \frac{(4\pi)^3 kT_e L_s \text{SNR}}{G_T G_R \lambda^2 \sigma \cos^{2\alpha} \varphi_i} \left(\frac{R_{\text{max},i}^4}{T_{\text{opt},i}} + \frac{R_{\text{opt},i}^4}{T_{\text{min},i}} \right) \qquad (3.27)$$

式中：$T_{\text{opt},i}$、$T_{\text{min},i}$ 分别为第 i 个波位最优分段距离 $R_{\text{opt},i}$、最近作用距离对应的脉冲重返周期(应小于对应的目标穿波束时间)，可根据式(3.14)计算，$R_{\text{max},i}$ 为第 i 个波位对应的最远作用距离；φ_i 为第 i 个波位雷达波束偏离法线方向的夹角；α 为扫偏损失经验常数；k 为玻耳兹曼常数；T_e 为系统等效噪声温度；L_s 为系统损耗因子；SNR 为回波信噪比，G_T、G_R 分别为雷达发射、接收天线增益；λ 为发射信号波长；σ 为目标有效散射面积。

于是整个扫描屏保证覆所需的平均功率为

$$P_{\text{av}} = \sum_{i=-N}^{N} \frac{E_i}{T_i} = \sum_{i=-N}^{N} \frac{(4\pi)^3 kT_e L_s \text{SNR}}{G_T G_R \lambda^2 \sigma \cos^{2\alpha} \varphi_i \left(\dfrac{R_{\text{max},i}^4}{T_{\text{opt},i}} + \dfrac{R_{\text{opt},i}^4}{T_{\text{min},i}} \right)} \qquad (3.28)$$

式中：i 取负值表示关于扫描屏法线对称的波位。

2) 波束功率、能量分配

由式(3.23)，结合式(3.14)可计算得到经过波束覆盖划分后不同轨道高度目标的穿波束时间。以北纬30°布站的搜索屏为例，搜索屏张角为120°，设波束在南北向的宽度为0.5°，图3.12给出了各波位对应的穿波束时间，图3.12(a)为不同轨道高度目标对应的穿波束时间，图3.12(b)为轨道高度为2000km时，

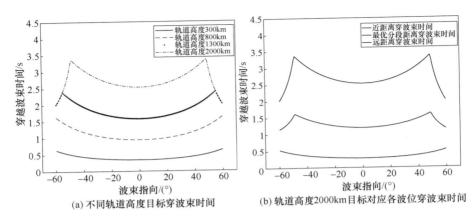

(a) 不同轨道高度目标穿波束时间　　(b) 轨道高度2000km目标对应各波位穿波束时间

图 3.12　搜索屏各波位对应穿波束时间(见彩图)

经过距离分段之后得到的各波位穿波束时间。

　　根据时空分解规则,设搜索屏覆盖最大轨道高度为 2000km,即保证对 2000km 轨道目标保持相同威力,则由式(3.27)可计算得到搜索屏各波位对应的平均功率及对应的能量,为方便分析,考虑分别对各波位平均功率、能量做归一化处理。图 3.13 给出了各波位远/近波束对应的平均功率、能量比值,这里远/近波束分别指各波位需要覆盖的最近/最远距离对应的波束。图 3.14 给出了分别使用平均功率、能量最大的远波束对各波位进行全局归一化后的各波位平均功率、能量百分比。

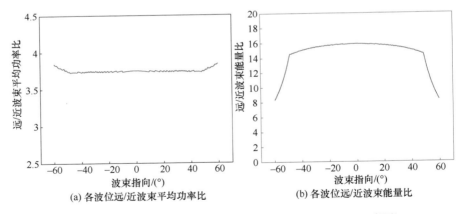

(a) 各波位远/近波束平均功率比　　　　(b) 各波位远/近波束能量比

图 3.13　搜索屏各波位远/近波束平均功率比和能量比(见彩图)

　　根据以上各波位功率、能量占比,由式(3.28),当雷达平均功率为 0.81MW,峰值功率为 2.69MW,搜索能量占总能量 50% 时,计算得到搜索屏各波束平均功率以及对应的脉冲宽度,如图 3.15 所示。

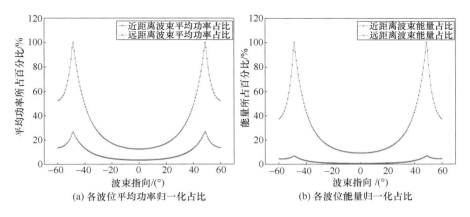

图 3.14　搜索屏各波位平均功率、能量归一化占比示意图（见彩图）

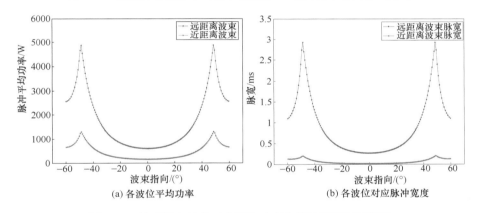

图 3.15　搜索屏各波位对应平均功率和脉冲宽度（见彩图）

由图 3.14、图 3.15 可知，为保证搜索屏对同一轨道高度目标保持相同威力，搜索屏张角大于 ±40° 时各波位平均功率占比迅速增加，这就需要对系统实现的代价进行考量，例如是否需要考虑相应减小搜索屏张角，避免张角继续增加造成所需平均功率迅速增加；对于张角减小后不能覆盖的空域通过其他手段（例如增加测站）补盲，保证系统需求，以期尽可能地降低系统实现成本，这些均需要考虑多方面的折中。

◪ 3.4　任务计划与调度

3.4.1　概述

空间目标监视系统运行需完成任务计划和传感器调度。任务计划是指空间监视中心根据编目定轨需求,为传感器生成观测目标的清单及观察频度等要求,并给出观测优先级。传感器调度是指传感器为完成探测任务而进行的资源调度。

空间监视本质上不是一个连续的过程,传感器只能且只需在某些时间段上对目标进行观测,相当于对目标的运动进行采样观测。

描述间断采样观测的基本参数是采样频度、采样点数及采样位置。这些参数的选择与传感器威力和测元精度的特性,以及传感器对目标的观测几何等有关。

随着空间目标数目的增加、跟踪更小目标需求的出现,轨道编目的规模也越来越庞大,进而加重了空间监视网的负担。如何高效地利用有限的传感器资源成为严峻挑战,任务计划需由专门优化设计的任务器来编排实现。任务器能够在极少的人为干预下自动为全网资源进行任务安排,并允许专家控制进程的发展。任务器不负责单个测站的传感器资源调度,测站调度将由测站按照任务要求自行生成;任务器只负责全网资源的任务安排,从而使每个目标都能获得合适的观测频率,且每个传感器对自己的目标都可观测。

传感器资源调度是为了传感器能够最好地完成空间目标监视中心分配的任务和日常监视任务而进行传感器空域、时间、功率等资源的优化分配和使用。相控阵雷达由于其波束的快速捷变性,能够很好地适应多目标多种不同的探测任务,因此相控阵雷达资源管理调度对其性能的发挥非常重要。相控阵雷达的资源管理主要体现在雷达任务的调度上,通常一个或者多个雷达事件组成一个雷达任务,相控阵雷达的调度模块通过对雷达任务的时间资源和能量资源的合理分配,最终达到优化雷达整体性能的目的。

3.4.2　任务器设计[60]

任务器按照用户设定的参数和限制将编目中的所有目标安排给传感器资源。同时,用户也可以修改任务器的决策。任务器制定的决策在任务器运行时刻起的一段时间内有效,典型值为24h。

3.4.2.1　基本概念

任务分配组是任务器中非常重要的概念。一个任务分配组是指在任务安排中具有相似性质的一组目标。划分任务分配组的主要特征包括目标类型、目标轨道类型(由近地点和远地点确定)和任务类型。每个组都定义了一系列参数用于明确每组目标在任务安排过程中的特点,这些参数称为任务分配组控制码。控制码决定组中目标任务安排的时间和方式。控制码包括传感器等级列表索引、任务表以及与任务安排更新有关的阈值等。传感器等级列表索引指向一组能够观测到该组目标的传感器,并给出了这些传感器在观测这组目标时的优劣等级。任务表由若干行列组成,行列交叉形成的方格给出了观测需求,即观测某目标需要几个传感器、几个圈次。

作为全网资源管理系统的一部分,任务器可以访问轨道编目维护部分和观测数据处理部分,同时,任务器还保留了其他功能模块(如目标分解处理、目标失踪处理、轨道衰减处理、自动信息操作等)接口。任务器是收集观测数据、维持轨道编目的基础,实现了任务安排的自动化。同时,任务器的数据库中还将记录每天每个传感器对每个目标的需求观测数和实际观测数,作为评价全网资源性能的依据。为了提高资源利用率,任务器还需权衡目标的重要性。任务器的任务安排应该使目标获得足够的观测数据以达到需求的轨道精度,同时又要避免目标获取多余的观测数据,从而避免占用其他目标资源。为了覆盖编目中尽可能多的目标,任务器需要确定参与任务的传感器数量及种类。任务器应允许任务安排根据需要适时调整。没有得到足够观测数据的目标需要提高任务要求;观测数据过多的目标可以降低任务要求。为了更有效地释放传感器资源,已达到最优观测的目标可以适当降低任务要求以寻找最优观测的最低任务要求。传感器容量也是任务器需要考虑的因素。当任务器将某个目标的观测任务安排给某个传感器时,该传感器的可用容量就会下降;而当目标从传感器的任务中删除时,传感器的可用容量就会提高。传感器的可用容量将被后续参与任务安排的目标使用。因此,目标应按照一定的顺序参与任务安排,从而使优先级高或可见性差的目标优先占用传感器容量。

3.4.2.2　任务器结构

在每天的任务安排之前,要先完成两项预备工作:一是将前一天的观测数据导入数据库;二是计算轨道根数预测质量(EQP),即引导与实际观测值的差距。

任务器结构如图 3.16 所示。首先,确定目标优先级并按照优先级排序;然后,删除当天不能参与任务安排的传感器;之后,目标按照顺序依次参与循环;进入循环后,任务器首先处理前一天的观测结果,分析原任务安排是否满足要求,如果满足,就保留原任务安排,如果不满足,就确定观测需求、生成新的任务安排,当某个目标的任务安排完成后,下一个目标就参与循环,直到所有目标都已安排完毕,最终生成本次总体任务安排。

3.4.2.3　目标优先级排序

目标优先级是由四个标准确定的。目标首先按照第一标准分类,然后第二标准、第三标准,以此类推,直到四个标准全部参与目标优先级的确定。

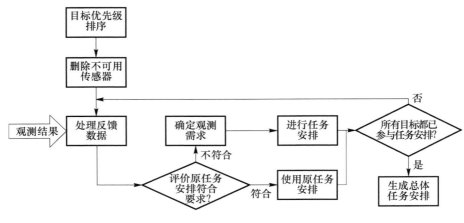

图 3.16 任务器结构

第一标准:目标类别。待观测目标列表中的每个目标都有一个类别号,共有 1~5 五个类别号,其中,1 号目标重要性最高。类别号是在"确定任务需求"这一模块中生成的。本次任务安排中生成的类别号将在下一次任务安排中使用。调度过程中,测站根据目标的类别号解决资源冲突;任务安排过程中,重要的目标首先参与任务安排。

第二标准:轨道周期。根据轨道周期,可以将目标划分为地球同步轨道目标、半同步目标、深空目标、近地目标四类,它们的任务安排优先级递减。

第三标准:轨道倾角。轨道倾角低的目标优先参与任务安排。

第四标准:目标编号。较新进入卫星编目的目标编号较高,编号较高的目标优先参与任务安排。

目标按照优先级由高到低的顺序参与后面的循环。

3.4.2.4 评价原任务安排是否符合要求

这一模块对原任务安排进行评价。如果原任务安排满足当前要求,就保留该任务,下一目标进入循环。以下几种情况下,原任务安排不能满足要求:

(1)任务中负责观测该目标的传感器不可用。这可能由传感器停用或满载引起。

(2)目标对任务安排中的传感器不可见。

(3)需要进行任务调整。任务调整有两种,一种是历元调整,另一种是质量调整。

当历元时长大于历元阈值时就需要进行历元调整。历元时长等于当前时间减去历元时刻。可见,历元时长近似代表最新观测数据距当前时刻的时间。历元阈值由目标所在的任务分配组控制码确定。

质量调整与轨道根数预测质量有关,当预测质量超过质量阈值时,就需要进行质量调整,生成新的任务安排。质量阈值由目标所在的任务分配组控制码确定。

(4)任务逾期。每个任务分配组控制码都给出了用户定义的任务更新期,当目标的任务安排达到任务更新期,即使其他要求都满足,也需要重新为目标制定任务安排。

3.4.2.5　确定观测需求

如果原任务安排不满足要求,就要为目标制定新的任务安排。首先要确定观测该目标所需要的传感器数和圈次数。这里引入了任务表,任务器中定义了多个任务表,每个任务分配组都拥有自己的任务表(不同组的任务表可以相同)。任务表的行代表类别号,列代表观测需求等级。任务表的一行是同一类别号目标的观测需求,类别号从上到下递增;每列给出了观测所需要的圈次数和传感器数,从左向右递增。这里的类别号与“目标优先级排序”模块中提到的类别号相同。初始观测需求位于任务表的左下角。观测需求可以根据不同情况向上下、左右移动。

本次任务器运行所使用的观测需求在前一次运行中产生。如果前一次任务安排的更新是因为历元调整,则本次任务安排的观测需求需要向上移动一个格,若无法上移,则向右移动;如果任务更新的原因是质量调整,则观测需求右移一格,若无法右移,则向上移动;如果两者都是任务更新的原因,则按照前者要求进行移动;如果任务更新的原因是达到任务更新期,且在该任务更新期内没有历元调整和质量调整,则将观测需求下移一格,若无法移动,则左移一格,若已在左下角,则保持不变。这一过程中,可能会改变目标的类别号,这一类别号将在下一次任务安排中生效。

表 3.1　调度表

类别	观测次数/传感器数量							
1	1/1	2/1	3/2	4/3	5/3	6/4	7/5	8/6
2	1/1	2/1	3/2	4/3	5/3	6/4	7/5	8/6
3	1/1	2/1	3/2	4/3	5/3	6/4	7/5	8/6
4	1/1	2/1	3/2	4/3	5/3	6/4	7/5	8/6
5	1/1	2/1	3/2	4/3	5/3	6/4	7/5	8/6
注:阴影部分为标准调度								

3.4.2.6　进行任务安排

进行任务安排的第一步是获取候选传感器列表。目标的候选传感器列表需要从该目标所在任务分配组控制码获得。控制码为任务分配组定义了传感器等级列表。传感器等级列表包含能够观测到对应任务分配组所属目标的所有传感器。同时,传感器等级列表给出了这些传感器在观测该组目标时的性能优劣,将传感器分为 1～10 十个等级,1 表示性能最优。传感器等级列表就是最初的候选传感器列表。删除候选列表中不可用的传感器,形成新的候选列表,为候选列表中的传感器评分,并从中选出观测需求数量的传感器参与任务安排。每次评分,选出得分最高的传感器,候选列表中剩余的传感器再次参与评分,直到选出需求数量的传感器。观测需求圈次将尽可能平均地分配在参与任务的传感器上,如果无法平均,多余的观测任务将首先安排给较先选出的传感器。

评分中使用了五个标准,按照各个标准对候选传感器评分,评分之和作为候选传感器的得分,得分最高的传感器将参与任务安排。评分过程使用到的权值定义在权值文件中。评分标准及其评分方法如下:

标准一:传感器等级。候选传感器来自传感器等级列表,等级列表中给出了各个候选传感器的等级,等级为 1 的传感器的得分为权值文件中"等级权值"项目中的第一个值。如"等级权值"的列表为 20、18、16、14、12、10、8、6、4、2,则等级为 2 的传感器的得分为 18。

标准二:可观测圈次数。目标观测需求中的圈次数除以传感器数所得商即为每个传感器需要观测的圈次数,称为单位圈次数。当候选传感器的可观测圈次数不小于单位圈次数时:

$$得分 = 需求权值 + \max\{(可观测圈次数 - 单位圈次数) \times$$
$$额外圈次权值,最大额外圈次权值\} \tag{3.29}$$

当候选传感器的可观测圈次数小于单位圈次数时:

$$得分 = 需求权值 \times 可观测圈次数/单位圈次数 \tag{3.30}$$

其中:需求权值、额外圈次权值及最大额外圈次权值已在权值文件中定义。

标准三:传感器位置分布。观测数据在目标轨道上的分布越分散,越有助于提高轨道根数质量,因而,将传感器在全球的位置分布也列入评分标准。轨道类型不同的目标参与的评价因素也不同,对于地球同步目标,考察经度分布,其他目标考察纬度分布。地球同步目标的评分方式如下:

如果还没有传感器被选中参与任务安排,则有

$$得分 = \left| \frac{候选传感器经度 - 目标经度}{轨道分布权值} \right| \tag{3.31}$$

其中:轨道分布权值已在权值文件中定义。

如果已有选中的传感器,距离选中传感器较远的候选传感器将获得较高的得分,则有

$$得分 = \min \left| \left| \frac{所有选中传感器经度 - 候选传感器经度}{轨道分布权值} \right| \right| \tag{3.32}$$

对于其他目标评分方式类似,如果还没有传感器被选中参与任务安排,则有

$$得分 = \left| \frac{90 - 候选传感器纬度}{轨道分布权值} \right| \tag{3.33}$$

若已有选中传感器,则有

$$得分 = \min \left| \left| \frac{所有选中传感器纬度 - 候选传感器纬度}{轨道分布权值} \right| \right| \tag{3.34}$$

标准四:传感器负载。已参与任务安排的目标可能会占用当前目标候选传感器的容量,对于剩余更多容量的传感器可以获得更高得分。传感器负载定义为已用容量占总容量的百分比。权值文件中定义了一组负载权值,负载权值间隔为5,它们对应不同的负载段,每段长度为5%,如 0 ~ 5% 对应同一负载权值,该权值即为候选传感器得分,当候选传感器负载超过自身容量的 105% 时,得分为负无穷。例如,负载权值组为 100、95、90、85、80、75、70、65、60、55、50、45、40、35、30、25、20、15、10、5、0、 - 655360,则负载 0 ~ 5% 的传感器得分为 100。

标准五:检测概率。从历史数据中可以获得某一传感器对某一目标的检测概率。统计历史数据中某传感器对某目标的所有成功观测圈次数及总需求观测圈次数,前者与后者的比值即为该传感器 - 目标对的检测概率。比如,历史观测数据显示,总共安排 1#传感器观测 1#目标 1000 圈次,成功观测圈次 900,则检测概率为 0.9。得分为

$$得分 = 检测概率 × 检测概率权值 \tag{3.35}$$

其中:检测概率权值可以从权值文件中获得。

以上五个标准得分之和即为候选传感器的得分,每次评分从候选传感器中选出得分最高的一个传感器参与任务安排,剩余候选传感器再次参与评分。另外,权值文件的权值可以根据经验确定,也可以通过仿真使用退火算法获得较优权值。

3.4.2.7　局限和改进

任务器存在如下不足之处:

(1) 任务器只负责任务安排,不负责调度。对于全网而言,这种方式并不能得到最优调度;而且,测站的调度可能会使任务集中在一天的开始,而剩余的时间则被闲置。但由于空间监视网中传感器资源的多样性及任务数量庞大,将会

使得全网调度存在较大阻力。

（2）任务器中没有考虑 RCS 及传感器探测距离，这会导致不合理的任务安排产生，如指定传感器观测实际不可见的目标。尽管在数据库管理中，按照目标的大小进行手动分类可以缓解这一问题，但不能显著削弱该问题的影响。

（3）由于处理任务安排的数据库和包含目标轨道根数的数据库并不相连，因此，传感器可能未收到将要观测目标的轨道根数。为了改善这一问题，传感器可以向数据库请求访问待观测目标轨道根数。

（4）任务器属于静态任务器，除少数人工任务安排之外，总体任务安排一旦形成就不再改变。虽然任务器动态化的想法可取，但操作上不可行；而且动态任务器会影响统计分析。

（5）当前任务器要求低优先级的目标后参与任务安排。如果传感器满载，则低优先级的目标不能参与任务安排，直到目标在任务表中的观测需求上移、类别号减小。但轨道根数越旧，目标观测的难度就越大，这无疑会降低监视网的效率。而且随着越来越多目标观测需求上移，也造成了类别膨胀，增加了测站调度时确定目标优先级的难度。

为适应 SP 目标编目，需要设计新的任务器。新任务器可以优化任务安排以达到用户定义的轨道精度。同时，EDR 将取代轨道类型作为目标分组的标准。EDR 代表空间目标所受到的大气阻力，在轨道维护和任务安排中，EDR 是更加理想的分组标准。新任务器将应用边际效应算法，而且新任务器将把 RCS 和传感器探测距离考虑在内。同时，低优先级目标也会获得更高的任务安排机会，从而在轨道根数过旧之前进行轨道更新。

3.4.3　调度

与传统的单脉冲雷达相比，相控阵雷达最大的优势是波束捷变性，这一特点使得相控阵雷达可以同时实现搜索、捕获、确认、跟踪、记忆跟踪、补救等多种任务。然而由于雷达的时间资源和能量资源有限，在同一时间执行多个任务，势必会有任务冲突的情况发生，以致不能够及时执行或者不执行一些任务。为了解决以上的问题，必须对相控阵雷达的时间资源与能量资源进行有效的管理和调度，使其能够充分发挥优势。

3.4.3.1　影响调度策略的主要因素

调度策略的性能直接影响相控阵雷达系统的整体性能，因此好的调度算法对相控阵雷达系统起着至关重要的作用。为了实现有效提高雷达资源利用率的目的，本节首先分析影响调度策略的三个主要因素，即任务优先级、调度间隔和雷达资源。

1）任务优先级

随着航天探测技术的不断发展以及现代化战争的技术发展,现代雷达系统所要观测的目标种类也越来越繁多,在众多的目标集中,人们比较关心的便是比较重要的目标,如威胁程度大或想要重点监测的空间目标等。然而多个目标的多种观测需求通常会在同一时间内执行,这时会产生冲突,导致雷达系统不能同时执行所有的请求。因此,为了有效解决多个目标的多种任务执行在同一时间内请求执行的问题,首先需要对不同目标和不同任务类型划分不同等级的优先级,然后对雷达任务进行相应的调度分配。

在对雷达事件进行优先级划分时,需要考虑多种对其有重要影响的因素,如雷达事件的重要性、雷达事件待执行的紧急程度、设计师和专家们的先验知识基础以及重要经验总结等。在一般情况下,重点目标的搜索、捕获和跟踪任务是具有较高优先级的雷达事件,而不需要重点监测的目标的跟踪任务和普通的空域搜索是低优先级雷达事件。显然,提高雷达系统整体的工作效率,有效利用有限的雷达资源,雷达事件的优先级划分得越精细、等级越多越好。但是考虑雷达硬件系统计算机的处理能力有限,根据之前的经验总结,将雷达工作方式按照优先级等级由高到低的顺序可以大致分为以下五类:

（1）专用工作方式:一般是为了完成一些特殊的功能,如 ISAR 成像以及类似此种功能的特殊功能。

（2）关键工作方式:一般用于重点目标的验证和精密跟踪等。

（3）近距离目标搜索与跟踪:低轨目标运动速度比较大,位置变化快,所以优先级相对中高轨目标要高一些。

（4）远距离目标搜索与跟踪:与低轨目标相比,中高轨目标的具有较慢的变化特性,优先级也较低。

（5）自检和维护:雷达系统优先级最低的一种工作方式,可在没有其他雷达事件要执行时再进行自检和维护,以保证雷达系统的功能能够正常实现。

在实际雷达系统中,通常根据雷达系统自身的特点以及雷达任务的需求对雷达的工作方式进行一定的划分,一般情况下在待检测目标分类、雷达系统资源占用量、调度效率以及计算处理器机计算能力之间找到一个平衡点。本书中所用的相控阵雷达系统主要用于空间已知目标的监测和对未编目的空间目标进行运动特性的分析,所以首先根据已知的观测目标的特性制定目标优先级,然后根据各个雷达任务的特点制定雷达任务的优先级。优先级划分如表 3.2 所列。

在综合考虑目标优先级和任务优先级的基础上,本书将以上的优先级应用于资源调度模块,且目标优先级要高于雷达任务优先级。

表 3.2　优先级划分

目标优先级	雷达任务优先级
重要观测目标	验证
普通观测目标	记忆跟踪
一般观测目标	跟踪
次要观测目标	捕获
	搜索

2）调度间隔

调度间隔（SI），是指雷达系统在相邻两次调用调度模块之间的时间差值，是整个雷达系统有效运行的基础，不仅对雷达系统内其他子模块的执行频率有着重大的影响，还决定在这个调度间隔内雷达系统的处理能力。每一个调度间隔的到达时刻，雷达的控制器都要将雷达调度模块的调度指令传送给雷达天线模块，控制雷达的波束指向以及发射波形等与目标检测相关的参数。合适的调度间隔对雷达系统整体性能有着非常重要的作用，调度间隔取值过小将导致雷达处理系统以及存储系统过载，调度间隔取值太大又容易导致对执行频率要求较高的雷达事件执行效率降低。

在实际的雷达系统中，驻留指令从发出到执行有一定的时延，这个时延正是一个调度间隔的时间。相应地，雷达指令从执行到接收到信号回波并处理又有一个调度间隔的时延。雷达工作时序如图 3.17 所示。

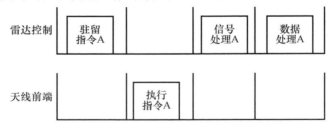

图 3.17　雷达工作时序

从图 3.17 中可以看出，雷达控制要在一个调度间隔内完成目标回波脉冲处理和调度模块的执行，所以调度间隔的最短时间必须大于完成这两项所需的时间总和。在实际的雷达系统中，必须综合考虑上述因素，并选择一个在以上范围内合理的调度间隔。

3）雷达资源

整个雷达系统资源是有限的，因此为了有效利用雷达的各种资源，从而提高雷达的资源利用率，应该清楚地了解各种对雷达资源的限制因素，通过寻找最佳的限制条件，制定出合理的雷达调度策略。雷达资源的约束有以下四种：

（1）雷达设计条件约束：一般是指雷达系统硬件上的约束。

（2）计算机资源约束：这种资源约束也属于雷达硬件资源约束的一种，由于每个雷达事件执行后都需要对其相关数据进行一系列的计算和存储处理，这都需要耗费计算机的资源。

（3）能量资源约束：每一个雷达事件的有效执行，都必须由雷达系统的发射机发射若干个脉冲信号，而每一个脉冲信号的发射都需要耗费一定的能量资源，耗费的能量往往和雷达系统所要监测的目标距离成正比。

（4）时间资源约束：时间资源贯穿整个雷达事件，从驻留指令的发送到执行以及目标回波信号的处理。任何一个雷达事件从制定到执行都需要耗费一定量的时间，当调度间隔的时间确定后，在这个调度间隔内可以安排的雷达任务数量也随之确定。在一个时刻只能有一个雷达任务调度执行，如果多个雷达任务在同一时刻申请执行，将产生任务冲突。更重要的是，每个雷达任务都必须在自己的截止时间之前完成，否则将无法正常调度执行其他应执行的雷达任务，进而使雷达系统的整体工作性能受到影响。所以时间资源约束是以上四种资源约束中最重要也是在制定调度策略时应该首要考虑的影响因素。

3.4.3.2　自适应采样间隔调度算法

调度算法中的采样间隔是指同一任务的两次驻留指令被调度执行之间的时间间隔，又称为任务的数据率。对于跟踪任务以及有引导轨道的搜索任务而言，任务的采样间隔对目标的跟踪性能和捕获目标的概率有着非常大的影响。为了保证目标捕获率和目标跟踪精度，选择合理的采样间隔是十分必要的。此外，合理的采样间隔还可以提高雷达系统的时间资源利用率，提升目标容量和雷达整体性能。然而如果相控阵雷达对每一个跟踪任务和已知引导轨道的搜索任务都要采用较高的跟踪数据率，这将导致驻留指令超出雷达系统的负荷。因此，应该充分利用相控阵雷达自身的优势，通过其波束捷变的特点对不同特点的目标选取不同的数据率进行监测和跟踪。

1）公式法

目标的机动特性很大程度上影响采样周期的选取，Van 对采样周期和目标的机动特性之间的关系进行了研究，他指出二者之间具有如下的关系[61]：

$$T \approx 0.4 \left[\frac{\sigma_0 r \sqrt{\tau_m}}{\sigma_m} \right]^{0.4} \frac{v_0^{2.4}}{1 - 0.5 v_0^2} \tag{3.36}$$

式中：r 为空间目标的径向距离；τ_m 为运动模型的时间常数；σ_m 为过程噪声方差；$v_0^2 = \sigma_p^2 / \sigma_0^2$，其中，$\sigma_p^2$ 为目标在径向距离方向上的预测误差协方差，σ_0^2 为目标在径向距离方向上的测量误差协方差。

2）递推法

在跟踪滤波算法中,当前时刻滤波残差越大,目标的跟踪精度越低,为了提高目标的跟踪精度,需要在下一时刻减小目标的采样间隔。Cohen 以此原理为基础,推导出跟踪采样周期的递推公式[62]:

$$T(k) = \frac{T(k-1)}{\sqrt{e_o(k)}} \qquad (3.37)$$

式中

$$e_o(k) = \frac{e(k)}{\sigma_k} \qquad (3.38)$$

其中: $e(k)$ 为滤波残差; σ_k 为目标测量时刻噪声标准差。

为了减小噪声的随机性效应,采用一阶滤波器对滤波残差 $e(k)$ 做一个平滑滤波:

$$e_s(k) = e_s(k-1) + a_r[e(k) - e_s(k-1)] \qquad (3.39)$$

式中: a_r 为平滑因子,且 $a_r > 1$ 。

经过平滑后,再用式(3.39)中的 $e_s(k)$ 代替式(3.38)中的 $e(k)$ 。

当跟踪精度很高时,平滑后的滤波残差 $e_s(k)$ 小于目标测量时刻的噪声标准差 σ_k ,即 $e_s(k) < \sigma_k$ 。则由式(3.37)和式(3.38)可知

$$T(k+1) > T(k) \qquad (3.40)$$

由上式可以看出,随着递推次数的增加,跟踪采样间隔不断增大,然而与此同时跟踪精度也随着跟踪采样间隔的增大而降低。当跟踪精度降低到一定程度时,平滑后的滤波残差 $e_s(k)$ 将大于目标测量时刻的噪声标准差 σ_k ,即 $e_s(k) > \sigma_k$,此时跟踪采样间隔将随着递推次数的增加而减小。上述两个过程将一直周而复始地进行着,这也体现了跟踪采样间隔随着目标跟踪精度的自适应调整过程。但是采样间隔在跟踪过程中如果出现过大情况,会导致目标跟踪精度太低甚至丢失目标。如果在跟踪过程中采样间隔太小,则目标的跟踪精度不能再随着采样间隔的减小而得到提高,这就造成了雷达资源的浪费。为了防止出现以上两种情况,Cohen 又给出了一种离散的采样周期的取值:

$$T(k) = \begin{cases} 4s & (e_o(k) < 1) \\ 2s & (e_o(k) > 4) \\ 1s & (e_o(k) > 16) \\ 0.5s & (e_o(k) > 64) \\ 0.25s & (e_o(k) > 256) \end{cases} \qquad (3.41)$$

在实际的雷达系统中,可以参照式(3.41)对目标的跟踪采样间隔进行一定

的约束,也可以根据实际情况对式中的门限值进行合理范围内的调整。

3)预测协方差门限法

目标的机动特性可以通过预测误差协方差的大小看出,所以 Watson 提出了通过预先设定预测协方差门限值来动态调整跟踪目标的跟踪采样间隔[63]。具体实现过程是当目标的预测误差协方差值大于预先设定的门限值时,开始该任务的下次驻留指令的申请和执行,即开始下一次的跟踪采样。假设门限值为 $\bar{P}_{\mathrm{th}}$,则采样间隔与门限值之间的关系需要满足

$$\bar{P}_{k+T/k} \leqslant \bar{P}_{\mathrm{th}} \tag{3.42}$$

在误差协方差矩阵中,主对角元素表示目标的方位角、俯仰角及径向距离的误差方差,非主对角元素则表示这些误差方差之间的相关性。因此,为了简化计算过程,式(3.42)可用下式代替:

$$\mathrm{tr}\left[\bar{P}_{k+T/k}\right] \leqslant \mathrm{tr}\left[\bar{P}_{\mathrm{th}}\right] \tag{3.43}$$

由式(3.43)可以看出,当式中等号成立时,采样间隔 T 取得最大值。

取门限值为测量噪声的协方差矩阵,即

$$\mathrm{tr}\left[\bar{P}_{\mathrm{th}}\right] = \lambda\,\mathrm{tr}\left[R_k\right]\left(\lambda > 0\right) \tag{3.44}$$

式中: λ 为可以调节的参数。通过调整 λ 值,进而调整预测误差协方差的门限值,可以实时地控制跟踪精度和目标的采样间隔。为了进一步简化计算过程,提高算法的实时可用性,预先设定一个合理并且有序的采样间隔集合 $\boldsymbol{T} = \{T_1, T_2, \cdots, T_n\}$。集合中的采样间隔按照由大到小的顺序排列,随着时间的变化,依次从集合 $\boldsymbol{T}$ 中选取 T_i,并计算 $\bar{P}_{k+T_i/k}$,当满足

$$\mathrm{tr}\left[\bar{P}_{k+T_i/k}\right] \leqslant \mathrm{tr}\left[\bar{P}_{\mathrm{th}}\right] \tag{3.45}$$

T_i 即为当前时刻的采样间隔。

3.5 实时目标关联匹配

相控阵雷达是低轨空间目标监视的骨干设备,为了有效利用有限的雷达资源,在维持已有编目库的前提下,发现和编目更多的新目标,需要解决相控阵雷达实时目标匹配问题,即雷达跟踪的目标与编目库中目标的对应关系。如果跟踪目标是编目库中的目标,并且是任务目标,则保持跟踪;否则,放弃跟踪。如果跟踪目标不是编目库中的目标(新目标),则保持跟踪。实际中雷达除执行正常的跟踪任务外,剩余能量所搜索的目标 90% 以上是已编目的目标,因此研究相控阵雷达实时关联匹配问题具有重要的意义。

3.5.1 目标匹配算法

在相控阵雷达的实时目标匹配关联中,假设跟踪目标的量测数据的时间序列为$(t_1, t_2, \cdots, t_n)$,将编目库中每一个可见目标的状态预报到扩展的量测数据时间序列$(t_{-m}, \cdots, t_{-3}, t_{-2}, t_{-1}, t_1, t_2, t_3, \cdots, t_n, t_{n+1}, \cdots, t_{n+m})$,即得到预报的航迹信息,然后将量测值与预报值相匹配关联。根据目标跟踪的成熟与稳定程度,关联匹配有两种解决思路:

(1)对于跟踪稳定、成熟的目标(信噪比大),可从目标起始航迹的前若干个点起,将目标的量测点与预报的航迹直接进行关联匹配;

(2)对于跟踪不稳定的目标(信噪比小),可跟踪较长一段时间后,将量测的目标航迹与预报的航迹进行关联匹配,以提升目标关联匹配的可靠性。

3.5.1.1 量测点与预报航迹相关联匹配

将量测点与预报航迹进行关联匹配的典型方法是最近邻域法,即将编目库中可见目标的预报位置落在匹配门限内,且与量测目标位置最近的库中目标作为关联匹配的对象,"最近"表示统计距离最小。

统计距离的定义如下:

$$d^2(z(k)) = [\hat{z}_1(k) - \hat{z}_2(k)]^T S^{-1}(k)[\hat{z}_1(k) - \hat{z}_2(k)] \qquad (3.46)$$

式中:$\hat{z}_1(k)$为雷达在t_k时刻的量测值;$\hat{z}_2(k)$为根据轨道根数预报t_k时刻的某一目标位置,将$v(k) = \hat{z}_1(k) - \hat{z}_2(k)$称为新息或量测与预报位置的残差,取决于目标量测值和轨道预报值;$S(k)$为$v(k)$的协方差,$d(z(k))$为目标量测位置与编目库中目标预报位置的距离。

如果量测值和轨道预报值满足

$$d^2(z(k)) \leqslant \lambda \qquad (3.47)$$

则匹配成功;否则,匹配失败。其中λ为匹配门限,可根据统计分析得到。

最近邻域法匹配主要适用于稀疏目标环境下的目标匹配,其优点是运算量小,易于实现;主要缺点是在目标密集的情况下,错误关联匹配较多。

为提升关联匹配的成功率和可信度,可进行二次判决,即对编目库中某一目标,若雷达所跟踪某一目标的量测值与其匹配关联成功一次,则计数器加1,共匹配N次,成功M次。若$M/N > \omega$(ω为二次判决门限),则判定雷达跟踪目标与编目库中某一目标相匹配。

3.5.1.2 量测的航迹与预报的航迹相匹配

为讨论问题方便,假设待关联匹配的量测航迹状态量和轨道预报的航迹状态量都在相同坐标系中,并且两者对应状态量的时间同步。为满足这一假设,可进行坐标转换和对量测的时间序列进行扩充。

设雷达跟踪目标航迹的集合和可见目标预报航迹的集合分别为

$$U_1 = \{1,2,3,\cdots,n_1\}, U_2 = \{1,2,3,\cdots,n_2\}$$

将

$$\hat{\boldsymbol{t}}_{ij}(l) = \hat{\boldsymbol{X}}_{1i}(l) - \hat{\boldsymbol{X}}_{2j}(l) \quad (i \in U_1, j \in U_2) \tag{3.48}$$

记作

$$\boldsymbol{t}_{ij}^*(l) = \boldsymbol{X}_{1i}(l) - \boldsymbol{X}_{2j}(l), \quad (i \in U_1, j \in U_2) \tag{3.49}$$

的估计。式中 $\boldsymbol{X}_{1i}(l)$、$\boldsymbol{X}_{2j}(l)$ 分别为雷达对目标 i 量测的真实值和根据轨道根数对目标 j 状态预报的真实值；$\hat{\boldsymbol{X}}_{1i}(l)$、$\hat{\boldsymbol{X}}_{2j}(l)$ 分别为雷达对目标 i 跟踪状态的估计值和根据轨道根数对目标 j 预报状态的估计值。

定义 H_0 和 H_1 是下列事件（$i \in U_1, j \in U_2$）：

H_0：$\hat{\boldsymbol{X}}_{1i}(l)$ 和 $\hat{\boldsymbol{X}}_{2j}(l)$ 是同一目标的航迹估计。

H_1：$\hat{\boldsymbol{X}}_{1i}(l)$ 和 $\hat{\boldsymbol{X}}_{2j}(l)$ 是不同目标的航迹估计。

这样关联匹配问题便转化成了假设检验问题，选择不同的检验统计方法则可得到不同的目标关联匹配算法。下面介绍一种加权的检验统计方法。

在加权法中，假定雷达观测和轨道预报对同一目标的状态估计误差是统计独立的，即当 $\boldsymbol{X}_{1i}(l) = \boldsymbol{X}_{2j}(l)$（目标的真实状态）时，估计误差 $\hat{\boldsymbol{e}}_{1i}(l) = \boldsymbol{X}_{1i}(l) - \hat{\boldsymbol{X}}_{1i}(l)$ 与预报误差 $\hat{\boldsymbol{e}}_{2j}(l) = \boldsymbol{X}_{2j}(l) - \hat{\boldsymbol{X}}_{2j}(l)$ 是统计独立的随机矢量，即在假设 H_0 下，式（3.48）的协方差为

$$
\begin{aligned}
\boldsymbol{C}_{ij}(l) &= E\big[\boldsymbol{t}_{ij}(l)\boldsymbol{t}_{ij}(l)^{\mathrm{T}}\big] \\
&= E\big[(\hat{\boldsymbol{X}}_{1i} - \hat{\boldsymbol{X}}_{2j})(\hat{\boldsymbol{X}}_{1i} - \hat{\boldsymbol{X}}_{2j})^{\mathrm{T}}\big] \\
&= E\big\{\big[(\hat{\boldsymbol{X}}_{1i} - \boldsymbol{X}_{\mathrm{o}}) - (\hat{\boldsymbol{X}}_{2j} - \boldsymbol{X}_{\mathrm{o}})\big]\big[(\hat{\boldsymbol{X}}_{1i} - \boldsymbol{X}_{\mathrm{o}}) - (\hat{\boldsymbol{X}}_{2j} - \boldsymbol{X}_{\mathrm{o}})\big]^{\mathrm{T}}\big\} \\
&= E\big[(\hat{\boldsymbol{X}}_{1i} - \boldsymbol{X}_{\mathrm{o}})(\hat{\boldsymbol{X}}_{1i} - \boldsymbol{X}_{\mathrm{o}})^{\mathrm{T}}\big] + E\big[(\hat{\boldsymbol{X}}_{2j} - \boldsymbol{X}_{\mathrm{o}})(\hat{\boldsymbol{X}}_{2j} - \boldsymbol{X}_{\mathrm{o}})^{\mathrm{T}}\big] \\
&= \boldsymbol{C}_{1i}(l) + \boldsymbol{C}_{2j}(l)
\end{aligned}
\tag{3.50}
$$

式中：$\boldsymbol{X}_{\mathrm{o}}$ 为目标的真实航迹值，$\boldsymbol{X}_{\mathrm{o}} = \boldsymbol{X}_{1i}(l) = \boldsymbol{X}_{2j}(l)$；$\boldsymbol{C}_{1i}(l)$、$\boldsymbol{C}_{2j}(l)$ 分别为雷达对目标 i 量测航迹的协方差与根据轨道根数对目标 j 预报航迹的协方差。

加权法使用的检验统计量为

$$\boldsymbol{\alpha}_{ij}(l) = \boldsymbol{t}_{ij}(l)^{\mathrm{T}} \boldsymbol{C}_{ij}(l)^{-1} \boldsymbol{t}_{ij}(l) \tag{3.51}$$

式中

$$\boldsymbol{C}_{ij}(l) = \boldsymbol{C}_{1i}(l) + \boldsymbol{C}_{2j}(l)$$

式（3.51）中，如果 $\boldsymbol{\alpha}_{ij}(l)$ 小于使用 χ^2 分布获得的某一门限，则接受假设 H_0，即判决雷达跟踪目标 i 与可见目标库中目标 j 相关联匹配；否则，接受假设 H_1。在 H_0 假设中，假定状态估计误差服从高斯分布，因而 $\boldsymbol{\alpha}_{ij}(l)$ 服从 n_x 自由度的 χ^2

分布。这里 n_x 是状态估计矢量的维数,式(3.51)是对状态估计误差统计加权,因此这种方法通常称为加权法。

3.5.2 关键参数求解

无论量测点与预报的航迹进行关联匹配,还是量测航迹与预报航迹进行关联匹配,都涉及量测值协方差和预报值协方差的求解和运算,因此研究雷达的量测协方差和轨道预报协方差的传播律十分重要。本节给出一些基本的转换矩阵,实际轨道误差不确定度的传播非常复杂,可参阅文献[201]。

3.5.2.1 从极坐标系到地惯坐标系的协方差转换

设雷达测站的位置为 $(\theta_L, \varphi_L, H_c)$,其中 θ_L, φ_L, H_c 分别是测站所在的经度、地心纬度和高度。θ_G 是格林尼治恒星时,则测站的恒星时 $\theta = \theta_L + \theta_G$。设空间目标相对于测站的极坐标为 (R, A, E),其中 R、A、E 分别为距离、方位角、俯仰角,且三维观测误差间相互独立,并服从高斯分布,方差分别为 σ_R^2、σ_A^2、σ_E^2。

令 $S = [R\ A\ E]^T$,则 S 的协方差矩阵为

$$D_{SS} = \begin{bmatrix} \sigma_R^2 & 0 & 0 \\ 0 & \sigma_A^2 & 0 \\ 0 & 0 & \sigma_E^2 \end{bmatrix} \tag{3.52}$$

在测站笛卡儿坐标系下(ENZ,即东北天顶坐标系),目标位置的表达式为

$$X = \begin{bmatrix} x \\ y \\ z \end{bmatrix} = \begin{bmatrix} R\cos E\cos A \\ R\cos E\sin A \\ R\sin E \end{bmatrix} \tag{3.53}$$

对式(3.53)全微分,可得

$$\begin{aligned} d_x &= \cos E\cos A d_R - R\cos E\sin A d_A - R\sin E\cos A d_E \\ d_y &= \cos E\sin A d_R + R\cos E\cos A d_A - R\sin E\sin A d_E \\ d_z &= \sin E d_R + R\cos E d_E \end{aligned} \tag{3.54}$$

由于

$$\begin{bmatrix} d_x \\ d_y \\ d_z \end{bmatrix} \approx \begin{bmatrix} \Delta_x \\ \Delta_y \\ \Delta_z \end{bmatrix} \text{ 及 } \begin{bmatrix} d_R \\ d_A \\ d_E \end{bmatrix} \approx \begin{bmatrix} \Delta_R \\ \Delta_A \\ \Delta_E \end{bmatrix}$$

则可得

$$\begin{bmatrix} \Delta_x \\ \Delta_y \\ \Delta_z \end{bmatrix} \approx \begin{bmatrix} \cos E\cos A & -R\cos E\sin A & -R\sin E\cos A \\ \cos E\sin A & R\cos E\cos A & -R\sin E\sin A \\ \sin E & 0 & R\cos E \end{bmatrix} \begin{bmatrix} \Delta_R \\ \Delta_A \\ \Delta_E \end{bmatrix} \tag{3.55}$$

令

$$K = \begin{bmatrix} \cos E \cos A & -R \cos E \sin A & -R \sin E \cos A \\ \cos E \sin A & R \cos E \cos A & -R \sin E \sin A \\ \sin E & 0 & R \cos E \end{bmatrix} \quad (3.56)$$

由于

$$\boldsymbol{\Delta}_X = \begin{bmatrix} \Delta_x \\ \Delta_y \\ \Delta_z \end{bmatrix} = \begin{bmatrix} \Delta_x & \Delta_y & \Delta_z \end{bmatrix}^{\mathrm{T}}, \boldsymbol{\Delta}_S = \begin{bmatrix} \Delta_R \\ \Delta_A \\ \Delta_E \end{bmatrix} = \begin{bmatrix} \Delta_R & \Delta_A & \Delta_E \end{bmatrix}^{\mathrm{T}}$$

即

$$\boldsymbol{\Delta}_X = \boldsymbol{K} \boldsymbol{\Delta}_S \quad (3.57)$$

又由于

$$\boldsymbol{D}_{SS} = E\big[\, (\boldsymbol{S} - E(\boldsymbol{S}))(\boldsymbol{S} - E(\boldsymbol{S}))^{\mathrm{T}} \,\big]$$

则目标在测站地平坐标系下的协方差矩阵为

$$\boldsymbol{D}_{XX} = E\big[\, (\boldsymbol{KS} - \boldsymbol{K}E(\boldsymbol{S}))(\boldsymbol{S} - E(\boldsymbol{S}))^{\mathrm{T}} \,\big]$$

$$= \boldsymbol{K}E\big[\, (\boldsymbol{S} - E(\boldsymbol{S}))(\boldsymbol{S} - E(\boldsymbol{S}))^{\mathrm{T}} \,\big]\boldsymbol{K}^{\mathrm{T}} = \boldsymbol{K}\boldsymbol{D}_{SS}\boldsymbol{K}^{\mathrm{T}}$$

即

$$\boldsymbol{D}_{XX} = \boldsymbol{K}\boldsymbol{D}_{SS}\boldsymbol{K}^{\mathrm{T}} \quad (3.58)$$

设目标在地惯坐标系下的位置矢量为 $\boldsymbol{Z}$，从测站地平坐标系到地惯坐标系的变换矩阵为

$$\boldsymbol{Q}_{XZ} = \begin{bmatrix} -\sin\theta & -\sin\varphi_{\mathrm{L}}\cos\theta & \cos\varphi_{\mathrm{L}}\cos\theta \\ \cos\theta & -\sin\varphi_{\mathrm{L}}\sin\theta & \cos\varphi_{\mathrm{L}}\sin\theta \\ 0 & \cos\varphi_{\mathrm{L}} & \sin\varphi_{\mathrm{L}} \end{bmatrix} \quad (3.59)$$

可简写为

$$\boldsymbol{Z} = \boldsymbol{Q}_{XZ}\boldsymbol{X} \quad (3.60)$$

则 $\boldsymbol{Z}$ 的协方差矩阵为

$$\boldsymbol{D}_{ZZ} = \boldsymbol{Q}_{XZ}\boldsymbol{D}_{XX}\boldsymbol{Q}_{XZ}{}^{\mathrm{T}} \quad (3.61)$$

联立式(3.58)和式(3.61)，可得

$$\boldsymbol{D}_{ZZ} = \boldsymbol{Q}_{XZ}\boldsymbol{K}\boldsymbol{D}_{SS}\boldsymbol{K}^{\mathrm{T}}\boldsymbol{Q}_{XZ}{}^{\mathrm{T}} = (\boldsymbol{Q}_{XZ}\boldsymbol{K})\boldsymbol{D}_{SS}(\boldsymbol{Q}_{XZ}\boldsymbol{K})^{\mathrm{T}} \quad (3.62)$$

式(3.62)即是协方差从测站地平极坐标系转换到地惯坐标系的表达式。

3.5.2.2　雷达观测位置和预报位置残差的协方差矩阵

将目标的观测值和预报值转换到同一坐标系下，设观测位置矢量 $\boldsymbol{X}_{\mathrm{o}} = [\, x_{\mathrm{o}}$

$y_{\mathrm{o}}\ z_{\mathrm{o}}]^{\mathrm{T}}$，预报位置矢量 $X_{\mathrm{p}} = [x_{\mathrm{p}}\ y_{\mathrm{p}}\ z_{\mathrm{p}}]^{\mathrm{T}}$。

为简化问题便于分析，假设预报位置矢量在所选择分析的三个方向的误差相互独立，并服从高斯分布。其协方差矩阵为

$$D_{X_{\mathrm{p}}X_{\mathrm{p}}} = \begin{bmatrix} \sigma_{\mathrm{px}}^2 & 0 & 0 \\ 0 & \sigma_{\mathrm{py}}^2 & 0 \\ 0 & 0 & \sigma_{\mathrm{pz}}^2 \end{bmatrix}$$

设雷达观测值从地惯坐标系转换到所分析的坐标系的转换矩阵为 P，则有

$$X_{\mathrm{o}} = PZ \tag{3.63}$$

联立式（3.62）和式（3.63），则目标量测值的协方差矩阵为

$$D_{X_{\mathrm{o}}X_{\mathrm{o}}} = PD_{ZZ}P^{\mathrm{T}} = PQ_{XZ}KD_{SS}(Q_{XZ}K)^{\mathrm{T}}P^{\mathrm{T}} = (PQ_{XZ}K)D_{SS}(PQ_{XZ}K)^{\mathrm{T}} \tag{3.64}$$

目标量测位置和预报位置的残差为

$$\Delta_{\mathrm{r}} = X_{\mathrm{o}} - X_{\mathrm{p}}$$

写成矩阵形式，即

$$\Delta_{\mathrm{r}} = X_{\mathrm{o}} - X_{\mathrm{p}} = \begin{bmatrix} 1 & -1 \end{bmatrix} \begin{bmatrix} X_{\mathrm{o}} \\ X_{\mathrm{p}} \end{bmatrix} \tag{3.65}$$

$\begin{bmatrix} X_{\mathrm{o}} \\ X_{\mathrm{p}} \end{bmatrix}$ 的协方差矩阵为

$$D_{\mathrm{op}} = \begin{bmatrix} D_{X_{\mathrm{o}}X_{\mathrm{o}}} & D_{X_{\mathrm{o}}X_{\mathrm{p}}} \\ D_{X_{\mathrm{p}}X_{\mathrm{o}}} & D_{X_{\mathrm{p}}X_{\mathrm{p}}} \end{bmatrix} \tag{3.66}$$

假设目标量测值和预报值误差相互独立，即 $D_{X_{\mathrm{o}}X_{\mathrm{p}}} = D_{X_{\mathrm{p}}X_{\mathrm{o}}} = 0$，则目标量测值与预报值残差的协方差为

$$D_{\mathrm{rr}} = \begin{bmatrix} 1 & -1 \end{bmatrix} D_{\mathrm{op}} \begin{bmatrix} 1 \\ -1 \end{bmatrix} = \begin{bmatrix} 1 & -1 \end{bmatrix} \begin{bmatrix} D_{X_{\mathrm{o}}X_{\mathrm{o}}} & 0 \\ 0 & D_{X_{\mathrm{p}}X_{\mathrm{p}}} \end{bmatrix} \begin{bmatrix} 1 \\ -1 \end{bmatrix} = D_{X_{\mathrm{o}}X_{\mathrm{o}}} + D_{X_{\mathrm{p}}X_{\mathrm{p}}} \tag{3.67}$$

3.6 典型空间目标监视相控阵雷达

3.6.1 AN/FPS – 85 雷达

AN/FPS – 85 雷达是世界上第一部大型相控阵雷达，部署于美国佛罗里达

州的 Eglin 空军基地,隶属于美国空军。它是美国空间监视网的三个专用雷达传感器之一(其余两个分别是空军"电子篱笆"和位于挪威的 GLOBUSII 碟形天线雷达)。AN/FPS – 85 雷达于 1962 年开始建造,1965 年毁于火灾,1969 年重建并投入使用。该雷达最初只用于空间监视,在 1975 年也用于潜射弹道导弹的预警任务,1987 年随着"铺路爪"雷达的投入使用,AN/FPS – 85 雷达回归于执行全天时的空间监视任务。

3.6.1.1　雷达典型参数

AN/FPS – 85 雷达是一部专用于跟踪低轨和高轨目标的相控阵雷达[64],可以同时探测、跟踪多达 200 个近地目标,每年跟踪采集超过 16000000 次观测目标的数据,担负了美国空间监视网 30% 的任务[65]。

AN/FPS – 85 雷达是采用收发天线分置方式,天线阵面倾斜 45°,阵面法线指向正南,方位覆盖 120°,如图 3.18 所示。AN/FPS – 85 雷达发射天线为矩形阵列,共有 5184 个发射组件[66];接收天线为密度加权阵列,直径 58m,共包含 19500 个交叉偶极子阵元分布于方形网格上,形成直径上具有 152 个阵元的圆孔径,共有 4660 个有源接收组件,接收波束 0.8°[67]。该雷达采用 3×3 接收波束簇,每个波束间隔 0.4°,形成 1dB 的交叠从而实现较低的波束赋形损失[66],联合波束宽度为 1.6°,搜索模式使用 9 个波束,跟踪模式则只使用了 5 个波束。AN/FPS – 85 雷达典型工作参数见表 3.3。

表 3.3　AN/FPS – 85 雷达典型工作参数

参数名称	参数值
中心频率/MHz	442
带宽/MHz	10
脉冲重复频率/Hz	20(远距离监视模式)
脉冲宽度/μs	1、5、10、25、125、250(远距离监视模式)
峰值功率/MW	35
平均功率/kW	175
发射波束宽度/(°)	1.4
接收波束宽度/(°)	0.8
作用距离/km	7500(RCS = 1m^2,SNR = 20dB)
方位覆盖/(°)	120° ~ 240°
仰角覆盖/(°)	3 ~ 105

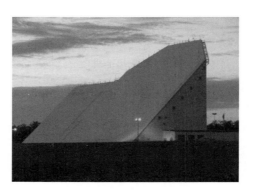

图 3.18　AN/FPS－85 雷达

3.6.1.2　雷达工作流程

　　AN/FPS－85 雷达的首要任务是对空间目标的监视、搜索和跟踪。为了增强对小碎片的探测能力,该雷达在 1999 年进行了软件升级,在原有的 S1"篱笆"的基础上增加了新的碎片"篱笆",新的碎片"篱笆"方位覆盖 155°～205°,在仰角 35°处扫描,该配置可以对更小的碎片进行探测[58],雷达的篱笆覆盖范围如图 3.2 所示。

　　AN/FPS－85 雷达有多个监视篱笆可供雷达操作手设立,下面以 S1 篱笆和新的碎片篱笆为例介绍雷达的工作流程。AN/FPS－85 雷达的首要空间任务操作包括监视、搜索和跟踪。监视是雷达在没有目标位置信息的情况下对存在目标空间区域的检查或者观测过程,这也是 S1 篱笆和新的碎片篱笆的首要功能[61]。当雷达在监视模式或者搜索模式检测到目标时,紧接着执行确认过程判别是否检测到实际目标。通过确认过程可以减少对虚假航迹的处理时间,核实目标的存在并初始化跟踪所需的相应动作。根据雷达设定的优先级和工作模式,系统响应对应的几个事件。通常,雷达可以选择跟踪兴趣目标并获取测量值,若目标为非兴趣目标,则放弃跟踪。

　　下面针对 S1 篱笆和新的碎片篱笆对非关联目标(UCT)的检测问题介绍雷达的操作处理流程:

　　(1)当检测经确认后(由 S1 或碎片篱笆完成),通过采集的几个回波脉冲生成初始观测。如果该处理判定目标为非关联目标,则雷达通过提高信噪比直到获取品质观测;若未获得品质观测,则删除该航迹。获得特征观测后可用于计算初始(密切)根数集,同时,采取多种处理测试来最小化虚假航迹的数量,通常情况下速度检测是最为可靠的。如果非关联目标为兴趣目标,则给该目标分配卫星识别编号(SID)。

　　(2)之后的第二、第三次观测采集对应几个地心角度的数据后用于计算平均根数集,并执行附加的速度核对以确定该目标是否为非观测任务内的已知卫星,若是非观测任务内的已知卫星,则放弃该跟踪。

（3）计算 UCT 的覆盖时间并执行调度操作,以确定是否需要对目标当前过境执行附加观测,附加观测大约间隔三个地心角度执行。

（4）采集到足够的数据后,即可估算非关联目标的截面积,计算轨道根数集并执行多个附加的测试以降低虚假非关联目标写入轨道根数文件的概率,随后系统自动设定任务从目标未来的航过中采集额外的观测数据。

3.6.2　AN/FPS – 108"丹麦眼镜蛇"雷达

AN/FPS – 108"丹麦眼镜蛇"（Cobra Dane）雷达由美国雷声公司承建,于1977 年达到作战能力,现部署于美国阿拉斯加州的阿留申群岛,如图 3.19 所示。"丹麦眼镜蛇"雷达早期的首要任务是监视苏联的弹道导弹飞行试验,其次是负责早期预警和空间监视任务。20 世纪 90 年代进行的"丹麦眼镜蛇"雷达的现代化改进项目已使该系统的工作寿命延续至今,雷达增强的性能满足了更高的任务需求。雷达升级改进了数据采集能力,采用了新型硬件并更换过时的数据处理设备,包括信号与数据处理系统、接收机和显示器等。2015 年 12 月美国空军生命周期管理中心授予雷声公司一项 7700 万美元的合同用于"丹麦眼镜蛇"雷达的运行、维护和支持,再次提升了该雷达的生命力。

图 3.19　"丹麦眼镜蛇"雷达

该雷达在 1994 年曾因预算原因终止执行空间监视任务,而在此之前,由于其设立的监视篱笆仰角较低,限制了其本身能够探测到的空间目标的尺寸。经1999 年的验证试验表明,该雷达具备跟踪小空间碎片的能力,然而为了减少运行成本,该雷达将占空比由原来的 6.0% 降为 1.5%,仅以原来 1/4 的功率运行（当有相关的弹道导弹飞行试验时可在 30s 内转为满功率运行）。2003 年 3 月"丹麦眼镜蛇"雷达恢复满功率运行,现在是美国空间监视网的组成部分,同时集成到美国地基中段防御（GMD）系统中。

3.6.2.1 雷达典型参数

"丹麦眼镜蛇"雷达是一部大型 L 波段固定式相控阵雷达,雷达天线为单面稀疏阵,直径为 29m,由 34768 个阵元构成,其中有源阵元为 15360 个。有源阵元采用间距密度加权的布局,在天线边缘密度减少至 20%。天线阵元分为 96 个子阵,每个子阵使用单独的行波管作为馈源,这样可以在偏离视轴方向获得较高的距离分辨能力。"丹麦眼镜蛇"雷达典型工作参数见表 3.4。

表 3.4 "丹麦眼镜蛇"雷达典型工作参数[68,69]

参数名称	参数值
工作频率/GHz	1.215 ~ 1.250(窄带) 1.175 ~ 1.375(宽带)
带宽/MHz	1(窄带搜索) 5(窄带跟踪) 25(电离层补偿) 200(宽带,电轴 22.5°内)
脉冲宽度/ms	0.15、1、1.5、2
峰值功率/MW	15.4
平均功率/kW	920
波束宽度/(°)	0.6
作用距离/km	4600
方位覆盖/(°)	120
测距精度/m	3
测角精度/(°)	0.02

3.6.2.2 雷达工作性能简介

由于美国空间监视网的大型相控阵雷达均工作在 440MHz 频率左右,相比较而言"丹麦眼镜蛇"雷达工作频段更高,小尺寸目标(12cm 或更小)相对于"丹麦眼镜蛇"雷达会呈现更大的 RCS 值,对于直径 5cm 或更小的目标,RCS 值更是会增加多达 60 倍。但是由于"丹麦眼镜蛇"雷达的站点布局以及指向设置,限制了其只能跟踪倾角在 55° ~ 125°的空间目标。

自 1999 年起"丹麦眼镜蛇"雷达重新并入美国空间监视网络,可在不执行首要的导弹监视任务时进行空间监视,此时该雷达仍仅以 1/4 的功率运作且主要工作在任务模式。任务模式下,"丹麦眼镜蛇"雷达每天可采集 2500 次观测并编目 500 个目标[70],同时该雷达设立了一个高仰角宽 10°的电子篱笆探测未编目的目标,该篱笆每天生成约 100 个非关联目标的 500 次观测。这两个任务占用总发射机占空比为 1.14%。

在 1999 年的试验中,该雷达设立 50°仰角处宽度为 30°的单排脉冲篱笆,使用全空间监视分配,每天可生成 700～800 个非关联航迹。后续的空间碎片试验,"丹麦眼镜蛇"雷达保持了仰角 50°处宽 60°(方位 289°～349°)的单排脉冲篱笆,距离范围为 417～2501km,雷达满功率运行,篱笆使用 3.0% 占空比。

2003 年起,"丹麦眼镜蛇"雷达重新开始满功率运行,除完成首要的导弹情报收集任务外,还保持较宽的空间搜索篱笆(类似于前述的仰角 50°处宽 60°的电子篱笆),这使得空间监视网的分析目录中迅速增加了几个目标(许多目标在随后的处理中被剔除)。"丹麦眼镜蛇"雷达能够探测距离达 14000km 处的目标,但由于该雷达仅用于监视、跟踪低轨目标,所以对于周期超过 225min 的空间目标的航迹会被自动丢弃掉。"丹麦眼镜蛇"雷达可探测到距离约 1200km 的 4～5cm 目标,具备一定的厘米级空间目标探测能力[70],有文献报道"丹麦眼镜蛇"雷达曾对 Na 滴子流进行探测。

3.6.3　"沃罗涅日"雷达

"沃罗涅日"(Воронеж)雷达是俄罗斯新一代远程早期预警大型相控阵雷达,该雷达既用于弹道导弹预警,也是俄罗斯空间目标监视的一部分。

"沃罗涅日"系列相控阵雷达包括"沃罗涅日"-M 和"沃罗涅日"-VP 米波段雷达以及沃罗涅日-DM 分米波段雷达三种类型,如图 3.20 所示。该系列雷达具备作用距离远、模块化程度高、建设成本低、便于系统日常维护和现代化升级等特点[71]。从 2005 年至今俄罗斯共装备了 7 部"沃罗涅日"系列雷达,预计在 2018 年前部署 12 部,比原计划的 2020 年提前两年实现俄罗斯全境预警覆盖。

(a)"沃罗涅日"-M　　　　　(b)"沃罗涅日"-VP　　　　　(c)"沃罗涅日"-DM

图 3.20　"沃罗涅日"系列远程预警相控阵雷达

"沃罗涅日"-M 型雷达在 2005 年首先进行了试验并在 2012 年宣布进入战备值勤。"沃罗涅日"-VP 型雷达于 2014 年服役,预计能实现 240°方位覆盖。"沃罗涅日"-M 工作在 150～200MHz 的甚高频段(VHF),相比于"沃罗涅日"-M 的三段式结构,"沃罗涅日"-VP 雷达具有六段式结构,具有更加强大的功能,如

图 3.20(a)、(b)所示。

"沃罗涅日"-DM 雷达是俄罗斯反导防御系统的组成部分,由莫斯科远程通信研究所设计,由圣彼得堡的金字塔科研生产联合体与其他厂家生产。与从前巨大的、外形类似埃及金字塔的雷达站不同,"沃罗涅日"-DM 雷达站是一块水泥空地和几个集装箱。它使用了工厂准备好的模块,所有设备的组装、测试都直接在企业进行,在雷达站只需要把这些模块堆起来即可[72]。这样就不必为雷达站建造多层建筑,可以使用现有的第聂伯河、达利亚尔和伏尔加河雷达站的建筑。

"沃罗涅日"-DM 战略预警雷达系统可以跟踪、识别并测量 4800～6000km 的导弹和其他各种目标,将是俄罗斯未来导弹预警系统的关键部分,其典型工作参数见表 3.5。"沃罗涅日"-DM 雷达阵面采用几乎垂直于地面的设计,以使阵面法线方向几乎平行于地面,以利于尽早精确发现跟踪到地平线上出现的弹道导弹等可疑目标,但是牺牲了仰角较高的观测区域。由此可见,它是一部专门用于导弹预警的地基战略相控阵雷达。

表 3.5 "沃罗涅日"-DM 雷达典型参数

工作频段	UHF(波长 0.1m)
阵元形式	十字形阵子
峰值功率/kW	625
平均功率/kW	155
作用距离/km	4800～6000
方位覆盖/(°)	约 120
仰角覆盖/(°)	2～6

3.6.4 NAVSPASUR 篱笆系统

3.6.4.1 系统简介

美国海军研究实验室(NRL)设计的海军空间监视系统(NAVSPASUR)是最早的空间探测电子篱笆,它是美国空间监视网中功能最强大的传感器之一。NAVSPASUR 是一种以干涉方式工作的多站连续波雷达系统,于 1958 年建成,1961 年正常工作,尽管美国的其他传感器能更详细地观察航天器,但 NAVSPASUR 是美国太空物体目录增加到 10500 个的主要贡献者。NAVSPASUR 由位于北纬 33°东西配置的 9 个站组成,其中 3 个 VHF 雷达发射站、6 个接收站,以西经 95°为中心覆盖经度范围 70°,其系统配置和发射波束覆盖示意图如图 3.21、图 3.22 所示。该系统每年耗资 0.33 亿美元运行,大部分费用用于为雷达提供动力。NAVSPASUR 使用连续波探测地球上空约 25000km 轨道上篮球大小或更大的物体(指标称 35cm 以上)。每月进行 500 万次探测,并向海军中心发送数据。NASPASUR 获取的观测数据传往位于弗吉尼亚达尔戈伦的计算中心进行处理,该计算中心也是备用的空间防御作战中心和备用的空间监视中心。经过处理的数据再传往位于夏延山的美国空军司令部空间控制中心,为其目标编目提供约 21% 的输入数据。相对于空间监视网的其他传感器,在确定解体产生的碎片和其他未识别目标的轨道方面,NASPASUR 一直发挥着主导作用。

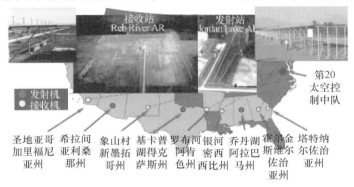

图 3.21　美国电子"篱笆"系统站点部署[73](见彩图)

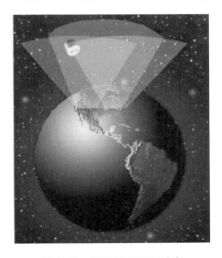

图 3.22　NAVSPASUR 示意

2004 年依照当时的国防部长拉姆斯菲尔德的命令,空军接管该系统,并将该系统重新命名为"空军空间监视系统"(AFSSS)。接管后,AFSSS 隶属于第 21 太空联队的第 20 太空控制中队进行操控,其总部位于达尔戈伦。其主要目标为经过美国本土上空的卫星,确定其轨道,对其编目,并确定其用途。对美国上空再入大气的目标还必须及时做出性质判断,因为这种目标在其他预警雷达那里很可能是显示为导弹袭击,太空司令部需要通知有关部门,避免美国的导弹防御系统错误地进入警戒状态。2013 年 8 月,美国空军太空司令部下令关停该系统,所有站点在 2013 年 10 月 1 日停止运行。NAVSPASUR 的主要优势是能够为未知目标提供相关观测数据支撑,而不需要基于现有信息跟踪目标,但是由于其过时的设计也导致了系统本身固有的精度较差的缺陷。

3.6.4.2 系统性能概要

NAVSPASUR 采用大功率连续波(500kW)照射,天线南北方向长度为 3220.8m[74],雷达灵敏度相当高,对 36000km 高度的 $1m^2$ 目标的发现概率为 50%。NASPASUR 是一个成功的范例,50 多年的历史证明了这一点,累计检测 21000 多个空间目标,其最大特点是监视范围大,监视屏在东西方向约 8000km,高度近 10000km。利用连续波窄带接收特点,使雷达具有灵敏度高、威力大的优点,对 $1m^2$ 目标,信噪比为 7dB,作用距离约为 7000km。监视目标的数量大,约占低轨目标的 90%,占高轨目标的 50%。多次穿越可定轨,定轨精度较高,特别适合于发现新目标和对编目目标的监视,但 NASPASUR 存在明显的缺陷:由于工作频率低,小目标的 RCS 表现为瑞利区的散射特性,因而相对 RCS 很小,因此尽管雷达威力很大,但它只能检测尺寸大于 30cm 的碎片;波束固定在纬度 33°天顶,因此不能发现轨道倾角小于 33°的目标;系统没有跟踪功能,依靠目标周期性多次穿越栅栏来确定轨道[75];不能提供目标的特征信息。NASPASUR 的系统参数如表 3.6 所列。

表 3.6 NASPASUR 的系统参数

系统构成	3 个发射站(1 个主站,2 个辅站),6 个接收站,1 个处理中心
工作频率	VHF 波段(约 217MHz)
多普勒带宽	15kHz(相对于中心频率)
工作体制	未调制连续波,扇形波束,指向天顶的监视屏,多站干涉仪测量
主发射波束宽度	0.02°(垂直于监视屏的半功率波束宽度)
总的射频功率	约 840kW
目标检测能力	对 36000km 处雷达截面积为 $1m^2$ 目标的检测概率为 50%;可检测约 70% 的已被美国空间司令部编目的目标,所有轨道倾角大于 33°的低轨目标;典型的卫星轨道与监视屏平均每天相交 4 次或 5 次

3.6.5 "太空篱笆"

3.6.5.1 "太空篱笆"简介

"太空篱笆"系统用于取代现已退役的美国空军空间监视系统(AFSSS),即原来的 NASPASUR 电子篱笆。"太空篱笆"工作于 S 波段,与此前的 VHF 雷达系统相比波长更短,具备更高的精度和分辨率,有望探测到中地球轨道以外的直径 5cm 的小目标。"太空篱笆"系统能够发现小的低轨空间碎片,提供低轨空间目标编目的完备性,能够同时在距离和角度上检测、跟踪目标,保证对低轨空间目标、碎片探测的同时兼顾对中地球轨道的覆盖。更重要的是,该系统具有充分的测量数据以确定新发现目标的初轨,用以支持完全编目维持。具备新能力的"太空篱笆"将更多地参与决策制定过程并执行新的任务,并首次提供全球性的覆盖,这是美军战区探测及跟踪能力的延伸。

对比 NASPASUR 电子篱笆,"太空篱笆"系统雷达站点将减少至 2 个或 3 个,而根据美国政府问责局 2013 年 3 月提交给美国国会委员会的报告,"太空篱笆"将由两部位于不同位置的雷达构成,其中一部部署于夸贾林环礁,另一部部署于澳大利亚。"太空篱笆"的分开部署是为了提供更好的空域覆盖(图 3.23),特别是在南半球[73]。2014 年 6 月洛克希德·马丁公司竞标获得"太空篱笆"系统价值 9.14 亿美元的建造合同,负责"太空篱笆"系统的工程制造、研发量产和部署(EMDPD)。2015 年位于夸贾林环礁上的第一个站点破土动工,预计在 2018 年形成初步作战能力,第二个站点预计在 2021 年开始建造。

图 3.23　"太空篱笆"测站布置情况(见彩图)

3.6.5.2　系统特性分析

"太空篱笆"雷达系统包括七项关键技术,这也是主要的风险点,分别是评估轨道的软件算法、高效率的氮化镓(GaN)功率放大器、低成本分布式接收器、单片微波集成电路、规模可调数字波束形成器、雷达阵列的大规模集成和校准,以及信息安全认证标准的开发[73]。

"太空篱笆"系统的每个站点由 1 个发射站和 1 个接收站构成,站点结构如图 3.24 所示。夸贾林站发射天线阵面有约 36000 个单元,接收天线阵面有约 86000 个天线单元,总峰值功率约 2.69MW;澳大利亚西部站发射天线阵面有约 17000 个单元,接收天线阵面有约 86000 个天线单元[76]。

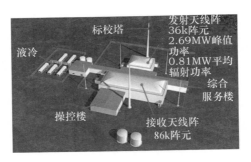

图 3.24 "太空篱笆"系统概要(见彩图)

"太空篱笆"雷达系统采用收发天线分置的方式,使用阵元级数字波束形成技术、MIMO 技术和频率复用技术,发射天线阵面同时形成一个东西较宽、南北较窄的扇形搜索屏,两个笔形跟踪波束和一个小搜索屏(东西向波束宽度约12°);接收天线阵面同时形成约 430 个波束覆盖发射波束。搜索屏用于空间目标普测,笔形跟踪波束用于跟踪定轨,小搜索屏用于解体的空间目标、中高轨道目标的截获、跟踪。频率复用技术将完成相应功能所需的射频脉冲顺序发射,这些脉冲信号可能具有不同的带宽且均在接收带宽内,接收时在接收带宽内同时接收所有回波信号;阵元级 DBF 技术可以在雷达瞬时注视域内任何位置无约束地形成波束,具有极高的用户定义灵活度,在不影响例行监视功能的情况下即刻定制监视区域和跟踪扇区(在维持持续监视的情况下对几百个同时穿越搜索屏的目标进行跟踪),系统自动管理资源对非关联目标实行长弧段跟踪以支持精确的初轨确定。对于兴趣目标,则形成"微型篱笆"聚焦于该目标区以搜集更多跟踪数据,提供更多及时、精确的信息。"微型篱笆"可以设立覆盖在低轨、中轨、同步轨的任何位置。当兴趣目标无任何已知信息时,系统采用灵活覆盖的方法重新分配无指示信息的监视资源到其轨道区域,如中地球轨道、地球同步轨道。值得注意的是,在灵活覆盖的情形下,后续更大的低轨编目仍通过测站使用微型篱笆和少于 1/3 的其他雷达资源来自动维持。

为了降低"太空篱笆"项目的预算,关于"太空篱笆"空域覆盖的问题,合同承包方详细研究了对低地球轨道的确保覆盖问题[77]。确保覆盖的研究结论:保证目标每次过境能实现一次检测,则篱笆形状相对其他配置表现为在较高的高度需要较少的功率;在最大高度上减小波束宽度,可以在保证所需覆盖范围的基础上降低雷达资源需求;相比使用 120° 扇形波束,确保覆盖的篱笆波束可以形成更加有效的低轨目标监视。

"太空篱笆"项目折中结果(图 3.25)是缩小系统的覆盖范围以及降低监视的最大轨道高度,这进一步降低了对雷达功率孔径的要求。最终,系统采用收发阵列紧邻但分置的方式,发射、接收阵列均采用依任务而优化的方式,以实现较高的可用性和较低的系统寿命期支持开销。覆盖被优化为夸贾林站在形成初步作战能力时提供最低高度 800km 的确保覆盖、澳大利亚站在形成完全作战能力时提供最低高度 550km 的确保覆盖[76]。两个站均可实现对于包括地球同步轨道在内的所有高度的有指示信息的任务支持。"太空篱笆"架构与覆盖如图 3.26 所示。

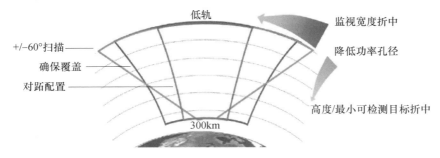

图 3.25　监视篱笆与雷达功率孔径折中概览(见彩图)

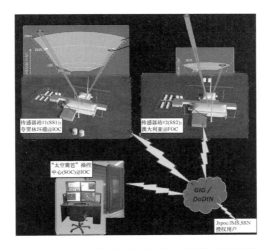

图 3.26　"太空篱笆"系统架构与覆盖(见彩图)

3.6.6　GRAVES 篱笆系统

GRAVES(Grand Réseau Adaptéàla VEille Spatiale)是法国的空间监视雷达系统,类似于美国的 NAVSPASUR。GRAVES 主要用于探测 200~1000km 轨道高度的空间目标并编目[78]。该雷达系统每周 7 天、每天 24 小时工作,无人值守,于 2005 年移交法国空军使用。

GRAVES 为双基地雷达系统,发射站位于法国东部的 Broye-les-Pesmes,接收站位于法国东南方的 Revest du Bion,基线约 380km。该系统工作在 VHF 频段,工作频率143.05MHz,发射信号为未调制的单音连续波信号。GRAVES通过测量目标的角度(方位角、仰角)和径向速度(多普勒,也包括多普勒频率)单圈次即可确定目标的轨道参数。

GRAVES雷达系统发射功率为兆瓦级,发射天线系统包含4个独立的相控阵阵面,每个阵面的尺寸为15m×6m,每个发射阵包括30个阵子(图3.27),天线阵面倾角为30°,威力覆盖总方位角180°(以发射站为原点,相当于覆盖了第3和第4象限)、仰角20°的空域[78];接收天线系统排布形成直径60m的圆[79],采用全向相控阵天线,包括100个阵元(图3.28、图3.29),每个阵元具有独立的接收机和ADC单元,通过DBF实现同时多波束(波束篱笆,每个波束为笔形)。

图3.27　发射站

图3.28　接收站全景

图3.29　接收站天线阵列分布

第 4 章
空间目标探测伪码连续波雷达信号处理技术

收发分置的连续波电子篱笆系统是一种探测空间目标很好的雷达体制。电子篱笆是由雷达电子波束在空域形成的一道拦截屏,可探测到穿越篱笆屏的空间目标,它发现新空间目标的能力强,对空间目标探测容易满足时空上的完备性。连续波体制容易降低对空间目标探测超大峰值功率要求,发射站和接收站远距离分置容易解决连续波体制中收发隔离问题。因此,连续波电子篱笆是空间目标监视的很好的一种雷达体制。

第 3 章主要讲述了用于空间目标编目监视的脉冲体制相控阵雷达,本章关注空间监视连续波体制雷达,讲述空间目标探测伪码连续波雷达的信号处理。

📐 4.1 联合波形设计

4.1.1 引言

雷达的探测性能与信号波形密切相关,设计一套针对空间目标捕获和测量的信号波形、信号处理算法,实现高效率、高概率的目标捕获以及高精度的距离和速度测量十分重要。

NAVSPASUR 系统中使用的连续波不具有测距功能,只能使用多普勒和角度信息定轨。为使连续波具有测距功能,并提高波形的抗干扰能力,则需要为连续波调制具有一定带宽的信号。

波形调制在使波形具有测距功能的同时,也无形地增加了运算负担。原先只需要在多普勒(速度)一维搜索匹配,现在则需要进行时延 – 多普勒(距离 – 速度)二维搜索匹配。由于空间目标探测空间角度、径向距离、径向速度、径向加速度分布范围极大,因此调制连续波信号处理运算量极大,在信号带宽较大时难以实现实时处理。为了降低运算量、快速捕获目标,并且具有高测量精度,雷达信号可采用正交联合波形,采用其中一个波形实现目标快速捕获(运算量低),另一个波形实现高测量准确精度,其产生原理如图 4.1 所示。

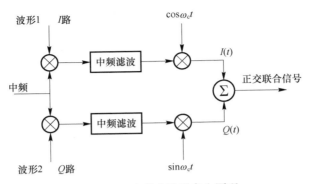

图 4.1　正交联合波形产生原理

在联合波形设计时，可以从三个角度出发思考如何降低运算量：①可以构造一种波形，使得多普勒的搜索不受时延影响，待搜索到正确的多普勒，再搜索时延；②可以通过信号的模糊缩小搜索范围，然后解模糊；③搜索阶段选择较小带宽，这样可以增大距离搜索步进，从而降低搜索匹配的单元数，然后用较大带宽测量。据此，本节提出了三种信号波形。

由于发射信号为调制连续波，在分析信号波形特性时，只需要考虑连续发射信号内的一个周期即可，并考虑其循环相关特性。

4.1.2　联合线性调频信号与伪码信号

假设经过搜索匹配形成的时延 - 多普勒的二维矩阵的维度为 $N_T \times N_f$，若不考虑快速算法，则运算量为 $N_T \times N_f$ 次匹配，如果能将时延估计和多普勒估计分离，则只需要 $N_T + N_f$ 次匹配。若要将时延估计和多普勒估计分离，理想波形的模糊函数如图 4.2 所示。

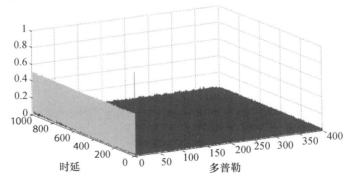

图 4.2　理想波形的模糊函数（见彩图）

在这种波形下，当目标捕获时，不论时延为多少，总能通过 FFT 得到正确的多普勒；然后在该多普勒下，再通过快速运算匹配时延。因此，总体运算复杂度

为 $O(N_\mathrm{T}\log_2 N_\mathrm{T} + N_\mathrm{f}\log_2 N_\mathrm{f})$。

这种特性的波形可以通过联合线性调频信号和伪码信号得到。基带信号的单个周期可以表示为

$$s(t) = p(t) + h(t)\ (0 \leqslant t < T_\mathrm{cp}) \tag{4.1}$$

式中：$p(t)$ 为伪码信号；T_cp 为信号周期；$h(t)$ 为线性调频信号；且有

$$h(t) = A_\mathrm{p}\mathrm{e}^{\mathrm{j}2\pi(f_0 t + \frac{1}{2}\mu t^2)} \tag{4.2}$$

其中：A_p 为信号幅值；f_0 为初始频率；μ 为调频斜率。

该波形的模糊函数如图 4.3 所示，其中刀锋状图形由线性调频信号产生，脉冲状峰值由伪码信号产生。在匹配搜索时，先沿着与刀锋面垂直的方向，匹配得到时延、多普勒的耦合关系，再沿着刀锋面匹配，解时延、多普勒耦合，即可得到匹配峰值。文献[80]中详细讨论了两个方向匹配的快速运算方法，可以得到近似于 $O(N_\mathrm{T}\log_2 N_\mathrm{T} + N_\mathrm{f}\log_2 N_\mathrm{f})$ 的运算复杂度。

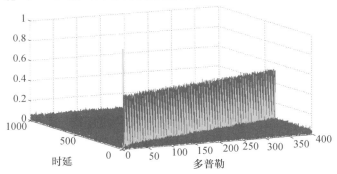

图 4.3　联合线性调频信号和伪码信号的模糊函数（见彩图）

4.1.3　联合时长不同的伪码信号

为了匹配正确的时延和多普勒，希望波形的模糊函数是单个脉冲状的；但从运算量的角度出发，又希望波形的模糊函数能够提供减小运算量的途径。其中，通过设计存在模糊的波形，可以缩小搜索匹配范围。据此，可以设计如下波形：

$$s(t) = p_1(t) + p_2(t)\ (0 \leqslant t < T_\mathrm{cp}) \tag{4.3}$$

式中：$p_1(t)$ 和 $p_2(t)$ 都是伪码序列，但 $p_2(t)$ 在 $0 \leqslant t < T_\mathrm{cp}$ 范围内具有周期性，而 $p_1(t)$ 没有，即

$$p_2(t) = p_{20}(t_0(t)),\ t_0 = \mathrm{mod}(t, T_0) \tag{4.4}$$

其中：$\mathrm{mod}(a_1, b_1)$ 表示 b_1 对 a_1 的取余操作，且 $T_\mathrm{cp} = nT_0$，n 表示 $p_{20}(t)$ 在 T_cp 时间的周期数。这种波形的模糊函数如图 4.4 所示。

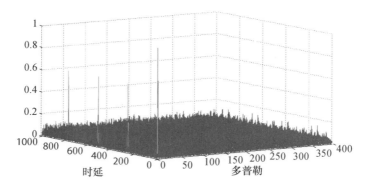

图 4.4　联合时长不同的伪码信号的模糊函数(见彩图)

4.1.4　联合码速率不同的伪码信号

除可以设计存在模糊的波形、缩小搜索匹配范围外,还可以选用带宽较窄的信号,增大距离搜索步进,从而降低搜索匹配的单元数。然而,若为连续波调制的信号带宽较窄,则距离测量精度低。为了取得运算量与测量精度之间的折中,需要联合不同码速率的伪码。可以设计如下波形:

$$s(t) = p_1(t) + p_2(t)\,(0 \leqslant t < T_{cp}) \tag{4.5}$$

式中:$p_1(t)$ 和 $p_2(t)$ 都是伪码信号,以 T_{cp} 为周期,但 $p_1(t)$ 码速率较高,$p_2(t)$ 的码速率较低,若按照比 $p_1(t)$ 带宽略大的采样率采样,则 $p_1(t)$ 的模糊函数为脉冲状,而 $p_2(t)$ 的模糊函数则有较宽的主瓣,而且,$p_2(t)$ 主瓣相对 $p_1(t)$ 宽度取决于 $p_1(t)$ 和 $p_2(t)$ 伪码速率的比值,两者码率比越大,$p_2(t)$ 主瓣相对越宽。联合信号的波形模糊函数如图 4.5 所示。

4.1.5　波形选择[81]

上述波形的模糊函数虽然各不相同,但它们之间也有相似之处,上述波形都采用了联合两类信号的方式,而且参与波形合成的两类信号,一个可以降低捕获时的运算量,另一个可以保证测量的精度或解模糊。对于这种波形的信号处理,往往先利用其中的一类信号进行第一次匹配,在缩小目标范围后,再使用另一类信号(或者联合两类信号)进行第二次搜索匹配,以得到测量值。值得注意的是,尽管这种波形可以在保证测量精度的同时降低运算量,但这是以损失信号能量为代价的(第一次匹配时,只用到其中一类信号的能量),实际应用中可以根据工程需要,为两类信号分配不均等的能量。

前面给出了三种波形,对于不同的波形选择,需要采用不同的信号处理方式。三种波形中都采用了具有脉冲模糊函数的伪码,但长伪码信号会存在极严

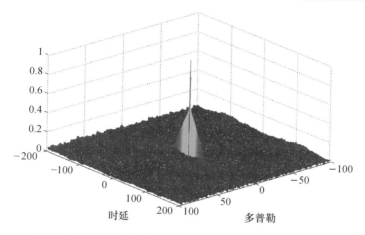

图 4.5　联合码速率不同的伪码信号的模糊函数(见彩图)

重的码多普勒损失,在搜索匹配前需要补偿,而补偿的前提条件是已经获得粗略的时延估计和多普勒估计。对于第一种波形,在第一次匹配后,只能搜索匹配得到时延和多普勒的耦合值 $K = f_d - \mu\tau$,因此,只能通过搜索尝试的方式补偿码多普勒,然后匹配得到精确的时延和多普勒估计。第二种波形存在和第一种波形类似的问题,由于存在时延模糊,在补偿码多普勒值时,要尝试时延的模糊值。而第三种波形,则可以在第一次搜索匹配时直接得到时延和多普勒的粗估计。因此波形三(高低速率复合伪码)是一种相对较好的波形。

4.2　回波信号积累处理损失分析

为了从噪声中检测到目标,需要对回波信号进行积累,而目标的动态特性和搜索步进将会影响积累的效果。从第 2 章的分析可知,绝大多数空间轨道目标的速度小于 9.5km/s,加速度小于 200m/s²,角速度小于 0.6(°)/s。本节将从时延、多普勒、多普勒变化率的角度分析它们对信号积累和测量的影响,及可行的补偿方案。

4.2.1　基带信号模型

伪码回波基带信号可以表示为

$$s_{rcv}(t) = A_p p(t - \tau + k_d t + 0.5 k_a t^2) e^{j2\pi(f_d t + 0.5 f_a t^2)} + n(t) \qquad (4.6)$$

式中:A_p 为复常量,不妨令 $A_p = 1$;$p(\cdot)$ 为伪码信号,由 ± 1 组成;τ 为目标时延;$k_d = 2v/c$ 表征对码相位产生的影响(后面称为码多普勒),v 为目标径向速度,c 为光速;$k_a = 2a/c$ 表征多普勒变化率对码相位的影响(后面称为码多普变化率),a 为加速度;$f_\mathrm{d} = 2v/\lambda$ 表征多普勒,λ 为波长;$f_\mathrm{a} = 2a/\lambda$ 表示多普勒变化率。$n(t)$ 为复高斯白噪声。

由于参数估计时,得到的是中间时刻的估计值,因此,在式(4.6)中假设 $-T_\mathrm{cp}/2 \leqslant t < T_\mathrm{cp}/2$。采样后得

$$s_\mathrm{rcv}(i) = p(iT_\mathrm{s} - \tau + k_\mathrm{d}iT_\mathrm{s} + 0.5k_\mathrm{a}(iT_\mathrm{s})^2)\mathrm{e}^{\mathrm{j}2\pi(f_\mathrm{d}iT_\mathrm{s} + 0.5f_\mathrm{a}(iT_\mathrm{s})^2)} +$$
$$n(i)\,(-N/2 \leqslant i < N/2) \tag{4.7}$$

式中:T_s 为采样间隔。

对回波信号进行时延 – 多普勒二维搜索匹配处理,即回波信号与不同时延 – 多普勒的参考信号进行相关处理,设时延 – 多普勒二维矩阵中坐标为($\tilde{\tau}$, $\tilde{f}_\mathrm{d}$)的点对应的参考信号为

$$s_\mathrm{ref}(i) = p(iT_\mathrm{s} - \tilde{\tau})\mathrm{e}^{-\mathrm{j}2\pi(\tilde{f}_\mathrm{d}iT_\mathrm{s})} \tag{4.8}$$

忽略噪声项,回波信号与参考信号相关得

$$R(\tilde{\tau}, \tilde{f}_\mathrm{d}) = \sum_{i=-N/2}^{N/2-1} s_\mathrm{rcv}(i) \cdot s_\mathrm{ref}(i)$$
$$= \sum_{i=-N/2}^{N/2-1} p(iT_\mathrm{s} - \tau + k_\mathrm{d}iT_\mathrm{s} + 0.5k_\mathrm{a}(iT_\mathrm{s})^2)p(iT_\mathrm{s} - \tilde{\tau})\mathrm{e}^{\mathrm{j}2\pi((f_\mathrm{d}-\tilde{f}_\mathrm{d})iT_\mathrm{s} + 0.5f_\mathrm{a}(iT_\mathrm{s})^2)} \tag{4.9}$$

设输入信噪比 $\mathrm{SNR_{in}} = 1/\sigma^2$,其中 σ^2 为信号归一化后的输入噪声功率,理想的输出信噪比 $\mathrm{SNR_{odl}} = N^2/(N\sigma^2) = N/\sigma^2$,实际输出信噪比 $\mathrm{SNR_{orl}} = |\max\limits_{\tilde{\tau},\tilde{f}_\mathrm{d}} R(\tilde{\tau}, \tilde{f}_\mathrm{d})|^2/(N\sigma^2)$,定义积累损失为

$$\eta_\mathrm{t} = \frac{\mathrm{SNR_{orl}}}{\mathrm{SNR_{odl}}} = \frac{\left|\max\limits_{\tilde{\tau},\tilde{f}_\mathrm{d}} R(\tilde{\tau}, \tilde{f}_\mathrm{d})\right|^2}{N^2} \tag{4.10}$$

在下面的分析中,高速率码码速率为 $1\mathrm{MHz}$,低速率码速率为 $16\mathrm{kHz}$,码周期长度为 $50\mathrm{ms}$,采样率为 $2.5\mathrm{MHz}$。

4.2.2 时延搜索损失

假设式(4.9)中 k_d、k_a、f_a 为 0,$f_\mathrm{d} = \tilde{f}_\mathrm{d}$,即除时延外,其他各类损失不存在或已完全补偿,则式(4.9)可以简化为

$$R_\mathrm{s}(\tilde{\tau}, \tilde{f}_\mathrm{d}) = \sum_{i=-N/2}^{N/2-1} p(iT_\mathrm{s} - \tau)p(iT_\mathrm{s} - \tilde{\tau}) \tag{4.11}$$

时延搜索损失与伪码码宽(即码率的倒数)密切相关,图 4.6 给出了搜索步

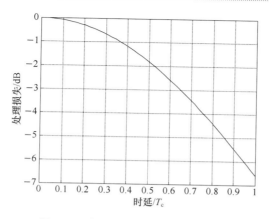

图 4.6　时延搜索损失随时延的变化

进不同时的时延搜索损失。

4.2.3　多普勒步进搜索损失

假设式(4.9)中 k_d、k_a、f_a 为 0，$\tau = \tilde{\tau}$，即除多普勒外，其他各类损失不存在或已完全补偿，则式(4.9)可以简化为

$$R_s(\tilde{\tau}, \tilde{f}_d) = \sum_{i=-N/2}^{N/2-1} \mathrm{e}^{\mathrm{j}2\pi((f_d-\tilde{f}_d)iT_s)} \qquad (4.12)$$

积累损失由 f_d 与 $\tilde{f}_d$ 的差异决定。多普勒搜索步进量越小，f_d 与 $\tilde{f}_d$ 的平均差异越小，则平均损失越小，但运算量越大；反之亦然。为协调步进损失与运算量之间的矛盾，需要选择合理的步进搜索量。图 4.7 分别给出了最大积累损失和平均积累损失随步进量的变化。其中 $T = T_s \times N$，即回波时长。

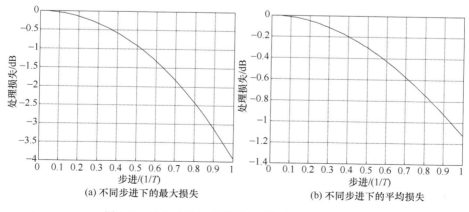

(a) 不同步进下的最大损失　　　　　　　(b) 不同步进下的平均损失

图 4.7　最大及平均积累损失随频率步进量的变化

4.2.4　码多普勒损失

目标的多普勒不仅会引起回波信号频谱偏移,也会使得接收码相对本地参考码有一个码相位偏移。由 $p(t-(\tau_0-2vt/c))=p((1+f_d/f_0)t-\tau_0)$ (其中,f_0 为载波频率,τ_0 为初始延时)可知,多普勒的影响相当于改变了码速率,变为了原来的 $1+2v/c$(或 $1+f_d/f_0$),造成码片的压缩(当目标靠近,多普勒为正时,码速率提高,码元宽度减小)或者拉伸(当目标远离,多普勒为负时,码速率降低,码元宽度增大)。码多普勒产生的影响如图4.8所示。

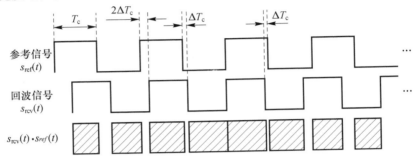

图4.8　码多普勒影响示意(中心时刻对齐)

为了分析码多普勒产生的积累损失,假设回波信号与参考信号只存在码多普勒差异,即式(4.9)中 k_a、f_a 为0,且 $\tau=\tilde{\tau}$,$f_d=\tilde{f}_d$,则式(4.9)可以简化为

$$R_s(\tilde{\tau},\tilde{f}_d)=\sum_{i=-N/2}^{N/2-i}p(iT_s-\tau+k_diT_s)p(iT_s-\tau) \tag{4.13}$$

假设码多普勒的影响使得码元宽度 T_c 缩小了 ΔT_c,如图4.8所示,并假设在相关时间内共有 N 个码片,且最后一个码片的错位部分不超过一个码元宽度,即 $\frac{1}{2}N\Delta T_c<T_c$。则相关结果可理解为图4.8中参考码与接收码对准部分(阴影部分)的积分与未对准部分积分的和。其中对准部分的积分为

$$R_s(\tilde{\tau},\tilde{f}_d)=2\left(T_c-\Delta T_c+T_c-2\Delta T_c+\cdots+T_c-\frac{N}{2}\Delta T_c\right)$$

$$=NT_c-\Delta T_c\left(1+\frac{N}{2}\right)\frac{N}{2} \tag{4.14}$$

未对准部分由于伪码的随机性,$s_{rcv}(i):s_{ref}(i)$ 取到 $+1$ 或 -1 的概率几乎是相同的,因此对积分的贡献近似为零,故最终相关结果即式(4.14)所示。当不存在码多普勒损失时,每个码片都完全对准,则相关结果为 NT_c,于是由码多普勒引起的积累损失为

$$\eta_d = \frac{R_s(\tilde{\tau}, \tilde{f}_d)}{NT_c} = 1 - \frac{2+N}{4} \cdot \frac{\Delta T_c}{T_c} \tag{4.15}$$

图 4.9 给出不同 ΔT_c 下的积累损失,其中横坐标表示的是 $N\Delta T_c/T_c$,即第 N 个码片错位码片数。

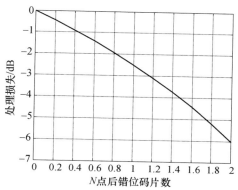

图 4.9　码多普勒损失(中间时刻对齐)

另外,由 $\Delta T_c = T_c - T_c/(1 + f_d/f_0)$ 可知,目标多普勒值越大,ΔT_c 就越大,则由码多普勒引起的码错位就越严重。除多普勒大小以外,码多普勒损失还与回波积累时长、码速率有关。对于回波积累时长 T、码速率 f_p,回波起止时刻的码相位与参考信号错位码位数可以表示为

$$M_c = \left| \frac{T}{2} f_p - \frac{T}{2} f_p \left(1 + \frac{f_d}{f_0} \right) \right| = \frac{T f_p |f_d|}{2 f_0} \tag{4.16}$$

可见,M_c 与 f_p、T 成正比,假设回波积累时长 $T = 50\text{ms}$,目标径向速度 $v = 6000\text{m/s}$,载频 2GHz,表 4.1 给出了不同码速率下的错位码位数 M_c。

表 4.1　不同码速率下的错位码位数

f_p/kHz	15	30	60	120	250	500	1000
M_c	0.03	0.06	0.12	0.25	0.50	1.00	2.00

图 4.10 仿真给出不同积累时间、不同码速率、不同多普勒下的积累损失。

对比表 4.1 中错位码位数与图中的积累损失,在同一速度下,两者基本成正比。对于更长的回波积累时间,错位码位数更多,其码多普勒损失也会更严重。

4.2.5　多普勒变化率损失

目标径向加速度(多普勒变化率)将导致回波频谱扩散,因此,回波频谱与参考信号频谱不能完全匹配,引起峰值的能量损失。若只考虑加速度损失,设

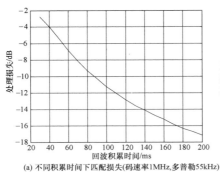

(a) 不同积累时间下匹配损失(码速率1MHz,多普勒55kHz)

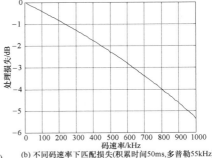

(b) 不同码速率下匹配损失(积累时间50ms,多普勒55kHz)

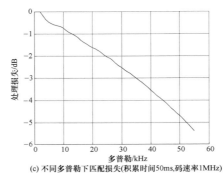

(c) 不同多普勒下匹配损失(积累时间50ms,码速率1MHz)

图 4.10　码多普勒损失

k_d、k_a 为 0,且 $\tau = \tilde{\tau}, f_d = \tilde{f}_d$,则式(4.9)可以化简为

$$R(\tilde{\tau}, \tilde{f}_d) = \sum_{i=-N/2}^{N/2-1} e^{j2\pi(0.5f_a(iT_s)^2)} = \sum_{i=-N/2}^{N/2-1} e^{j2\pi(\alpha/\lambda(iT_s)^2)} \quad (4.17)$$

图 4.11(a)给出了当回波积累时间为 50ms 时,不同加速度下的能量损失。
图 4.11(b)给出了当加速度为 $10m/s^2$ 时,不同积累时间下的能量损失。

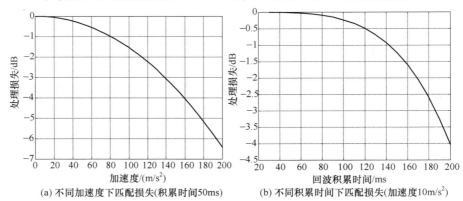

(a) 不同加速度下匹配损失(积累时间50ms)　　(b) 不同积累时间下匹配损失(加速度10m/s²)

图 4.11　加速度损失

从图 4.11 可见,加速度的影响不容忽视。不过,虽然近距离目标的加速度大,但其穿越搜索屏时间短且具有较高的信噪比,故可选择较短的回波积累时间,从而减少由加速度引起的匹配损失。而远距离目标虽然穿屏时间长,但其加速度小,即使选择较长的回波积累时间,也不会导致太大的加速度损失。

另外,为了降低加速度损失,可以给回波信号补偿一定的加速度值。比如对于 $300 \sim 1000 \text{km}$ 的目标,根据图 4.11 可知,其加速度分布在 $20 \sim 200 \text{m/s}^2$,且中值大概在 60m/s^2 附近,因此可为回波补偿 60m/s^2 的加速度。表 4.2 给出近圆轨道目标不同积累时间下加速度补偿前后的最大损失和平均损失。

表 4.2　加速度补偿前后的损失

目标距离 /km	回波积累 时间/ms	加速度范围 /(m/s²)	加速度补偿 值/(m/s²)	补偿前损失/dB		补偿后损失/dB	
				最大损失	平均损失	最大损失	平均损失
$300 \sim 1000$	30	$20 \sim 200$	60	0.77	0.28	0.38	0.10
$1000 \sim 1500$	50	$10 \sim 60$	30	0.53	0.20	0.13	0.04
$1500 \sim 2000$	70	$10 \sim 35$	20	0.65	0.27	0.13	0.04
$2000 \sim 3000$	100	$4 \sim 25$	15	1.49	0.54	0.29	0.10
$3000 \sim 4000$	150	$0 \sim 15$	8	2.83	0.87	0.78	0.26
$4000 \sim 5000$	180	$0 \sim 10$	5	2.60	0.82	0.63	0.25
$5000 \sim 6000$	200	$0 \sim 6$	3	1.40	0.48	0.34	0.15

4.2.6　码多普勒变化率损失

与多普勒对码相位的影响类似,多普勒变化率也会对码相位产生影响。忽略其他各种损失,式(4.9)可以简化为

$$R(\tilde{\tau}, \tilde{f}_\text{d}) = \sum_{i=-N/2}^{N/2-1} p(iT_\text{s} - \tau + 0.5k_\text{a}(iT_\text{s})^2) p(iT_\text{s} - \tau) \qquad (4.18)$$

假设回波积累时间 $T_\text{Int} = 50 \text{ms}$,当加速度 $a = 200 \text{m/s}^2$ 时,则有

$$0.5k_\text{a}(NT_\text{s}/2)^2 = \frac{a}{c}(T_\text{Int}/2)^2 \approx 0.0004 T_\text{cp1M}$$

式中:T_cp1M 为 1MHz 伪码的一个码位宽度。

可见,只要采样点不在码位边缘,多普勒变化率对码相位的影响很小,产生的积累损失可忽略。

▉ 4.3　捕获信号处理和参数测量

4.3.1　捕获信号处理原理

空间目标探测伪码连续波信号处理首先是对目标回波信号捕获处理。为了

捕获到目标,一般需要搜索匹配目标的时延、多普勒和多普勒变化率。根据4.2.5节的分析,多普勒变化率(加速度)对搜索匹配的影响并不显著,本节先不讨论该问题。因此,目标捕获的重点在时延和多普勒的搜索匹配处理。在目标捕获中,需要求得时延－多普勒匹配矩阵,时延－多普勒匹配矩阵中的每一点的坐标代表了一组时延、多普勒值,回波信号与被这组时延、多普勒调制的发射信号的内积(匹配程度)即为时延－多普勒匹配矩阵中这一点记录的数值。值得注意的是,在求时延－多普勒匹配矩阵时,不仅可以调制发射信号形成参考信号,使之与回波信号匹配,也可以为回波信号补偿时延和多普勒,然后与发射信号匹配。两种方式求得的时延－多普勒矩阵是一样,但考虑到实时处理对运算量的要求,往往采用前者,将参考信号提前计算好,这样便可以不计入实时处理的运算量。

为求得时延－多普勒矩阵,可以有两种搜索匹配方式[81]:

方式一:并行码相位捕获算法,如图4.12所示,先多普勒匹配,再利用匹配滤波进行时延匹配。以一定搜索步进搜索多普勒,并补偿回波信号中由多普勒引起的线性相移或者对发射信号调制一定多普勒;经过上述处理后,参与匹配的两个信号之间只相差一定的时延,便可以用匹配滤波快速运算。

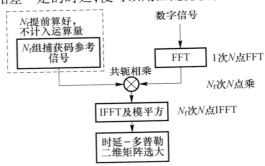

图 4.12   并行码相位捕获算法处理流程

方式二:并行多普勒捕获算法,如图4.13所示,先时延匹配,再利用FFT多普勒匹配。先搜索时延,补偿伪码的码相位,补偿后的信号只剩下线性相移,即由多普勒调制产生的正弦信号,利用FFT,便可得到多普勒值。

基本上,先匹配的变量需要通过逐点搜索的方式实现,而后匹配的变量可以使用快速算法。下面给出这两种搜索的基本处理流程。在搜索步进相同的情况下,两种处理方式将得到相同的时延－多普勒匹配矩阵,但运算量不同。运算量主要取决于时延和多普勒的搜索范围及搜索步进。

假设时延搜索范围为T_{sp},时延搜索步进为δT,多普勒搜索范围为f_{sp},多普勒搜索步进为δf,令$N_T = T_{sp}/\delta T$,令$N_f = f_{sp}/\delta f$,则时延－多普勒矩阵的维数为$N_T N_f$。设一次回波的采样点数为N,则方式一的运算量约为N_f次"N点乘$+ N$

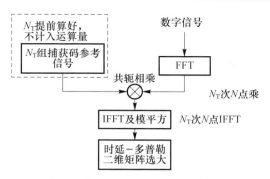

图 4.13　并行多普勒捕获算法处理流程

点 IFFT",方式二的运算量约为 N_T 次"N 点乘 + N 点 FFT"。可见两种方式运算量的优劣主要取决于时延 – 多普勒矩阵的维数。

4.3.2　高低速率伪码复合信号处理

根据 4.1 节波形设计分析,联合高低速率伪码信号是一种折中性能和处理量的较好波形,目标捕获由低速率码信号处理实现,目标参数测量由高、低速率码联合信号处理实现。根据空间目标的穿屏特性以及回波积累的处理损失情况,能够设计选择合理的空间目标捕获算法和处理参数。本节讨论高低速率伪码复合信号处理流程、参数选取、参数测量等。

4.3.2.1　信号处理检测流程

以 4.3.1 节中的目标捕获方式一为例,基于高低速率码复合波形的目标捕获及参数测量的算法流程如图 4.14 所示。目标捕获流程事先对发射信号的低速率码进行不同程度的频谱偏移,形成一组参考信号频谱并存储。处理时首先对回波信号进行 FFT,按低速率码带宽和最大可能多普勒频移范围进行频谱截断,截取后的回波信号的频谱与参考信号频谱共轭相乘,进行多普勒的匹配,再将共轭相乘的结果逆 IFFT 处理,即得到时延 – 多普勒二维矩阵;然后对时延 – 多普勒二维矩阵搜索选大并进行过第一门限检测,如过门限,则采用过门限单元对应的时延、多普勒引导对高低速率复合信号的第二门限检测和精细目标参数测量,如果未过门限,则本帧处理结束。在目标测量部分,以目标捕获得到的时延粗估计、多普勒粗估计为引导,联合高低速率码进行时延、多普勒的精细测量,因此采用的是高、低速率码复合信号的全频谱,并对检测信号单元进行内插细化。

4.3.2.2　处理参数选取

1）频谱截断及多普勒匹配

基带回波信号中包含高、低速率码,按照高速率码的带宽来进行采样。由于

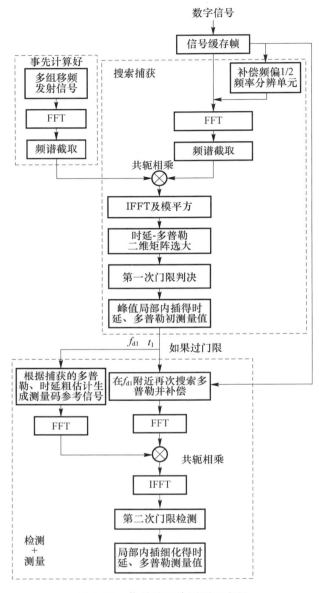

图 4.14　信号处理检测原理流程

在捕获阶段只使用了低速率码,因此可以先对基带数字信号低通滤波,再进行时延 – 多普勒搜索匹配,以降低运算量。而低通滤波在多普勒域体现为截取占主要能量的频谱。

假设低速率码码率为 f_{cp1},多普勒偏移绝对值最大为 f_{dm},如果 $f_{dm} \ll f_{cp1}$,则在低通滤波时,可以不考虑多普勒引起的带宽偏移;否则,受多普勒影响,低速率码的频谱发生明显偏移,需要增大低通滤波器带宽或者采用带通滤波器进行频谱截取。

总体上看,多普勒匹配有三种方式:

方式一:采用带宽较大的低通滤波器,使得具有最大多普勒偏移的低速率码在滤波后能保留主要能量。在这种情况下,发射信号通过低通滤波器(频谱截断),并在通过频域循环移位的方式形成若干组参考信号,然后存储待用;回波信号频谱进行一次截断,然后将截断后的回波信号频谱与所有参考信号依次共轭相乘。

方式二:采用带通滤波,将发射信号通过较窄的低通滤波器,其频谱将作为参考信号(只有一组)。将回波信号经过带通滤波器组,即从不同的位置截取回波信号频谱,相邻两个带通滤波器中心频率的差值即为频谱搜索步进,将形成回波信号的若干组截断频谱,与参考信号共轭相乘。

方式三:结合方式一、方式二,方式一相当于移动参考信号频谱,使之与回波信号匹配,方式二相当于移动回波信号频谱,使之与参考信号匹配。方式三结合方式一、方式二的特点,同时移动参考信号频谱和回波信号频谱。发射信号通过低通滤波器,并通过频域移位的方式形成若干组参考信号,待用,但这组参考信号形成的多普勒偏移范围 $f_{\Delta\mathrm{sp}}$ 只有多普勒搜索范围的若干分之一;将回波信号经过带通滤波器组,即从不同的位置截取回波信号频谱,相邻两个带通滤波器中心频率的差值为 $f_{\Delta\mathrm{sp}}$。然后,依次将回波信号的若干组截断频谱与参考信号组共轭相乘。

方式一截断后点数多,意味着后续操作中的点乘和 IFFT 点数大,方式二对回波信号的截断次数多,方式三是对方式一和方式二的折中。实际工程中,采用哪种方式,取决于硬件平台对点乘、IFFT 运算和对截断操作的耗时。

值得注意的是,尽管在低通滤波时,信号的主要能量都会通过,但还是会有一些信号的能量被滤掉。图 4.15 给出了 3M 采样 15kHz 低速率码在滤波前后的频谱。若截断后采样率为 45kHz,则滤波后能量损失了约 0.3dB。

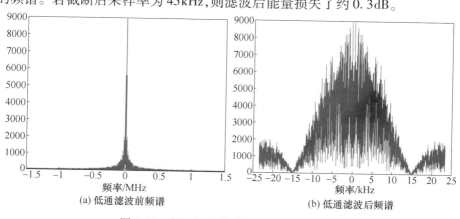

(a) 低通滤波前频谱　　　　　　(b) 低通滤波后频谱

图 4.15　低通滤波前后频谱对比(见彩图)

2）多普勒搜索步进

对于时长为 T 的信号，频谱移位一个点，相当于多普勒偏移 $1/T$。因此，对于整数倍 $1/T$ 的搜索步进，可以通过频谱移位实现。但对于非整数倍 $1/T$ 的多普勒偏移，则需要通过在时域为信号调制线性相移的方式实现。如果对回波信号进行线性相移，则实时处理的运算量要增加，理想的方式是对参考信号调制相移，提前处理好。然而，由于回波信号存在时延，则只能对回波信号进行线性相移才能得到正确结果。假设回波信号 $s_{rcv}(t) = p(t-\tau)e^{j2\pi f_d t}$，调制了相同多普勒的发射信号 $s_{tm}(t) = p(t)e^{j2\pi f_d t}$，将 $s_{rcv}(t)$，$s_{tm}(t)$ 分别切为两段，可以进一步写为

$$s_{rcv}(t) = p(t-\tau)e^{j2\pi f_d t} = \begin{cases} p(t-\tau+T)e^{j2\pi f_d t} & (0 \leq t < \tau) \\ p(t-\tau)e^{j2\pi f_d t} & (\tau \leq t < T) \end{cases} \tag{4.19}$$

$$s_{trn}(t) = p(t)e^{j2\pi f_d t} = \begin{cases} p(t)e^{j2\pi f_d t} & (T-\tau \leq t < T) \\ p(t)e^{j2\pi f_d t} & (0 \leq t < T-\tau) \end{cases} \tag{4.20}$$

对 s_{rcv} 和 $s_{trn}(t)$ 进行时延匹配，即匹配伪随机码的码位。从上式可以看出，$s_{rcv}(t)$ 和 $s_{trn}(t)$ 信号的第一段和第二段分别可以完全匹配码位。假设伪码 $p(t)$ 的幅值为 ± 1，用 $\langle \cdot , \cdot \rangle$ 代表内积运算，则匹配后的信号为

$$\langle s_{rcv}(t), s_{trn}(t) \rangle = e^{j2\pi f_d t} \int_0^{T-\tau} p(t)p(t)\,dt + e^{j2\pi f_d(\tau-T)} \int_{T-\tau}^{T} p(t)p(t)\,dt$$

$$= e^{j2\pi f_d t} \int_0^{T-\tau} 1\,dt + e^{-j2\pi f_d T}e^{j2\pi f_d \tau} \int_{T-\tau}^{T} 1\,dt \tag{4.21}$$

假设 $f_d = 1/(1T)$，$\tau = T/2$，上述匹配结果为 0。因此，只有当多普勒为整数倍的 $1/T$，即 $e^{-j2\pi f_d T}$ 时，对参考信号线性相移的做法才是可行的。

3）测量内插细化

为了得到相对较好的时延、多普勒估计值，在门限判决确定目标的时延、多普勒位置后，先取出该位置及其附近的一个矩阵块，对其二维内插后，再计算时延粗估计和多普勒粗估计。具体实现方式：二维 FFT，二维补零，二维 IFFT。值得注意的是，内插时需要使用未取模平方的时延 - 多普勒矩阵。

内插细化与参与细化的信号点数及细化倍数有关。如果参与细化的信号数据点数不足，即遗漏了部分信号能量，则会产生能量损失；如果细化倍数过低，则会存在扇贝损失和量化精度不够。对于 15kHz 低速率码，当低通滤波后的采样

率为码速率的 2.5 倍时,在时延损失最大处的内插细化后损失如图 4.16 所示(仿真使用 4 倍内插)。不同细化倍数下的损失可以参照 4.2.2 节的时延搜索损失分析。

对于多普勒内插,使用 16 点数据 4 倍内插细化的损失如图 4.17 所示,不同细化倍数下的损失可以参照 4.2.3 节的多普勒搜索损失分析。

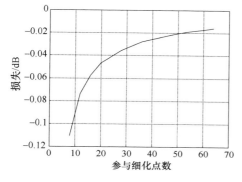

图 4.16　时域细化内插损失分析　　　图 4.17　频域细化内插损失分析

4.3.2.3　码多普勒的补偿

从 4.2.4 节分析可知,码多普勒对低速率码影响不大,因此在搜索过程中使用低速率码可不考虑对码多普勒的补偿,即使补偿也可以容忍较大的补偿误差。例如,当码速率为 120kHz 时,以 2000m/s 为补偿步进(假定目标径向速度为 0m/s、2000m/s、4000m/s 等,并以假定速度补偿码多普勒),则可以将码多普勒损失降到 0.1dB 以下。然而,对于高速率码而言,则需要更准确的速度估计。若要补偿码多普勒,除速度外,还需要知道粗略的时延信息,如果由目标反射的回波的起始码位于码序列的不同位置处,即使速度相同,得到的"重采样"后的信号也不同。因此,在测量过程中,需要使用捕获中得到的时延、多普勒粗估计对码多普勒进行补偿。

补偿思路有两种:用内插方式对回波信号重采样,或按照回波信号构建新的参考信号。由于重采样前后的采样率相差很小,内插难以实现,且运算量大,因此通常采用后一种解决思路。假设捕获过程中已经得到目标的多普勒粗估计 f_{dre} 和时延粗估计 τ_{re},对原始参考信号时延 τ,并按照 $f_s/(1+f_{dre}/f_0)$ 采样率对参考信号采样,得到新参考信号,用该参考信号与回波信号进行匹配。补偿过程中,速度、时延粗估计与真实值存在误差,误差值的大小取决于捕获过程中的估计精度,速度的估计精度与回波时长 T、载波频率 f_0 有关,时延估计精度与低速率码率有关。对于码速率为 1MHz 的高速率码,目标径向速度为 6000m/s 时,图 4.18(a)给出了时延估计无误差、不同速度估计误差下的补偿后的码多普勒损失,图 4.18(b)给出

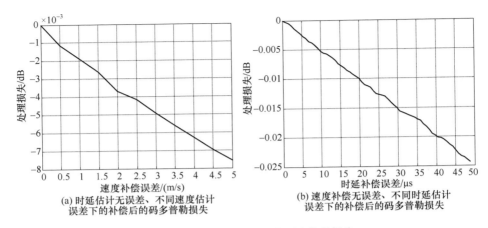

(a) 时延估计无误差、不同速度估计
误差下的补偿后的码多普勒损失

(b) 速度补偿无误差、不同时延估计
误差下的补偿后的码多普勒损失

图 4.18　不同补偿情况下的码多普勒损失

了速度补偿无误差、不同时延估计误差下的补偿后的码多普勒损失。

4.3.2.4　目标参数测量

在目标参数测量中,采用联合高、低速率码作为参考信号。

按照初捕获得到的时延、多普勒粗估计,生成参考信号。为回波信号补偿多普勒频偏(若认为多普勒粗估计已经达到估计精度,则将粗估计作为测量值;否则,还需要在粗估计值附近进行小范围小步进的多普勒精细搜索),与双码参考信号做匹配滤波,检测峰值是否超过门限,若超过门限则进行后续测量;否则,认为这一帧数据为无目标。目标参数测量时同样需要进行内插细化。

4.3.3　分距离段捕获算法[82]

上述算法设计时没有仔细考虑空间目标在不同空间范围的穿屏特性,对所有目标都做同样的处理操作,导致参数设置不够灵活、处理效率低。因此,本节提出分距离段捕获算法,该算法基于并行频率捕获算法,并充分结合空间目标的穿屏特性,在不同的距离段选择不同的回波积累时间、多普勒搜索范围和加速度补偿量分别进行处理,从而能更具针对性地提高处理效率,提高捕获目标信噪比。分距离段捕获算法流程如图 4.19 所示。

根据第 2 章的目标特性分析可知,空间目标的径向速度(多普勒)、穿屏(波束)时间、目标加速度随目标相对雷达的距离变化具有很强的规律性,为了截获有效回波信号和降低运算量,必须选取合适的积累时间和处理参数搜索范围。假设雷达波束屏厚度为 0.02°,屏倾斜 10°,L 波段,低速率码 50kHz,信号采样率5.6MS/s,则一种距离段划分和参数设计如表 4.3 所列。

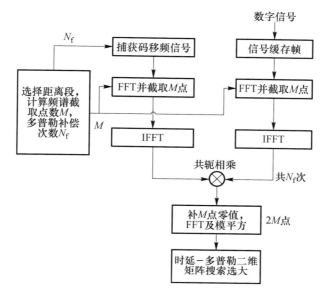

图 4.19　分距离段捕获算法流程

表 4.3　距离分段捕获信号处理参数

距离/km	积累时间/ms	滑窗时间/ms	多普勒范围/kHz	截取点数	处理次数	参考信号组数
300～1000	30	15	±54	4200	14	234
1000～1500	50	25	±52	6800	8	167
1500～2000	70	35	±48	8960	6	167
2000～3000	100	50	±40	11200	4	334
3000～4000	150	75	±39	16500	3	334
4000～5000	180	90	±34	18000	3	334
5000～6000	200	100	±20	14400	2	334

4.3.4　目标检测性能分析

4.3.4.1　检测概率

目标检测时的判决方式决定了虚警率与检测概率。在 4.3.2 节的处理算法中,共有两次判决,第一次判决方式为选大,第二次判决为门限检测。本节给出各次判决前的噪声、信号分布特性,进而分析两次判决后的虚警概率、检测概率。

1）第一次判决

不妨假定波束内同时出现的目标数最多为 1,因此第一次判决可以采用选大方式。第一次判决在捕获阶段的非相参积累后,噪声服从自由度为 $2N_r$（N_r 为非相参处理点数,假设为 7)的 χ^2 分布。均值为 $2N_r \times \sigma_0^2$,其中 σ_0^2 为低通滤波及匹配后的噪声功率。低通滤波及匹配前的噪声为功率为 σ^2 的高斯白噪声,匹配后时延 – 多普勒二维矩阵上的每个点的噪声相当于将原噪声序列与参考信号的内积,当搜索步进为时延分辨率和多普勒分辨率时,对应于时延 – 多普勒矩阵每个点的参考信号基本相互正交,因此,匹配后的噪声依然为高斯白噪声。且此时的噪声功率 $\sigma_0^2 = \varepsilon\sigma^2$,其中 ε 为参考信号的能量。

第一次判决为选大,则峰值指示目标的概率(即检测概率)可以表示为

$$P_0 = \int_0^\infty \left(F_X(y) \right)^{N_{c1}} f_Y(y) \, \mathrm{d}y \tag{4.22}$$

式中:N_{c1} 为选大时可供选择总的单元数,对于相互正交的参考信号,N_{c1} 即为时延 – 多普勒二维矩阵总点数;$F_X(y)$ 为每个单元噪声的积累分布函数,由于每个单元的噪声服从自由度为 $2N_r$ 的 χ^2 分布[83],$F_X(y)$ 可以通过 Matlab 函数 chi2cdf $(y, 2N_r)$ 求得;$f_Y(y)$ 为信号的概率密度函数,信号服从自由度为 $2N_r$ 的非中心 χ^2 分布,$f_Y(y) = \mathrm{ncx2pdf}(y, 2N_r, \kappa)$,其中,$\kappa$ 为非中心参数,与单个高斯变量的信噪比 SNR_k 的关系为

$$\kappa = \sum_{k=1}^{2N_r} \mathrm{SNR}_k \tag{4.23}$$

假设 $N_{c1} = 1024 \times 1000$,则选大的正确概率随信噪比的变化如图 4.20 所示。图中的信噪比指 SNR_k。

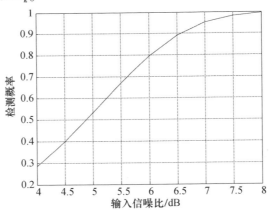

图 4.20　不同信噪比下选大的正确概率

第一次判决的虚警概率为 100%。

2)第二次判决

第二次判决在测量部分非相干积累之后,采用门限检测。

虚警概率的理论计算公式为[83]

$$P_f = 1 - (chi2cdf(2N_r \cdot T_h, 2N_r))^{N_{C2}} \tag{4.24}$$

式中：T_h 为归一化门限，代表门限值与噪底平均值的比值；N_{C2} 为参与门限检测的单元数。

信号服从非中心 χ^2 分布，检测概率为

$$P_d = 1 - ncx2pdf(2N_r \cdot T_h, 2N_r, \kappa) \tag{4.25}$$

式中：$ncx2pdf(a_u, a_f, \kappa)$ 是 Matlab 函数，用于计算非中心 χ^2 分布的积累分布函数，a_u 为积分上限，a_f 为自由度，κ 定义见式(4.23)。

图 4.21 给出不同 T_h 下，检测概率随信噪比的变化。图中的信噪比指 m_k。

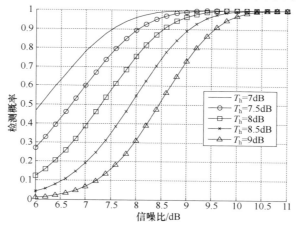

图 4.21　不同信噪比下的检测概率(见彩图)

3）总体检测性能

由于第一次判决时采用的是捕获时的匹配结果，即只是用了信号能量的一半，信噪比较低。因此，第一次判决的检测概率会成为总体检测概率的瓶颈。对于虚警概率，第一次判决的虚警概率为 100%，因次，总体虚警概率由第二次判决决定。

如果认为两次判决相互独立，则总体检测概率为两次检测概率的乘积，总体虚警概率为两次虚警概率的乘积。

4.3.4.2　参数测量精度

1）时延分辨率及测量精度

设信号带宽为 B，则时延分辨率 $\rho_\tau = 1/B$。对于码率为 1MHz 的信号，$B \approx$ 2MHz，因此，$\rho_\tau \approx 5 \times 10^{-7} s$[81]。热噪声引起的时延测量均方根误差为

$$\sigma_\tau = \frac{1}{B} \cdot \frac{\sqrt{3}}{\pi \sqrt{2SNR_{cum}}} \tag{4.26}$$

式中：SNR_{cum} 为积累后的信噪比，当 $SNR_{cum} = 10dB$ 时，$\sigma_\tau \approx 6 \times 10^{-8}s$。

值得注意的是，在时延测量时，采用的是联合高低速率码，因此，实际均方根误差应在 $\dfrac{1}{B} \cdot \dfrac{\sqrt{3}}{\pi \sqrt{2SNR_{cum}^+}} \sim \dfrac{1}{B} \cdot \dfrac{\sqrt{3}}{\pi \sqrt{2SNR_{cum}^-}}$ 范围内，其中，前者表示发射信号全部能量都赋予了高速率码，后者表示匹配处理时只用高速率码，而非高低速率码联合。

2）多普勒分辨率与测量精度

多普勒分辨率由回波的时长 T 决定，$\rho_{fd} = 1/T$。多普勒均方根误差为

$$\sigma_{f_d} = \rho_{f_d} \cdot \frac{\sqrt{3}}{\pi \sqrt{2SNR_{cum}}} \tag{4.27}$$

而速度的均方根误差 σ_v 与多普勒均方根误差间的关系为

$$\sigma_v = \frac{\lambda \sigma_{f_d}}{2}$$

第 5 章
空间目标雷达精密测量技术

■ 5.1 高速加速目标的回波模型

5.1.1 时间的定义与转换

脉冲测量雷达采用脉冲串对目标进行探测,为了讨论方便,通常将脉冲时间 P_i 按脉冲间和脉冲内分解为慢时间和快时间,令 $t_n = nT_r$ 为慢时间, $\hat{t} = t - nT_r$ 为快时间, n 为脉冲计数, T_r 为脉冲重复周期。在描述脉冲发射、到达目标和接收时,快时间可以取不同的符号表示。设 $\hat{t}_t$ 为发射信号快时间, $\hat{t}_o$ 为目标反射信号快时间, $\hat{t}_r$ 为接收信号快时间。假设目标为匀加速运动的点目标,定义目标靠近测站时速度为负,远离测站时速度为正, r_0 为零时刻的距离, v_0 为零时刻的目标速度, a 为目标加速度。

由目标匀加速运动的假设,不难得到:

(1)目标时间与发射时间关系

$$\hat{t}_o = \hat{t}_t + \frac{r_0 + v_0(nT_r + \hat{t}_o) + \frac{1}{2}a(nT_r + \hat{t}_o)^2}{c} \tag{5.1}$$

对典型低轨空间目标,不妨假设 $r_0 = 1500\mathrm{km}, a = 20\mathrm{m/s^2}$,因为目标快时间 $\hat{t}_o$ 计量的是电磁波单程传播的时间,与 r_0/c 相当,约等于 $r_0/c = 0.005\mathrm{s}$,在此时间内目标的加速度引起的距离变化为 $a\hat{t}_o^2/2 = 2.5 \times 10^{-4}\mathrm{m}$,可以忽略不计。因此上式可近似为

$$\hat{t}_o = \hat{t}_t + \frac{r_0 + v_0(nT_r + \hat{t}_o) + \frac{1}{2}a(n^2T_r^2 + 2nT_r\hat{t}_o)}{c} \tag{5.2}$$

(2)接收时间与发射时间关系

$$\hat{t}_r = \hat{t}_t + 2(\hat{t}_o - \hat{t}_t) = \frac{c + (v_0 + anT_r)}{c - (v_0 + anT_r)}\hat{t}_t + \frac{2\left(r_0 + v_0nT_r + \frac{1}{2}an^2T_r^2\right)}{c - (v_0 + anT_r)} \tag{5.3}$$

从上式可以看出,接收时间为发射时间的延迟和伸缩。上式中,忽略了 $\hat{t}_o$ 的高阶项,每个回波脉冲的时间伸缩近似为线性,但不同脉冲间的伸缩因子不同。进一步可反解出发射时刻 $\hat{t}_t$ 与接收时刻 $\hat{t}_r$ 的关系式为

$$\hat{t}_t = \frac{c - (v_0 + anT_r)}{c + (v_0 + anT_r)} \hat{t}_r - \frac{2\left(r_0 + v_0 nT_r + \frac{1}{2}an^2 T_r^2\right)}{c + (v_0 + anT_r)} \tag{5.4}$$

记

$$\alpha_n = \frac{c - (v_0 + anT_r)}{c + (v_0 + anT_r)}, \tau_n = \frac{2\left(r_0 + v_0 nT_r + \frac{1}{2}an^2 T_r^2\right)}{c + (v_0 + anT_r)}$$

则上式可重写为

$$\hat{t}_t = \alpha_n \hat{t}_r - \tau_n \tag{5.5}$$

5.1.2 回波模型

假定相参雷达采用线性调频(LFM)脉冲,T_p 为发射信号的脉宽;B 为信号的带宽,$\mu = B/T_p$ 为调频斜率。发射的基带信号为

$$s(t) = \text{rect}(\hat{t}/T_p) \exp(j\pi\mu \hat{t}^2) \tag{5.6}$$

式中

$$\text{rect}(\hat{t}/T_p) = \begin{cases} 1 & (|\hat{t}| < T_p/2) \\ 0 & (|\hat{t}| > T_p/2) \end{cases} \tag{5.7}$$

假设载频为 f_c,第 n 个发射脉冲可表示为

$$s_t(\hat{t}_t, n) = \text{rect}(\hat{t}_t/T_p) \exp(j\pi\mu \hat{t}_t^2) \exp(j2\pi f_c t) \tag{5.8}$$

将式(5.5)代入式(5.8)中,得到回波信号的表达式为

$$s_r(\hat{t}_r, n) = \text{rect}\left(\frac{\alpha_n \hat{t}_r - \tau_n}{T_p}\right) \exp\left[j\pi\mu(\alpha_n \hat{t}_r - \tau_n)^2\right]$$
$$\times \exp\left[j2\pi f_c(\alpha_n \hat{t}_r - \tau_n)\right] \exp(j2\pi f_c nT_r) \tag{5.9}$$

经下变频得到的基带回波为

$$s_r(\hat{t}_r, n) = \text{rect}\left(\frac{\alpha_n \hat{t}_r - \tau_n}{T_p}\right) \exp\left[j\pi\mu(\alpha_n \hat{t}_r - \tau_n)^2\right] \exp\left\{j2\pi f_c\left[(\alpha_n - 1)\hat{t}_r - \tau_n\right]\right\} \tag{5.10}$$

记

$$f_{cn} = (1 - \alpha_n)f_c = \frac{2(v_0 + anT_r)}{c + (v_0 + anT_r)}f_c$$

则上式可进一步简写为

$$s_r(\hat{t}_r, n) = \text{rect}\left(\frac{\alpha_n \hat{t}_r - \tau_n}{T_p}\right) \exp\left[j\pi\mu(\alpha_n \hat{t}_r - \tau_n)^2\right]$$

$$\times \exp(-\mathrm{j}2\pi f_{cn}\hat{t}_r)\exp(-\mathrm{j}2\pi f_c\tau_n) \tag{5.11}$$

从上式可以看出,接收信号是发射信号的时间伸缩和延迟。

5.2　测量精度分析

目标参数测量实际上是信号参数的估计问题,如目标距离可通过估计回波信号的时延得到,速度测量可通过估计信号的多普勒得到等。本节假定目标运动分别为匀速、匀加速以及匀加加速的情况下,导出目标的径向距离、径向速度、径向加速度和径向加加速度的性能界,进而讨论影响目标运动参数测量性能的主要因素。

5.2.1　测量参数的 CRLB

首先给出克拉美罗下界(CRLB)的求解过程。加性高斯白噪声中,离散回波信号的矢量形式如下:

$$z = s + n \tag{5.12}$$

式中:z、s、n 均为 L 维的列矢量。s 为含有未知参数 $\boldsymbol{\theta}$ 的确定性信号,噪声 n 服从均值为 0、协方差 $\boldsymbol{C} = \sigma^2 \boldsymbol{I}$ 的复高斯分布,且假定其方差 σ^2 已知。则 z 也服从复高斯分布 $z \sim \mathrm{CN}(s,\boldsymbol{C})$,其联合概率密度函数为

$$p(z;\boldsymbol{\theta}) = \frac{1}{\pi^L \det(\boldsymbol{C})}\exp\left[-(z-s)^H \boldsymbol{C}^{-1}(z-s)\right] \tag{5.13}$$

$p(z;\boldsymbol{\theta})$ 还可看作未知参数 $\boldsymbol{\theta}$ 的似然函数 $\Lambda(\boldsymbol{\theta};z)$,根据 Fisher 信息矩阵的定义,有

$$\boldsymbol{J}(\boldsymbol{\theta}) = E\left\{\left(\frac{\partial \Lambda(\boldsymbol{\theta};z)}{\partial \boldsymbol{\theta}}\right)\left(\frac{\partial \Lambda(\boldsymbol{\theta};z)}{\partial \boldsymbol{\theta}^{\mathrm{T}}}\right)\right\} = -E\left\{\frac{\partial^2 \Lambda(\boldsymbol{\theta};z)}{\partial \boldsymbol{\theta}\partial \boldsymbol{\theta}^{\mathrm{T}}}\right\} \tag{5.14}$$

参数 θ_{i_1}、$\theta_{i_2} \subset \boldsymbol{\theta}$ 对应的单个信息矩阵的元素为

$$\boldsymbol{J}_{i_1,i_2} = 2\mathrm{Re}\left\{\frac{\partial s^H}{\partial \theta_{i_1}}\boldsymbol{C}^{-1}\frac{\partial s}{\partial \theta_{i_2}}\right\} = \frac{2}{\sigma^2}\mathrm{Re}\left\{\frac{\partial s^H}{\partial \theta_{i_1}}\frac{\partial s}{\partial \theta_{i_2}}\right\} \tag{5.15}$$

对 $\boldsymbol{J}$ 进行求逆后,即可由其对角线上的元素获得测量参数 θ_i 的 CRLB:

$$\mathrm{var}(\theta_i) \geqslant \mathrm{CRLB}(\theta_i) = (\boldsymbol{J}^{-1})_{i,i} \tag{5.16}$$

由此可见,不同的目标回波信号模型决定了信息矩阵 $\boldsymbol{J}$ 的具体形式,从而影响到测量参数 CRLB 值的大小。

接着考虑具体的线性调频脉冲串回波信号模型。为了推导方便,以快频率 - 慢时间维脉压后的离散回波信号为主,并忽略了脉内的调制效应等[84],有

$$s(l) = S(k,n) \approx A_p \exp\left\{-\mathrm{j}\left[\varphi + 2\pi(f_c + k\Delta f)\tau_n\right]\right\} \tag{5.17}$$

式中:A_p 为快频率域信号的幅度;φ 为其初始的常数相位;Δf 为快频率域的离散频率间隔,令频域采样点 $k \in -K/2,\cdots,K/2$,则频域总点数为 K(实际点数应为

$K+1$，当 $K \gg 1$ 时可忽略两者的细微差别，下同），且信号带宽 $B = K\Delta f$；时延 τ_n 则与目标的相对运动模型密切相关，可近似写成

$$\tau_n \approx \frac{2r_n}{c} = \frac{2}{c}\sum_{i=0}^{I}\alpha_i t_n^i = \frac{2}{c}\sum_{i=0}^{I}\alpha_i(nT_r)^i \qquad (5.18)$$

其中：I 为运动模型的最高阶次，$I = 1$ 时为匀速直线运动，$I = 2$ 时为匀加速直线运动 $I = 3$ 时为匀加加速直线运动模型等；α_i 为运动模型的各阶系数，α_0 对应目标估计时刻的初始距离 r_0，α_1 对应目标估计时刻的初始速度 v_0，$2\alpha_2$ 对应着目标估计时刻的初始加速度 a_0，$3\alpha_3$ 对应着目标估计时刻的初始加加速度 $\dot{a}_0$ 等；T_r 为慢时间域的离散时间间隔，令慢时间采样点 $n \in n_0 - N/2, \cdots, n_0 + N/2$，其总点数为 N，总积累时间 $T = NT_r$；将 n_0/N 定义为脉冲串的估计时间因子，当 $n_0 = 0$ 时，估计时间为中间脉冲时刻，而 $n_0 = N/2$ 时，估计时间为起始脉冲时刻等。

将式（5.18）代入式（5.17），可得具体信号形式如下：

$$s(k,n) \approx A_p\exp\left\{-\mathrm{j}\left[\varphi + 2\pi(f_c + k\Delta f)\frac{2}{c}\sum_{i=0}^{I}\alpha_i n^i T_r^i\right]\right\} \qquad (5.19)$$

令 $l = nK + k$，可得到总的数据点数 $L = NK$。上述数据点即构成了信号序列 $\boldsymbol{s}$，而估计的信号参数 $\boldsymbol{\theta} = (A_p, \varphi, \alpha_0, \cdots, \alpha_I)$。由此可见，这里实际要求解的是一个常幅度多项式相位信号参数估计的 CRLB 值。

定义 $\Gamma_{l,i} = 4\pi(f_c + k\Delta f)n^i T_r^i/c$，由其构成的序列 $\boldsymbol{\Gamma}_{1:L,i} = [\Gamma_{1,i}\,\Gamma_{2,i}\cdots\Gamma_{l,i}\cdots$ $\Gamma_{L,i}]^T$，其和式 $\sum_l \Gamma_{l,i} = \sum_k\sum_k 4\pi(f_c + k\Delta f)n^i T_r^i/c$。此时，将不同运动模型下的 Fisher 信息矩阵 $\boldsymbol{J}$ 写成如下统一形式：

$$\boldsymbol{J} = \frac{2A_p^2}{\sigma^2}\begin{bmatrix} \dfrac{L}{A_p^2} & 0 & \cdots & 0 & \cdots & 0 & \cdots & 0 \\ 0 & L & \cdots & \sum_l\Gamma_{l,i_1} & \cdots & \sum_l\Gamma_{l,i_2} & \cdots & \sum_l\Gamma_{l,I} \\ \vdots & \vdots & \ddots & & & & & \\ 0 & \sum_l\Gamma_{l,i_1} & & \sum_l\Gamma_{l,2i_1} & & \sum_l\Gamma_{l,i_1+i_2} & & \sum_l\Gamma_{l,i_1+I} \\ \vdots & \vdots & & & \ddots & & & \\ 0 & \sum_l\Gamma_{l,i_2} & & \sum_l\Gamma_{l,i_1+i_2} & & \sum_l\Gamma_{l,2i_2} & & \sum_l\Gamma_{l,i_2+I} \\ \vdots & \vdots & & & & & \ddots & \\ 0 & \sum_l\Gamma_{l,I} & & \sum_l\Gamma_{l,i_1+I} & & \sum_l\Gamma_{l,i_2+I} & & \sum_l\Gamma_{l,2I} \end{bmatrix}$$

$$\qquad (5.20)$$

在此基础上，对矩阵 $\boldsymbol{J}$ 进行求逆操作，即可根据式（5.16）获得不同运动模型下目标测量参数估计的 CRLB 结果。从中可以看出，信号幅度的估计结果与

其他参数之间是独立的,故而可直接得到

$$\mathrm{var}(A_\mathrm{p}) \geqslant \frac{\sigma^2}{2L} \qquad (5.21)$$

以下考虑除幅度 A_p 以外的其他参数的估计性能。这里预先定义累积后的信噪比 $\mathrm{SNR} = LA_\mathrm{p}^2/\sigma^2$, $T_\mathrm{d} = \sqrt{N(N+2)}\,T_\mathrm{r}$ 与积累时间 T 近似相等,并令 $T_{n0} = n_0 T_\mathrm{r}$。此外,还涉及几种波长定义如下:

$$\lambda = c/f_\mathrm{c} \qquad (5.22)$$

$$\lambda_\mathrm{rms} = \frac{c}{\sqrt{K(K+2)/12}\,\Delta f} \approx \frac{c}{B\,\sqrt{12}} \qquad (5.23)$$

$$\lambda_1 = \frac{\lambda\lambda_\mathrm{rms}}{\sqrt{\lambda^2 + \lambda_\mathrm{rms}^2}} \qquad (5.24)$$

分别对应着信号的载波波长、均方根波长及两者折算出的计算波长。对窄带雷达,信号带宽 B 远小于载波频率 f_c,故而 $\lambda_\mathrm{rms} \gg \lambda$,$\lambda_1$ 接近于 λ。如对载波为 1GHz、带宽为 10MHz 的雷达而言,其载波波长 $\lambda = 0.3\mathrm{m}$,均方根波长 $\lambda_\mathrm{rms} \approx 103.9\mathrm{m}$,而折算波长 $\lambda_1 = 0.2999\mathrm{m}$。下面将重点讨论不同运动模型下测量参数 CRLB 的具体结果。

1)匀速直线运动模型

信息矩阵如下(不包含幅度及其相关项,且由于该矩阵为对称矩阵,只写出其一半形式,其余用"*"替代,下同):

$$\boldsymbol{J}' = \mathrm{SNR} \begin{vmatrix} 2 & \dfrac{8\pi}{\lambda} & \dfrac{8\pi T_{n0}}{\lambda} \\[2mm] * & \dfrac{32\pi^2}{\lambda_1^2} & \dfrac{32\pi^2 T_{n0}}{\lambda_1^2} \\[2mm] * & * & \dfrac{32\pi^2 T_{n0}^2}{\lambda_1^2} + \dfrac{8\pi^2 T_\mathrm{d}^2}{3\lambda_1^2} \end{vmatrix} \qquad (5.25)$$

各测量参数的 CRLB 如下:

$$\begin{cases} \mathrm{var}(\varphi) \geqslant \dfrac{\lambda_\mathrm{rms}^2}{2\lambda_1^2 \mathrm{SNR}} \\[3mm] \mathrm{var}(r_0) \geqslant \dfrac{\lambda_\mathrm{rms}^2}{32\pi^2 \mathrm{SNR}} + \dfrac{3\lambda_1^2 T_{n0}^2}{8\pi^2 T_\mathrm{d}^2 \mathrm{SNR}} \\[3mm] \mathrm{var}(v_0) \geqslant \dfrac{3\lambda_1^2}{8\pi^2 T_\mathrm{d}^2 \mathrm{SNR}} \end{cases} \qquad (5.26)$$

2)匀加速直线运动模型

信息矩阵如下:

$$J' \approx \text{SNR} \begin{vmatrix} 2 & \dfrac{8\pi}{\lambda} & \dfrac{8\pi T_{n0}}{\lambda} & \dfrac{4\pi T_{n0}^2}{\lambda} + \dfrac{\pi T_d^2}{3\lambda} \\[3mm] * & \dfrac{32\pi^2}{\lambda_1^2} & \dfrac{32\pi^2 T_{n0}}{\lambda_1^2} & \dfrac{16\pi^2 T_{n0}^2}{\lambda_1^2} + \dfrac{4\pi^2 T_d^2}{3\lambda_1^2} \\[3mm] * & * & \dfrac{32\pi^2 T_{n0}^2}{\lambda_1^2} + \dfrac{8\pi^2 T_d^2}{3\lambda_1^2} & 4\pi^2 T_{n0}\left(\dfrac{4T_{n0}^2}{\lambda_1^2} + \dfrac{T_d^2}{\lambda_1^2}\right) \\[3mm] * & * & * & \dfrac{8\pi^2 T_{n0}^4}{\lambda_1^2} + \dfrac{4\pi^2 T_{n0}^2 T_d^2}{\lambda_1^2} + \dfrac{\pi^2 T_d^4}{10\lambda_1^2} \end{vmatrix} \tag{5.27}$$

各测量参数的 CRLB 如下：

$$\begin{cases} \text{var}(\varphi) \geqslant \dfrac{\lambda_{\text{rms}}^2}{2\lambda_1^2 \text{SNR}} \\[3mm] \text{var}(r_0) \geqslant \dfrac{\lambda_{\text{rms}}^2(9\lambda^2 - 5\lambda_1^2)}{128\pi^2\lambda^2\text{SNR}} + \dfrac{\lambda_1^2}{16\pi^2\text{SNR}}\left(\dfrac{90T_{n0}^4}{T_d^4} - \dfrac{9T_{n0}^2}{T_d^2}\right) \\[3mm] \text{var}(v_0) \geqslant \dfrac{3\lambda_1^2}{8\pi^2 T_d^2 \text{SNR}} + \dfrac{45\lambda_1^2 T_{n0}^2}{2\pi^2 T_d^4 \text{SNR}} \\[3mm] \text{var}(a_0) \geqslant \dfrac{45\lambda_1^2}{2\pi^2 T_d^4 \text{SNR}} \end{cases} \tag{5.28}$$

3）匀加加速直线运动模型

信息矩阵如下：

$$J' \approx \text{SNR} \begin{vmatrix} 2 & \dfrac{8\pi}{\lambda} & \dfrac{8\pi T_{n0}}{\lambda} & \dfrac{4\pi T_{n0}^2}{\lambda} + \dfrac{\pi T_d^2}{3\lambda} & \dfrac{4\pi T_{n0}^3}{3\lambda} + \dfrac{\pi T_d^2 T_{n0}}{3\lambda} \\[3mm] * & \dfrac{32\pi^2}{\lambda_1^2} & \dfrac{32\pi^2 T_{n0}}{\lambda_1^2} & \dfrac{16\pi^2 T_{n0}^2}{\lambda_1^2} + \dfrac{4\pi^2 T_d^2}{3\lambda_1^2} & \dfrac{16\pi^2 T_{n0}^3}{3\lambda_1^2} + \dfrac{4\pi^2 T_d^2 T_{n0}}{3\lambda_1^2} \\[3mm] * & * & \dfrac{32\pi^2 T_{n0}^2}{\lambda_1^2} + \dfrac{8\pi^2 T_d^2}{3\lambda_1^2} & \dfrac{16\pi^2 T_{n0}^3}{\lambda_1^2} + \dfrac{4\pi^2 T_d^2 T_{n0}}{\lambda_1^2} & \left(\dfrac{16\pi^2 T_{n0}^4}{3\lambda_1^2} + \dfrac{8\pi^2 T_d^2 T_{n0}^2}{3\lambda_1^2} + \dfrac{\pi^2 T_d^4}{15\lambda_1^2}\right) \\[3mm] * & * & * & \left(\dfrac{8\pi^2 T_{n0}^4}{\lambda_1^2} + \dfrac{4\pi^2 T_d^2 T_{n0}^2}{\lambda_1^2} + \dfrac{\pi^2 T_d^4}{10\lambda_1^2}\right) & \left(\dfrac{8\pi^2 T_{n0}^5}{3\lambda_1^2} + \dfrac{20\pi^2 T_d^2 T_{n0}^3}{9\lambda_1^2} + \dfrac{\pi^2 T_d^4 T_{n0}}{6\lambda_1^2}\right) \\[3mm] * & * & * & * & \left(\dfrac{8\pi^2 T_{n0}^6}{9\lambda_1^2} + \dfrac{10\pi^2 T_d^2 T_{n0}^4}{9\lambda_1^2} + \dfrac{\pi^2 T_d^4 T_{n0}^2}{6\lambda_1^2} + \dfrac{\pi^2 T_d^6}{504\lambda_1^2}\right) \end{vmatrix}$$

$$\tag{5.29}$$

各测量参数的 CRLB 如下：

$$
\begin{cases}
\mathrm{var}(\varphi) \geqslant \dfrac{\lambda_{\mathrm{rms}}^2}{2\lambda_1^2 \mathrm{SNR}} \\[3mm]
\mathrm{var}(r_0) \geqslant \dfrac{\lambda_{\mathrm{rms}}^2 (9\lambda^2 - 5\lambda_1^2)}{128\pi^2 \lambda^2 \mathrm{SNR}} + \dfrac{5\lambda_1^2 T_{n0}^2}{2\pi^2 T_{\mathrm{d}}^2 \mathrm{SNR}} \left(\dfrac{35 T_{n0}^4}{T_{\mathrm{d}}^4} - \dfrac{33 T_{n0}^2}{4 T_{\mathrm{d}}^2} + \dfrac{9}{16} \right) \\[3mm]
\mathrm{var}(v_0) \geqslant \dfrac{75\lambda_1^2}{32\pi^2 T_{\mathrm{d}}^2 \mathrm{SNR}} + \dfrac{225\lambda_1^2 T_{n0}^2}{4\pi^2 T_{\mathrm{d}}^4 \mathrm{SNR}} \left(\dfrac{14 T_{n0}^2}{T_{\mathrm{d}}} - 1 \right) \\[3mm]
\mathrm{var}(a_0) \geqslant \dfrac{45\lambda_1^2}{2\pi^2 T_{\mathrm{d}}^4 \mathrm{SNR}} + \dfrac{3150\lambda_1^2 T_{n0}^2}{\pi^2 T_{\mathrm{d}}^6 \mathrm{SNR}} \\[3mm]
\mathrm{var}(\dot{a}_0) \geqslant \dfrac{3150\lambda_1^2}{\pi^2 T_{\mathrm{d}}^6 \mathrm{SNR}}
\end{cases}
\tag{5.30}
$$

5.2.2　影响理论测量性能的因素

从上节推导的测量参数的克拉 – 美罗下界表达式可以看出，参数测量精度与目标径向速度、径向加速度和径向加加速度的大小无关，只与发射信号的载频、带宽、脉冲的估计时刻、回波积累后的信噪比和信号积累时间相关。同时可以看出，不同运动模型下，目标各阶运动参数的最佳估计时刻并不相同。

在发射信号的载频、带宽确定的情况下，并假定估计时间为中间脉冲时刻，则影响参数测量方差的主要因素如下[85]：

（1）测距的方差与积累信噪比成反比，信噪比越大，测距方差越小；在积累信噪比一定时，测距的方差与积累时间无关。

（2）在积累时间一定时，测速的方差与积累信噪比成反比；在积累信噪比一定时，测速的方差与积累时间的平方成反比，测速方差随积累时间增长而减小的物理意义在于积累时间增加使得多普勒分辨率提高。

（3）在积累时间一定时，测加速度的方差与积累信噪比成反比；在积累信噪比一定时，测加速度的方差与积累时间的四次方成反比，随着积累时间的增加，多普勒分辨率提高，使得多普勒变化率测量精度提高。

（4）在积累时间一定时，测加加速度的方差与积累信噪比成反比；在积累信噪比一定时，测加加速度的方差与积累时间的六次方成反比。

在上述情况下，进一步考虑测量性能与模型阶次的关系，其估计性能界如表5.1 所列。

对于典型的精密跟踪测量雷达参数，$\lambda \ll \lambda_{\mathrm{rms}}$，$\lambda \approx \lambda_1$，由此得到表 5.1 中的近似关系。从表 5.1 可得出以下结论：

（1）当模型阶次从一阶变为二阶时，测速的性能界不受影响，测距的性能界几乎不变。

表 5.1　测量性能与模型阶次的关系

模型阶次 \ 测量性能	$\text{var}(r_0)$	$\text{var}(v_0)$	$\text{var}(a_0)$	$\text{var}(\dot{a}_0)$
一阶	$\dfrac{\lambda_1^2(\lambda_{\text{rms}}^2+\lambda^2)}{32\pi^2\text{SNR}\lambda^2}$ $\approx\dfrac{\lambda_{\text{rms}}^2}{32\pi^2\text{SNR}}$	$\dfrac{3\lambda_1^2}{8\pi^2 T_d^2\text{SNR}}$	—	—
二阶	$\dfrac{\lambda_{\text{rms}}^2(9\lambda^2-5\lambda_1^2)}{128\pi^2\text{SNR}\lambda^2}$ $\approx\dfrac{\lambda_{\text{rms}}^2}{32\pi^2\text{SNR}}$	$\dfrac{3\lambda_1^2}{8\pi^2 T_d^2\text{SNR}}$	$\dfrac{45\lambda_1^2}{2\pi^2 T_d^4\text{SNR}}$	—
三阶	$\dfrac{\lambda_{\text{rms}}^2(9\lambda^2-5\lambda_1^2)}{128\pi^2\text{SNR}}$	$\dfrac{75\lambda_1^2}{32\pi^2 T_d^2\text{SNR}}$	$\dfrac{45\lambda_1^2}{2\pi^2 T_d^4\text{SNR}}$	$\dfrac{3150\lambda_1^2}{\pi^2 T_d^6\text{SNR}}$

（2）当模型阶次从二阶变为三阶时，测距和测加速度的性能界不受影响，测速的性能界约扩大为原来的 2.5 倍。

最后，通过不同运动模型下的距离和速度参数估计精度的仿真结果对上述分析进行验证。

图 5.1 给出了不同运动模型下距离和速度估计精度随着积累信噪比的变化情况，估计时间为中间脉冲时刻，积累时间为 1s，信噪比从 10dB 变化到 25dB。由此可以看出，各阶运动模型下，距离和速度的估计精度均随着累积信噪比的增加而不断减小。速度估计精度一阶与二阶没有区别。

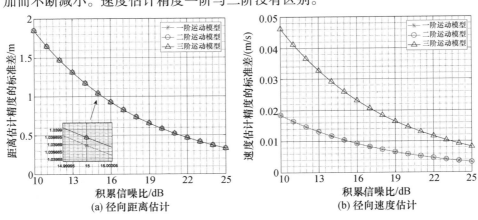

图 5.1　不同运动模型下积累信噪比对距离和速度估计精度的影响（见彩图）

图 5.2 给出了不同运动模型下积累时间对距离和速度估计精度的影响结果。信噪比为 15dB,估计时间为中间脉冲时刻,积累时间从 1s 变化到 10s。由此可以看出,各阶运动模型下,积累时间对距离的测量精度无影响,但加大积累时间能有效提高速度的测量精度。

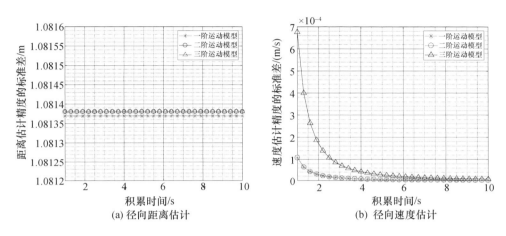

图 5.2　不同运动模型下积累时间对距离和速度估计精度的影响(见彩图)

图 5.3 仿真了不同运动模型下脉冲估计时刻对距离和速度估计精度的影响。信噪比为 15dB,积累时间为 1s,脉冲串的估计时间因子 T_{n0}/T_d 从 $-1/2$ 变化到 $1/2$。由此可以看出不同运动模型下,各参数将在不同的估计时刻取得最小值。一般情况下,取中间脉冲时刻是一个较好的折中。此外,相比于距离值,速度的估计精度对脉冲估计时间更加敏感(变化范围更大)。

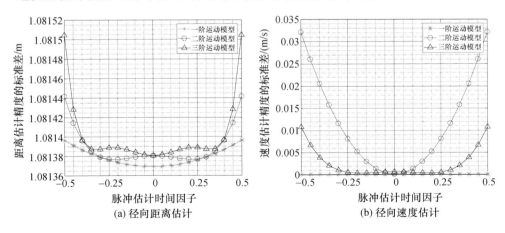

图 5.3　不同运动模型下脉冲估计时刻对距离和速度估计精度的影响(见彩图)

■ 5.3 高速加速目标的匹配滤波

5.3.1 匹配滤波模型

在 5.1.2 节中得到了基带回波的表达式为

$$s_r(\hat{t}_r, n) = \text{rect}\left(\frac{\alpha_n \hat{t}_r - \tau_n}{T_p}\right) \exp\left[j\pi\mu(\alpha_n \hat{t}_r - \tau_n)^2\right]$$

$$\exp(-j2\pi f_{cn}\hat{t}_r)\exp(-j2\pi f_c \tau_n) \tag{5.31}$$

雷达接收机使用匹配滤波器来获得最优检测性能,在频域分析这一过程更为方便。根据驻定相位原理,发射基带信号的频谱为

$$S_t(f) = \frac{1}{\sqrt{\mu}}\exp\left(j\frac{\pi}{4}\right)\text{rect}\left(\frac{f}{\mu T_p}\right)\exp\left(-j\frac{\pi f^2}{\mu}\right) \tag{5.32}$$

则基带回波的频谱为

$$S_r(f, n) = \frac{1}{\alpha_n \sqrt{\mu}}\exp\left(j\frac{\pi}{4}\right)\text{rect}\left(\frac{f+f_{cn}}{\alpha_n\mu T_p}\right)\exp\left(-j\frac{\pi(f+f_{cn})^2}{\alpha_n^2\mu}\right)$$

$$\times \exp\left(-j\frac{\pi(f+f_{cn})\tau_n}{\alpha_n}\right)\exp(-j2\pi f_c \tau_n) \tag{5.33}$$

匹配滤波器的频率响应具有以下形式:

$$H(f) = k_0 S_t^*(f) \tag{5.34}$$

式中:k_0 为增益常数。

方便起见,可取 $k_0 = \sqrt{\mu}$,从而有

$$H(f) = \exp\left(-j\frac{\pi}{4}\right)\text{rect}\left(\frac{f}{\mu T_p}\right)\exp\left(j\frac{\pi f^2}{\mu}\right) \tag{5.35}$$

匹配滤波器输出信号的频谱为

$$S_f(f, n) = S_r(f, n)H(f)$$

$$= \frac{1}{\alpha_n \sqrt{\mu}}\text{rect}\left(\frac{f+f_{cn}}{\alpha_n\mu T_p}\right)\text{rect}\left(\frac{f}{\mu T_p}\right)\exp\left(-j\frac{\pi(f+f_{cn})^2}{\alpha_n^2\mu}\right)$$

$$\times \exp\left(j\frac{\pi f^2}{\mu}\right)\exp\left(-j2\pi\frac{(f+f_{cn})\tau_n}{\alpha_n}\right)\exp(-j2\pi f_c \tau_n) \tag{5.36}$$

式中,由于 $\alpha_n \approx 1$,因此可近似认为 $\alpha_n\mu T_p \approx \mu T_p$,$\alpha_n^2\mu \approx \mu$,因此匹配滤波器输出信号的频谱可进一步化简为

$$S_f(f, n) = \frac{1}{\alpha_n \sqrt{\mu}}\text{rect}\left(\frac{f+f_{cn}/2}{\mu T_p - f_{cn}}\right)\exp\left(-j2\pi\frac{(f+f_{cn}/2)f_{cn}}{\mu}\right)$$

$$\times \exp\left(-\mathrm{j}2\pi\frac{(f+f_{cn}/2)\tau_n}{\alpha_n}\right)\exp(-\mathrm{j}2\pi f_c \tau_n) \tag{5.37}$$

对应的时域表达式为

$$s_f(\hat{t}_r,n)=\frac{\mu T_p-f_{cn}}{\alpha_n\sqrt{\mu}}\mathrm{sinc}\left[(\mu T_p-f_{cn})\left(\hat{t}_r-\frac{\tau_n}{\alpha_n}-\frac{f_{cn}}{\mu}\right)\right]\exp\left[-\mathrm{j}\pi f_{cn}\left(\hat{t}_r-\frac{\tau_n}{\alpha_n}-\frac{f_{cn}}{\mu}\right)\right]$$

$$\times \exp\left(-\mathrm{j}2\pi f_{cn}\frac{\tau_n}{\alpha_n}\right)\exp(-\mathrm{j}2\pi f_c \tau_n)\exp\left(-\mathrm{j}\pi\frac{f_{cn}^2}{\mu}\right) \tag{5.38}$$

5.3.2　滤波输出包络和相位特性

由式(5.38)可得匹配滤波器输出信号的幅度为

$$|s_f(\hat{t}_r,n)|=\frac{\mu T_p-f_{cn}}{\alpha_n\sqrt{\mu}}\mathrm{sinc}\left[(\mu T_p-f_{cn})\left(\hat{t}_r-\frac{\tau_n}{\alpha_n}-\frac{f_{cn}}{\mu}\right)\right] \tag{5.39}$$

容易看出,信号的包络形状为 sinc 函数,其 $-4\mathrm{dB}$ 处脉冲宽度为 $1/(\mu T_p-f_{cn})=1/(B-f_{cn})\approx 1/B$,对应的距离分辨率为 $c/2B$,c 为光速。第 n 个脉冲峰值位置处对应的快时间 $\hat{t}_r=\tau_n/\alpha_n+f_{cn}/\mu$,第一项 τ_n/α_n 与目标位置带来的时延有关,其中 τ_n 近似为 $t=nT_r$ 时刻目标位置对应的时延,α_n 是一个无量纲且近似为 1 的系数;第二项 f_{cn}/μ 为距离多普勒耦合。

下面分析匹配滤波器输出 φ_n,记 $r_n=r_0+v_0 nT_r+1/2an^2 T_r^2$,$v_n=v_0+anT_r$,假设每次都在匹配滤波器输出的峰值处采样,对应有 $\hat{t}_r-\dfrac{\tau_n}{\alpha_n}-\dfrac{f_{cn}}{\mu}=0$,则 φ_n 由式(5.38)最后三项可得

$$\varphi_n = -2\pi\left(f_c+\frac{f_{cn}}{\alpha_n}\right)\tau_n-\pi\frac{f_{cn}^2}{\mu}$$

$$=\frac{-4\pi f_c}{c-v_n}\left[\left(r_0+\frac{f_c v_0^2}{\mu c}\right)+\left(v_0+\frac{2f_c v_0 a}{\mu c}\right)nT_r+\frac{1}{2}\left(a+\frac{2f_c a^2}{\mu c}\right)(nT_r)^2\right] \tag{5.40}$$

记

$$\begin{cases} r_0'=r_0+f_c v_0^2/\mu c \\ v_0'=v_0+2f_c v_0 a/\mu c \\ a'=a+2f_c a^2/\mu c \end{cases} \tag{5.41}$$

则式(5.40)可简写为

$$\varphi_n = -2\pi\left(f_c+\frac{f_{cn}}{\alpha_n}\right)\tau_n-\pi\frac{f_{cn}^2}{\mu}$$

$$=\frac{-4\pi f_c}{c-v_n}\left[r_0'+v_0'nT_r+\frac{1}{2}a'(nT_r)^2\right] \tag{5.42}$$

假定雷达载频为 6GHz,LFM 信号的带宽为 5MHz,脉宽为 50μs;空间目标初

始速度为 $5\mathrm{km/s}$,加速度为 $20\mathrm{m^2/s}$,经计算可以得到

$$r_0' - r_0 = 5 \times 10^{-3}\mathrm{m}, v_0' - v_0 = 4 \times 10^{-5}\mathrm{m/s}, a' - a = 1.6 \times 10^{-7}\mathrm{m/s^2}$$

可见 $r_0' \approx r_0, v_0' \approx v_0, a' \approx a$。$\varphi_n$ 可进一步近似为

$$
\begin{aligned}
\varphi_n &= \frac{-4\pi f_c}{c - v_n}\left[r_0' + v_0'(nT_r) + \frac{1}{2}a'(nT_r)^2 \right]\\
&\approx \frac{-4\pi f_c}{c}\left[r_0' + \left(v_0' + a'\frac{R_0'}{c} \right)(nT_r) + \frac{1}{2}a'\left(1 + \frac{2v_0'}{c} \right)(nT_r)^2 \right]\left(1 + \frac{v_0'}{c} \right)
\end{aligned}
\tag{5.43}
$$

回波的相位为 nT_r 的二次多项式,其中含有目标的速度与加速度信息。记 nT_r 的一次项为 $\varphi_{1,n}$,nT_r 的二次项为 $\varphi_{2,n}$,则

$$\varphi_{1,n} = \frac{-4\pi f_c}{c}\left(1 + \frac{v_0'}{c} \right)\left(v_0' + a'\frac{r_0'}{c} \right)nT_r \tag{5.44}$$

$$\varphi_{2,n} = \frac{-4\pi f_c}{c}\frac{1}{2}\left(1 + \frac{v_0'}{c} \right)\left(1 + \frac{2v_0'}{c} \right)a'(nT_r)^2 \tag{5.45}$$

由上式可得到的目标初速度估计值[86]和加速度估计值分别为

$$\hat{v}_0 = \left(1 + \frac{v_0'}{c} \right)\left(v_0' + a'\frac{r_0'}{c} \right) \tag{5.46}$$

$$\hat{a} = \left(1 + \frac{v_0'}{c} \right)\left(1 + \frac{2v_0'}{c} \right)a' \tag{5.47}$$

5.3.3 测量时刻特性

注意到接收时刻 t_r 约等于发射时刻 t_t 加上电磁波双程传播时延 $2r_0/c$,目标时刻 t_o 则约等于发射时刻 t_t 加上单程传播时延 r_0/c。又如前面所述,$r_0' \approx r_0$,$v_0' \approx v_0, a' \approx a$,那么 r_0'/c 近似为电磁波从雷达到目标的单程传播时延,根据目标做匀加速直线运动的假设,$v_0' + a'r_0'/c$ 近似为目标时刻的目标速度,而目标加速度是一个与时间无关的常数。故 $\hat{v}_0$ 等于目标时刻的目标速度乘以伸缩因子 $(1 + v_0'/c)$,$\hat{a}$ 等于目标时刻的目标加速度乘以伸缩因子 $(1 + v_0'/c)(1 + 2v_0'/c)$。因此,在得到测量结果时,只要将 $n = 0$ 时回波的接收时刻修正到目标时刻,再分别修正速度和加速度伸缩因子,就可以得到目标时刻的目标速度和加速度。记 t_{r_0} 为参考回波($n = 0$ 时的回波)脉压峰值对应的时刻,显然 t_{r_0} 就是接收时刻,t_{r_0} 对应的时延为 τ_{r_0}。

目标距离

$$\hat{r}_0 = c\tau_{r_0}/2 \tag{5.48}$$

目标时刻

$$\hat{t}_o = \hat{t}_{r_0} - \hat{r}_0/c \tag{5.49}$$

目标速度

$$v_0' + a'\frac{r_0'}{c} = \frac{\hat{v}_0}{1 + v_0'/c} \approx \frac{\hat{v}_0}{1 + \hat{v}_0/c} \approx \hat{v}_0 - \frac{\hat{v}_0^2}{c} \tag{5.50}$$

如前所述，$v_0' + ar_0'/c$ 即是对应于目标时刻的目标速度。

目标加速度

$$a' = \frac{\hat{a}}{(1 + v_0'/c)(1 + 2v_0'/c)} \approx \frac{\hat{a}}{(1 + \hat{v}_0/c)(1 + 2\hat{v}_0/c)} \approx \hat{a} - 3\frac{\hat{v}_0\hat{a}}{c} \tag{5.51}$$

5.4　同轴跟踪技术

5.4.1　基本思想

在同轴跟踪(或轴上跟踪)雷达系统中，主要任务是使得目标在跟踪过程中始终位于电轴上，故名同轴跟踪[14]。由于伺服系统通常存在二阶动态滞后，即目标角加速度引起的滞后，同轴跟踪技术需要对该滞后进行补偿。

对于空间目标的同轴跟踪，基本思想是利用其弱机动性，在跟踪过程中，通过角度指向值控制伺服系统，而不是用角误差电压直接控制，在角度指向控制天线指向时，在指向值上叠加目标角加速度对应的滞后量。在对空间目标的跟踪探测弧段内，可通过空间目标当前所在位置和所受力学约束来预报目标的运动信息，从而在同轴跟踪系统中采用前馈方式利用雷达对目标观测方位角、俯仰角的预先估计来实现波束指向预补偿，提高目标的跟踪能力与跟踪精度[18]。

传统单脉冲跟踪雷达直接利用被跟踪目标偏离天线电轴而引起的射频误差信号驱动，受伺服系统中二阶系统的时延特性制约，总是存在对目标跟踪的动态滞后，为减少动态滞后而简单提高伺服系统带宽会增大角跟踪的热噪声误差分量，进而影响雷达对目标的跟踪精度，只能采用折中处理[87]。

同轴跟踪技术通过对射频误差信号的实时滤波以及根据目标运动模型而进行的平滑外推来改善雷达的测量精度以及动态跟踪能力[18]。相对于传统的单脉冲跟踪系统，同轴跟踪将计算机实时处理引入雷达伺服闭环内，通过预测和跟踪回路中的最佳滤波使雷达所跟踪目标一直位于电轴中心，减少了两个角误差通道之间的耦合以及系统的非线性效应[87]。在该技术中，雷达与计算机构成闭合环路，系统误差修正、坐标变换等均在闭环内进行，从而使得系统误差和噪声误差都得到降低[18]。

5.4.2　目标相对测站角加速度分析

采用2.4.1节的观测几何模型，下面分析雷达站对空间目标观测的方位角和俯仰角特性。另外,由于在对空间目标的跟踪过程中,方位角动态的范围显著大于俯仰角,因而着重分析方位角的加速度项。

5.4.2.1 俯仰角

由图2.6可知,目标在测站坐标系下的俯仰角可表示为

$$E = \arcsin\left(\frac{R_A\cos\theta_e(t)\cos\zeta - R_C}{r}\right) \tag{5.52}$$

式中:R_A 为轨道目标的地心距;$\theta_e(t)$ 为目标至拱点的轨道地心角;ζ 为雷达站 - 轨道面夹角;r 为雷达站至目标的斜距。

记地心 O 到 E 点之间的距离为 R_E,有 $R_E = R_C\cos\zeta$,并设可见弧段内雷达与目标的最小距离(顶点距离)为 l,此时有

$$
\begin{aligned}
r &= \sqrt{R_A^2 + R_E^2 - 2R_AR_E\cos\theta_e(t) + h^2} \\
&\approx \sqrt{l^2 + R_AR_E\theta_e^2(t)}
\end{aligned} \tag{5.53}
$$

将式(5.53)代入式(5.52)可得

$$
\begin{aligned}
E &= \arcsin\left|\frac{R_A[1 - \theta_e^2(t)/2]\cos\zeta - R_C}{\sqrt{l^2 + R_AR_E\theta_e^2(t)}}\right| \\
&= \arcsin\left|\frac{R_A\cos\zeta - R_C - R_A\cos\zeta\theta_e^2(t)/2}{\sqrt{l^2 + R_AR_E\theta_e^2(t)}}\right|
\end{aligned} \tag{5.54}
$$

式(5.53)和式(5.54)的推导使用了 $\cos\theta_e(t) \approx 1 - \theta_e^2(t)/2$。

由式(5.54)可以看出,俯仰角正弦值可写为目标相对地平面高度与雷达目标径向距离比值的形式。同样由式(5.54),目标相对地平面高度随时间平方变化,为负二次项系数,在过顶点取得最大值,目标相对地平面的速度近似线性变化,在过顶点为零。目标进站出站时俯仰角速度则先增加后减少,至过顶为零值,且出站变化与进站变化相对过顶时刻对称。同样还由上式可看出,俯仰角速度始终不会太大。

对式(5.54)按时间求导,可得俯仰角速度的解析表达式为

$$
\begin{aligned}
\frac{dE}{dt} &= \frac{1}{\cos E}\frac{d}{dt}\left(\frac{R_A\cos\zeta - R_C - R_A\cos\zeta\theta_e^3(t)/2}{\sqrt{R_D^2 + R_AR_E\theta_e^2(t)}}\right) \\
&= \frac{(R_AR_CR_E - R_Al^2\cos\zeta - R_A^2R_E\cos\zeta)\dot{\theta}_e(t)\theta_e(t) - R_A^2R_E\cos\zeta\dot{\theta}_e(t)\theta_e^3(t)/2}{r^3\cos E} \\
&= \frac{(R_CR_E - l^2\cos\zeta - R_AR_E\cos\zeta)\dot{\theta}_e(t)\theta_e(t) - R_AR_E\cos\zeta\dot{\theta}_e(t)\theta_e^3(t)/2}{[l^2 + R_AR_E\theta_e^2(t)]\sqrt{\theta_e^2(t) + \zeta^2}}
\end{aligned}
$$

$$\tag{5.55}$$

5.4.2.2　方位角

同样,可得方位角、方位角速度以及角加速度的表达式如表 5.2 所列。

表 5.2　方位角、角速度以及角加速度表达式

变量	表达式
A	$\arctan\left(\dfrac{\tan\theta_e(t)}{\sin\zeta}\right)$
$\dfrac{\mathrm{d}A}{\mathrm{d}t}$	$\dfrac{\dot{\theta}_e(t)}{\sin\zeta + (1/\sin\zeta - \sin\zeta/2)\theta_e^2(t)} \approx \dfrac{\dot{\theta}_e(t)}{\sin\zeta + \theta_e^2(t)/\sin\zeta}$
$\dfrac{\mathrm{d}A}{\mathrm{d}t^2}$	$\dfrac{-2\theta_e(t)\dot{\theta}_e^2(t)(1/\sin\zeta - \sin\zeta/2)}{\left[\sin\zeta + (1/\sin\zeta - \sin\zeta/2)\theta_e^2(t)\right]^2}$
$\dfrac{\mathrm{d}A}{\mathrm{d}t^3}$	$\dfrac{2\dot{\theta}_e^3(t)(1/\sin\zeta - \sin\zeta/2)\left[3(1/\sin\zeta - \sin\zeta/2)\theta_e^2(t) - \sin\zeta\right]}{\left[(1/\sin\zeta - \sin\zeta/2)\theta_e^2(t) + \sin\zeta\right]^3}$

根据表 5.2,方位角速度在进站时刻和过顶时刻可表示为

$$\left(\frac{\mathrm{d}A}{\mathrm{d}t}\right)_{E(t)=0} = \frac{\sin\zeta}{\sin^2\zeta + (2 - \sin^2\zeta)\left(\dfrac{H_s}{R_C + H_s}\right)}\dot{\theta}_e(t) \approx \frac{\sin\zeta}{\sin^2\zeta + 2\left(\dfrac{H_s}{R_C + H_s}\right)}\dot{\theta}_e(t)$$

$$(5.56)$$

$$\left(\frac{\mathrm{d}A}{\mathrm{d}t}\right)_{\theta_e(t)=0} = \frac{\dot{\theta}_e(t)}{\sin\zeta} \tag{5.57}$$

可知,ζ 越小,进站方位角速度越小,过顶方位角速度越大。

同样,可获得在进站时刻方位角的加速度为

$$\left(\frac{\mathrm{d}A}{\mathrm{d}t^2}\right)_{E(t)=0} = \dot{\theta}_e^2(t)\frac{\dfrac{2}{\sin\zeta}\sqrt{\dfrac{2H_s}{R_C + H_s}}}{\left(\sin\zeta + \dfrac{1}{\sin\zeta}\left(1 - \dfrac{\sin^2\zeta}{2}\right)\dfrac{2H_s}{R_C + H_s}\right)^2} \approx \frac{\sin\zeta}{\sqrt{2}\left(\dfrac{H_s}{R_C + H_s}\right)^{\frac{3}{2}}}\dot{\theta}_e^2(t) \quad (5.58)$$

并有方位角在过顶时刻的加速度为零。

方位角加速最大值取在方位角加加速度为零的极值,由 $\dfrac{\mathrm{d}A}{\mathrm{d}t^3} = 0$ 可得

$$\theta_e(t) = \frac{\sin\zeta}{\sqrt{3\left(1 - \dfrac{\sin^2\zeta}{2}\right)}} \approx \frac{\sin\zeta}{\sqrt{3}} \tag{5.59}$$

代入 $A = \arctan\left[\tan\theta_e(t)/\sin\zeta\right]$,可得 $A_{\max} \approx 30°$,即约在过顶前后 $\pm 30°$ 处,角加速度取最大值,并有

$$\frac{\mathrm{d}A}{\mathrm{d}t^2} \approx \dot{\theta}_e^2(t)\frac{3\sqrt{3}}{8\sin^2\zeta} \tag{5.60}$$

5.4.3 同轴跟踪系统实现

前面已经指出,对于空间目标的同轴跟踪,基本思想是利用其弱机动性,在跟踪过程中,通过角度指向值控制伺服系统,角度指向控制天线指向时,在指向值上叠加目标角加速度对应的滞后量。伺服控制通常为二阶系统,设加速度常数为 k_a,目标角加速度为 a_A,则预补偿量为 $k_a a_A$。

通常的 α、β、γ 角度滤波器对角加速度的滤波精度较差,不能直接用于计算滞后量。为此,需要根据空间目标的运动模型进行角度距离联合滤波,结合运动模型的角度距离联合滤波可以显著降低滤波器的带宽,进而减小随机差,得到目标的角速度 a_A 的估计值。

空间目标角度同轴跟踪实现框图如图5.4所示。

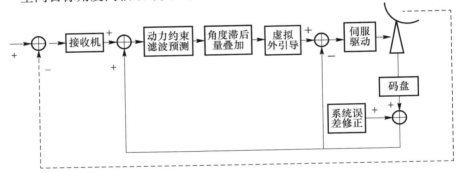

图 5.4 空间目标角度同轴跟踪实现框图

5.5 校准技术

对于雷达探测空间目标的高精度测量,校准技术是至关重要的一个环节,本节对标定方法及日常的精度监测进行介绍。

5.5.1 标定方法和模型简介

雷达测量误差可以分为随机误差分量、系统误差分量和异常值,随机误差分量和异常值可以通过数据预处理方法加以抑制或消除,而系统误差则需要通过其他手段来修正。对于精密跟踪测量雷达来说,系统误差主要包括动态滞后、大气折射、零值和天线轴系误差等,动态滞后和大气折射误差有专门的修正方法,零值和天线轴系误差则需要对雷达系统进行标定来确定误差系数。因此,对雷达系统进行标定是必不可少的任务,是保证目标参数测量精度的重要环节,其目的是标定雷达系统的误差系数,修正系统误差,提高雷达系统的测量精度。

雷达系统标定广泛采用的标定方法有常规标定、恒星标定和卫星标定三种。常规标定一般使用标校塔、方位标等外部固定基准设备及水平仪、望远镜等观测仪器来标定距离零值、角度零值、天线座轴系等系统误差分量。恒星标定则是以恒星天体为基准目标,通过微光电视等光学设备获取的测量数据解算雷达天线座轴系误差,主要解决的是角度测量系统误差的标定问题。上述两种方法在我国空间目标监视网的脉冲测量雷达系统中得到了广泛应用,且技术上已相当成熟,但是这两种标定方法都存在一定的局限性:常规标定读数误差较大,标校精度差,并且无法分离出测量数据中的一些误差耦合项,需要建标校塔,对雷达周围环境也有要求;恒星标定对天气状况和雷达本身结构有一定的要求。

卫星标定是一种较先进的雷达标定技术,相较于常规标定更能反映雷达的动态技术状态,且在标定过程中自动化程度高,人工干预少。这种标定方法以空间轨道目标为基准目标,通过目标的精密轨道数据和雷达实测参数值,经事后处理得到雷达的标校参数。

距离零值、角度零值、天线座轴系等系统误差分量与大盘不水平角、光电不匹配角、天线重力变形等有关,相关参数符号标记如表5.3所列。

表5.3　误差修正模型中各变量含义

变量	意义	变量	意义
R	径向距离修正值	R_m	径向距离测量值
E	俯仰角修正值	E_m	俯仰角测量值
A	方位角修正值	A_m	方位角测量值
R_0	距离零值	A_0	方位零值
E_0	俯仰零值	θ_m	大盘不水平最大值
θ_{max}	大盘不水平最大值方向	δ_m	方位俯仰不正交角
v_{az}	方位光电不匹配角	v_{el}	俯仰光电不正交角
ρ_g	天线重力变形		

雷达距离、角度测量的零值和天线轴系误差系数可以通过标定来估算,得到误差系数后可以通过如下误差修正模型对测量数据进行修正[14]:

$$\begin{cases} R = R_m + R_0 \\ A = A_m + A_0 + \theta_m \sin(A_m - \theta_{max})\tan E_m + \delta_m \tan E_m + v_{az}\sec E_m \\ E = E_m + E_0 + \theta_m \cos(A_m - \theta_{max}) + v_{el} + \rho_g \cos E_m \end{cases} \quad (5.61)$$

在实际应用中,对于 10m 的天线来说,重力变形误差影响较小,通常可以忽

略不计。在此忽略天线重力变形误差的影响,则俯仰角的误差修正模型重写为

$$E = E_m + E_0 + \theta_m \cos(A_m - \theta_{max}) + \upsilon_{el} \tag{5.62}$$

5.5.2 常规标定方法

常规标定需要借助一定的仪器设备来测量雷达系统的标定系数,一般使用标校塔、方位标等外部固定基准设备及水平仪、望远镜等观测仪器来标定距离零值、角度零值、天线座轴系等系统误差分量,影响常规标定准确度的误差源主要有仪器装置误差、自然环境误差、测量人员主观操作导致的误差以及测量方法不完善导致的误差。常规标定方法原理如下。

5.5.2.1 距离零值标定[88]

雷达工作时,手动将角度对准距离参考目标,距离转为自动跟踪。将天线对准距离标 n 次(一般 $n > 5$),记录距离值 R_{0n} 则雷达实测距离平均值为

$$R_0' = \frac{1}{n} \sum_{i=1}^{n} R_{0i} \tag{5.63}$$

进一步可得到雷达距离零值 $R_0 = R_0' - R_1$, R_1 为距离参考目标的真实值。

5.5.2.2 方位、俯仰零值标定[89]

顺序编号方位标,并记录各方位标的真实值为 A_i、E_i($i = 0, 1, 2, \cdots, n$),各方位标的雷达实测值为 A_i'、E_i'($i = 0, 1, 2, \cdots, n$),则方位标的雷达实测值与真实值之差为

$$\Delta A_i = A_i' - A_i$$
$$\Delta E_i = E_i' - E_i \tag{5.64}$$

则雷达的方位和俯仰角度零值为

$$A_0 = \frac{1}{n} \sum_{i=1}^{n} \Delta A_i$$

$$E_0 = \frac{1}{n} \sum_{i=1}^{n} \Delta E_i \tag{5.65}$$

5.5.2.3 方位俯仰光电不匹配标定[90]

每次执行任务都要进行光电轴误差标定,同时将标定值实时更新,以减少雷达跟踪误差。

方位光电不匹配标定:天线仰角电轴对准标校塔上的信号源中心,望远镜上的十字刻度线对准标校塔上的井字标板。天线在方位上跟踪标校塔发射的信号源信号,并在望远镜中读取偏差值 ΔA_i,重复跟踪 n 次,分别取值直到 ΔA_n,则方

位光电不匹配角为

$$\Delta A = \frac{1}{n} \sum_{i=1}^{n} \Delta A_i \tag{5.66}$$

仰角光电不匹配标定:把天线方位归零,天线在仰角上跟踪标校塔信号,分别取值 $\Delta E_1, \Delta E_2, \cdots, \Delta E_n$,则仰角光电不匹配角为

$$\Delta E = \frac{1}{n} \sum_{i=1}^{n} \Delta E_i \tag{5.67}$$

1)大盘不水平标定

大盘水平受季节、环境温度等的影响,为保证雷达测量的精度,每次执行任务之前,必须进行大盘不水平标定,标定所用的仪器一般为电子水平仪。固定天线仰角,让天线在方位上转动,每 15° 记录一次方位角和水平仪数据,天线旋转一周结束,从中找出大盘不水平的最大值及最大值方向,进行多次取平均值作为标定结果。

2)幅相一致性标定[91]

接收机三路通道分别为方位差通道 S_A、俯仰差通道 S_E、和通道 S_Σ,各通道对应的 I, Q 路信号分别为 (I_A, Q_A)、(I_E, Q_E)、(I_Σ, Q_Σ)。三路通道的信号可以复数的形式表示为 $S_A = I_A + jQ_A, S_E = I_E + jQ_E, S_\Sigma = I_\Sigma + jQ_\Sigma$,则

$$\frac{S_\Sigma}{S_A} = \frac{I_\Sigma + jQ_\Sigma}{I_A + jQ_A} = \frac{I_A I_\Sigma + Q_A Q_\Sigma}{I_A^2 + Q_A^2} + j\frac{I_A Q_\Sigma - Q_A I_\Sigma}{I_A^2 + Q_A^2} \tag{5.68}$$

$$\frac{S_\Sigma}{S_E} = \frac{I_\Sigma + jQ_\Sigma}{I_E + jQ_E} = \frac{I_E I_\Sigma + Q_E Q_\Sigma}{I_E^2 + Q_E^2} + j\frac{I_E Q_\Sigma - Q_E I_\Sigma}{I_E^2 + Q_E^2} \tag{5.69}$$

由式(5.68)和式(5.69)可以看出:方位差通道幅度相对于和通道的补偿量为复数 S_Σ/S_A 的实部,其相位补偿量为 S_Σ/S_A 的虚部;俯仰差通道幅度相对于和通道的补偿量为 S_Σ/S_E 的实部,相位补偿量为 S_Σ/S_E 的虚部。因此,只需将方位、俯仰差两通道信号复乘各自对应于和通道的补偿量,即可完成系统幅相一致性标定。

对于方位/俯仰支路,让雷达天线方位/俯仰分别偏离塔信源两侧/上下各 1mil,分别求出天线方位/俯仰偏离塔信源两侧的相位和幅度补偿量(对多点进行统计平均),再将偏离塔信源两侧/上下的相位和幅度补偿量分别做差再除以 2,就得到了方位/俯仰支路最终的相位和幅度补偿值。

5.5.2.4　定向灵敏度标定[92]

定向灵敏度表示雷达波束中心偏离目标一个单位角时接收机输出角误差电压的大小,单位为 V/mil。定向灵敏度的好坏关系到雷达测角性能,偏高或者偏低都会使雷达性能变差,偏高会引起振荡,偏低则会使系统动态滞后增加,甚至

会使目标丢失。因此须绘制出定向灵敏度曲线,利用定向灵敏度数据进行动态滞后修正。定向灵敏度标定过程如下:

(1)天线指到塔位置,方位、俯仰角分别为 A_c、E_c。

(2)固定天线仰角为 E_c,方位在 $A_c \pm A_{3dB}$ 上进行 n 次搜索(A_{3dB} 为方位角波束宽度),可取得方位误差电压为零时的方位 A_0。

(3)固定天线方位为 A_0,仰角在 $E_c \pm E_{3dB}$ 上进行 n 次搜索(E_{3dB} 为俯仰角波束宽度),可取得仰角误差电压为零时的仰角 E_0。

(4)固定仰角在 E_0,天线指向不同方位,分别得到相应方位误差电压在显示器上画出相应曲线;

(5)固定方位在 A_0,天线指向不同仰角,分别得到相应仰角误差电压在显示器上画出相应曲线。

5.5.2.5　发射振荡器频率标定

测速系统误差项取决于频率源的长期稳定度和准确度,利用信号源和示波器多次测量,取所有实测值的平均值作为实际值。

5.5.2.6　RCS 的 k 值标定

目前工程中 RCS 系数标定主要采用相对标定法,使用带标定体的气球来进行 k 值标定。

5.5.3　卫星标定方法

5.5.3.1　基于精密星历的卫星标定处理流程

卫星标定以地球轨道卫星作为基准,通过对雷达测量数据和卫星精密轨道数据进行事后处理得到雷达标定系数。

卫星标定处理流程如图 5.5 所示。

雷达捕获跟踪空间特定卫星目标,得到卫星的参数测量值;获取该卫星对应弧段精密轨道数据,将预处理和大气折射修正后的雷达实测数据与精密轨道数据进行匹配比对得到残差,利用残差解算出雷达误差系数,达到雷达系统标定的目的,进而实现雷达测量值的零值和轴系修正[93]。

5.5.3.2　卫星精轨数据处理

采用精密星历来计算卫星位置。典型的低轨/中高轨精密星历中的卫星位置数据间隔为 1min/15min,位置数据对应的坐标系通常为 WGS – 84 坐标系,对应的时间为格林尼治时间。

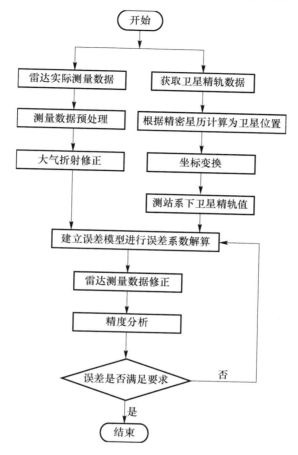

图 5.5　卫星标定处理流程

1）卫星位置计算

一般情况下，卫星的外测数据与精密星历的采样时刻和采样时间间隔都不一致，需要将精密轨道数据插值到雷达测量时刻。可采用拉格朗日多项式插值方法进行计算，拉格朗日插值法速度快且易于编程，但是插值阶数的选择需要慎重，典型插值阶数采用 18 阶。拉格朗日多项式插值方法基本原理如下[94]。

设 $y_i(i=0,1,\cdots,n)$ 为函数 $f(x)$ 在区间 $[a,b]$ 上对应于 n 个互异实数 $x_i(i=0,1,\cdots,n)$ 的值，则 $[a,b]$ 上任意一个 x（位于已知点之间）的 n 阶拉格朗日插值多项式的代数表达式如下：

$$f(x) = \sum_{i=0}^{n} y_i \prod_{j=0,j\neq i}^{n} \left(\frac{x - x_j}{x_i - x_j} \right) \tag{5.70}$$

为了使插值结果具有更高的精度，一般将插值时刻置于已知点中间。利用拉格朗日内插方法得到雷达测量时刻卫星精轨数据（地心系下 x、y、z 位置坐标）

的具体插值操作流程如下：

（1）比较待计算测量时刻与精轨数据时刻，如果相等计算结束，继续计算下一个测量时刻数据；如果不相等，则执行下一步。

（2）选择以待计算测量时刻为中心的 $n+1$ 个时刻的卫星精轨数据，利用式（5.70）分别计算测量时刻的卫星 x、y、z 坐标。

（3）其他点的计算重复（1）～（2）的操作。

2）坐标变换

雷达实测数据与精密星历对应不同的坐标系，精密星历数据格式对应卫星在地心笛卡儿坐标系下的位置矢量和速度矢量 $(x,y,z,\dot{x},\dot{y},\dot{z})$，而雷达测量数据的数据格式对应目标相对测站的径向距离、角度和速度。为了实现测量数据和精密星历的数据匹配，必须将数据统一到同一种坐标系下。在这里，统一转换到测站极坐标系下进行处理。假设精密星历中某时刻卫星位置坐标为 $(x,y,z)^{\mathrm{T}}$，测站的大地坐标为 $(\theta_{\mathrm{L}},\varphi_{\mathrm{L}},H_{\mathrm{c}})$，$\theta_{\mathrm{L}}$、$\varphi_{\mathrm{L}}$ 和 H_{c} 分别表示测站的大地经度、大地纬度和大地高度。精密星历数据从地心笛卡儿坐标系到测站极坐标系的转换过程如下：

（1）测站大地坐标到地心笛卡儿坐标转换[95]。

设测站在地心笛卡儿坐标系下的坐标为 $\begin{bmatrix} x_{\mathrm{c}} & y_{\mathrm{c}} & z_{\mathrm{c}} \end{bmatrix}^{\mathrm{T}}$，则

$$\begin{cases} x_{\mathrm{c}} = (N + H_{\mathrm{c}})\cos\varphi_{\mathrm{L}}\cos\theta_{\mathrm{L}} \\ y_{\mathrm{c}} = (N + H_{\mathrm{c}})\cos\varphi_{\mathrm{L}}\sin\theta_{\mathrm{L}} \\ z_{\mathrm{c}} = [N(1 - e^2) + H_{\mathrm{c}}]\sin\varphi_{\mathrm{L}} \end{cases} \tag{5.71}$$

式中

$$N = \frac{a}{\sqrt{1 - e^2\sin^2\varphi_{\mathrm{L}}}}, e^2 = \frac{a^2 - b^2}{a^2} \tag{5.72}$$

其中：a、b 分别为地球的长半轴和短半轴。

（2）地心笛卡儿坐标系下目标相对测站位置。

设地心笛卡儿坐标系下目标相对测站的坐标矩阵为 Δ_{A}，则

$$\Delta_{\mathrm{A}} = \begin{bmatrix} x_{\mathrm{A}} \\ y_{\mathrm{A}} \\ z_{\mathrm{A}} \end{bmatrix} - \begin{bmatrix} x_{\mathrm{c}} \\ y_{\mathrm{c}} \\ z_{\mathrm{c}} \end{bmatrix} \tag{5.73}$$

（3）地心笛卡儿坐标到测站笛卡儿坐标的转换。设从地心笛卡儿坐标到测站笛卡儿坐标的转换矩阵为 $\boldsymbol{M}$，则

$$\boldsymbol{M} = \begin{bmatrix} -\sin\theta_{\mathrm{L}} & -\sin\varphi_{\mathrm{L}}\cos\theta_{\mathrm{L}} & \cos\varphi_{\mathrm{L}}\cos\theta_{\mathrm{L}} \\ \cos\theta_{\mathrm{L}} & -\sin\varphi_{\mathrm{L}}\sin\theta_{\mathrm{L}} & \cos\varphi_{\mathrm{L}}\sin\theta_{\mathrm{L}} \\ 0 & \cos\varphi_{\mathrm{L}} & \sin\varphi_{\mathrm{L}} \end{bmatrix} \tag{5.74}$$

目标在测站笛卡儿坐标系下的位置坐标为 $\begin{bmatrix} X_A & Y_A & Z_A \end{bmatrix}^T$，则

$$\begin{bmatrix} X_A & Y_A & Z_A \end{bmatrix}^T = \boldsymbol{M} \cdot \boldsymbol{\Delta}_A \tag{5.75}$$

（4）测站笛卡儿坐标到测站极坐标的转换。设目标在测站极坐标下的坐标为 (R, A, E)，则

$$R = \sqrt{X_A^2 + Y_A^2 + Z_A^2}$$

$$A = \begin{cases} \pi - \arcsin \dfrac{Z_A}{\sqrt{X_A^2 + Z_A^2}} & (X_A \leqslant 0) \\[3mm] \arcsin \dfrac{Z_A}{\sqrt{X_A^2 + Z_A^2}} & (Z_A > 0, X_A > 0) \\[3mm] 2\pi + \arcsin \dfrac{Z_A}{\sqrt{X_A^2 + Z_A^2}} & (Z_A < 0, X_A > 0) \end{cases} \tag{5.76}$$

$$E = \arctan \dfrac{Y_A}{\sqrt{X_A^2 + Z_A^2}}$$

（5）测站系下速度计算。通过上述方法，计算精密星历在测量时刻前后 Δt 时刻处的距离值 R_1、R_2，则测量时刻的测站极坐标系下的速度为

$$v = \frac{R_1 - R_2}{2\Delta t} \tag{5.77}$$

至此，便完成了对精密星历的数据处理，得到了目标测量时刻测站极坐标系下卫星的精密轨道数据。将测量数据的时间与精轨数据的时间对准后，就可以计算雷达测量值的残差。

5.5.3.3　零值和轴系误差系数标定方法

得到目标参数测量值的残差后，根据残差进行误差系数的解算，误差系数的求解可以利用最小二乘法进行计算[96]。

根据式（5.61）和式（5.62），可以得到目标径向距离、方位角和俯仰角的误差分量

$$\Delta R = R - R_m = R_0$$

$$\begin{aligned} \Delta A &= A - A_m \\ &= a_0 + a_1 \sin A_m \tan E_m - a_2 \cos A_m \tan E_m + a_3 \tan E_m + a_4 \sec E_m \end{aligned} \tag{5.78}$$

$$\Delta E = E - E_m = e_0 + e_1 \cos A_m + e_2 \sin A_m$$

式中

$$\begin{cases} a_0 = A_0 \\ a_1 = \theta_{\mathrm{m}} \cos\theta_{\max} \\ a_2 = \theta_{\mathrm{m}} \sin\theta_{\max} \\ a_3 = \delta_{\mathrm{m}} \\ a_4 = \upsilon_{\mathrm{az}} \end{cases} \tag{5.79a}$$

$$\begin{cases} e_0 = E_0 + \upsilon_{\mathrm{el}} \\ e_1 = \theta_{\mathrm{m}} \cos\theta_{\max} \\ e_2 = \theta_{\mathrm{m}} \sin\theta_{\max} \end{cases} \tag{5.79b}$$

式(5.78)中 ΔR、ΔA、ΔE 分别表示雷达测量值与真实值的残差,在此以雷达实测值和精密轨道数据的残差代替,根据最小二乘准则可以建立误差计算模型如下[98]:

$$\boldsymbol{\eta} = [\boldsymbol{H}^{\mathrm{T}} \boldsymbol{H}]^{-1} \boldsymbol{H}^{\mathrm{T}} \boldsymbol{D} \tag{5.80}$$

$\boldsymbol{\eta}$、$\boldsymbol{H}$ 和 $\boldsymbol{D}$ 具体定义如下。

距离误差系数计算:

$$\begin{aligned} \boldsymbol{\eta}_R &= R_0 \\ \boldsymbol{H}_R &= \begin{bmatrix} 1 & \cdots & 1 \end{bmatrix}^{\mathrm{T}} \\ \boldsymbol{D}_R &= \begin{bmatrix} R_1 - R_{\mathrm{m1}} & \cdots & R_n - R_{\mathrm{m}n} \end{bmatrix}^{\mathrm{T}} \end{aligned} \tag{5.81}$$

式中: η_R 为距离零值; R_i 为卫星精轨的距离值, $i = 1,2,\cdots,n$; $R_{\mathrm{m}i}$ 为雷达的距离测量值, $i = 1,2,\cdots,n$。

方位误差系数计算:

$$\boldsymbol{\eta}_A = \begin{bmatrix} a_0 & a_1 & a_2 & a_3 & a_4 \end{bmatrix}^{\mathrm{T}}$$

$$\boldsymbol{H}_A = \begin{bmatrix} 1 & \sin A_{\mathrm{m1}}\tan E_{\mathrm{m1}} & -\cos A_{\mathrm{m1}}\tan E_{\mathrm{m1}} & \tan E_{\mathrm{m1}} & \sec E_{\mathrm{m1}} \\ \vdots & \vdots & \vdots & \vdots & \vdots \\ 1 & \sin A_{\mathrm{m}n}\tan E_{\mathrm{m}n} & -\cos A_{\mathrm{m}n}\tan E_{\mathrm{m}n} & \tan E_{\mathrm{m}n} & \sec E_{\mathrm{m}n} \end{bmatrix} \tag{5.82}$$

$$\boldsymbol{D}_A = \begin{bmatrix} A_1 - A_{\mathrm{m1}} \cdots A_n - A_{\mathrm{m}n} \end{bmatrix}$$

式中: $\boldsymbol{\eta}_A$ 为方位角的误差系数矩阵; A_i 为卫星精轨的方位值, $i = 1,2,\cdots,n$; $A_{\mathrm{m}i}$ 为雷达的方位角测量值, $i = 1,2,\cdots,n$。

俯仰误差系数计算:

$$\boldsymbol{\eta}_E = \begin{bmatrix} e_0 & e_1 & e_2 & e_3 \end{bmatrix}^{\mathrm{T}}$$

$$\boldsymbol{H}_E = \begin{bmatrix} 1 & \cos A_{\mathrm{m1}} & \sin A_{\mathrm{m1}} \\ \vdots & \vdots & \vdots \\ 1 & \cos A_{\mathrm{m}n} & \sin A_{\mathrm{m}n} \end{bmatrix} \tag{5.83}$$

$$\boldsymbol{D}_E = \begin{bmatrix} E_1 - E_{\mathrm{m1}} \\ \vdots \\ E_n - E_{\mathrm{m}n} \end{bmatrix}$$

式中:$\boldsymbol{\eta}_E$ 为俯仰角的误差系数矩阵;E_i 为卫星精轨的俯仰值,$i = 1,2,\cdots,n$;$E_{\mathrm{m}i}$ 为雷达的俯仰角测量值,$i = 1,2,\cdots,n$。

为了保证系数标定的准确性,需要对雷达测量数据进行异常值剔除、随机误差平滑等预处理及动态滞后和大气折射修正,并且需要选取多组测量值和精轨数据进行残差计算。

5.5.4　精度监测

为了能够及时对雷达的测量精度进行监测,可通过跟踪具有精密星历的卫星,对测量值的精度进行鉴定,鉴定的项目包括距离系统差、随机差,方位俯仰的系统差、随机差,以及速度系统差、随机差。另外,RCS 测量精度通过跟踪标校球卫星进行监测。

对于威力较大的雷达,可以对 GPS 卫星进行跟踪测量,由于 GPS 卫星预报一天的星历可以达到 5cm 的精度,该精度比雷达的精度高 1~2 个数量级,因而可以对跟踪测量结果实时进行精度鉴定,如果发现异常,可以立即对设备进行检查核对。对于威力无法达到 GPS 轨道的雷达,需要通过跟踪低轨卫星来进行精度监测,低轨卫星的精密星历需要通过事后定轨获得,因而通常难以实时进行精度监测,需事后处理分析监测。

第 ⑥ 章
中高轨目标雷达探测技术

◤ 6.1　中高轨空间目标雷达探测技术概述

中高轨道目标大多是重要的高价值卫星,随着各国对空间技术发展的重视、对空间资源的不断开发与利用,中高轨道目标的数量越来越多,已成为空间目标监视不可缺少的部分。

对中高轨目标的非合作探测手段包括天基探测和地基探测。天基探测技术难度大,风险高,成本昂贵。地基探测包括光学探测、雷达探测及无线电侦收探测。光学探测受光照及地面气象条件限制,无线电侦收探测针对特定在轨目标。雷达是空间目标探测与监视的重要技术手段,其优点:首先,不受太阳光照和地面气象条件的限制,可以全天时、全天候工作。其次,与光学设备相比,雷达具有精确的距离和速度测量能力,可与光学设备的精确角度测量能力形成互补;但由于受雷达发射机功率和天线孔径的限制,针对非合作中高轨目标的雷达探测,需要突破一系列关键技术。根据公开的资料,国外对中高轨目标雷达探测技术的研究较早,其中美国走在前列。在文献[97]给出的基于 SSPAT(Space Surveillance Performance Analysis Tool)软件的统计分析结果中,对于美国空间监视网,雷达在中高轨目标(包括同步轨道、半同步轨道及大椭圆轨道目标)探测跟踪中所占观测比例为 38.3%,在同步轨道目标探测跟踪中所占比例为 8.8%,是中高轨道目标探测的重要组成设备。

对于中高轨道目标的实时雷达探测,美国最早在行星探测雷达技术的基础上,通过对脉冲参数进行调整实现。1971 年,在对 LES - 6 同步轨道卫星进行探测试验时,Haystack 行星探测雷达采用 0.2s 的长发射脉宽、100kW 峰值功率,接收机噪声约 75K(氦冷却前端放大器),对散射截面积 $1m^2$ 的同步轨道目标进行探测时,雷达的单脉冲回波信噪比可达 19dB。1974 年,美国在 Arecibo 行星探测雷达、Millstone 雷达及 Haystack 雷达上对同步轨道卫星 ATS - 3 进行观测试验,将记录的数据进行事后处理,给出了积累增益的相关结果。该试验采用长发射脉宽单载频波形,对检测性能进行验证。采用单载频波形,使得信号处理和事后积累易于实现。上述试验未对测量性能进行分析和验证。目前,在美国空间监视网雷达设备中,AN/FPS – 85、Haystack、ALTAIR、Millston 和 GLOBUS Ⅱ 雷达均可以探测至地球同步轨道范围,其中 AN/FPS – 85 为相控阵,其他四部雷达为机械跟踪雷达。有关空间目标探测相控阵雷达参见 3.6 节。

　　Haystack 雷达(图 6.1)于 1964 年建成,该雷达抛物面天线口径达 36.6m,天线增益为 66dB,发射机具备发射 300kW 连续波信号的能力,工作于 X 频段,其不仅能够对 1cm 以上的低轨道空间碎片进行测量,且可对地球同步轨道的目标进行探测[98]。另外,该雷达还具备成像功能,可对低轨道和深空目标成像。

图 6.1　HAYSTACK 雷达(见彩图)

　　ALTAIR 雷达位于夸贾林环礁,可以对深空目标进行精确测量,执行卫星观测、再入段目标观测等任务[99]。作为空间监视网的主力雷达之一,ALTAIR 雷达可以跟踪地球同步带近三分之一的目标,每年超过 35000 次深空跟踪和 2500 次高优先权的近地跟踪。ALTAIR 雷达天线直径为 45.72m,有 VHF 和 UHF 两个工作频段,ALTAIR 雷达主要参数如表 6.1 所列。

表 6.1　ALTAIR 雷达主要参数

频　　段	VHF	UHF
载频/MHz	162	422
波束宽度/(°)	2.8	1.1
最大信号带宽/MHz	7.06	17.6
最高 PRF/Hz	1724	1724
最大脉冲长度/μs	600	1000

　　ALTAIR 雷达在深空探测模式下曾对同步轨道卫星 FLTSATCOM4 进行过观测的试验,观测时该雷达工作于 UHF 频段。该试验主要是验证电离层扰动对回

波信号的影响,分别在电离层活动剧烈和电离层活动平稳时进行试验,并对两次试验结果进行比较。试验过程中采用相参积累方法对回波信号进行处理,试验结果表明,在电离层活动剧烈和活动较平稳的环境下,都能得到较高的积累信噪比。

Millstone 雷达位于美国大陆,是第一部对苏联发射的第一颗人造卫星 Sputnik 进行跟踪的雷达。美国早期在该雷达上完成了基于相参处理的卫星探测跟踪试验。该雷达可对深空目标、火箭箭体及同步轨道带的空间碎片进行观测,能够对约 $1m^2$ 的同步轨道目标进行跟踪,可进行同步轨道目标碰撞预警。由于雷达功率大,灵敏度高,因此该雷达可得到高精度的空间目标轨道测量数据。Millstone Hill 雷达天线如图 6.2 所示。

图 6.2　Millstone Hill 雷达天线(见彩图)

GLOBUS Ⅱ雷达也是一部 X 频段抛物面机械跟踪雷达,其天线口径为 27m,方位覆盖 0°~360°,俯仰 0°~90°,可探测同步轨道目标。GLOBUS Ⅱ 雷达每天能跟踪 100 个深空目标,并能够对 3 个以上的深空目标进行成像识别。

另外,俄罗斯 Evpatoria 深空探测中心的 70m 抛物面天线(工作于 C 频段,可发射连续波和线性调频信号两种信号形式)可与欧洲、亚洲的多个国家的射电天文观测天线构成双基地探测系统,具有探测同步轨道区域空间碎片的能力,且可用于大椭圆轨道碎片的观测。

德国应用科学研究学会(FGAN)的高频物理与霍夫曼高频物理研究所(FPH)研制的跟踪与成像雷达系统 TIRA 也具有同步轨道目标探测能力。该雷达为抛物面天线的脉冲精密跟踪雷达,可工作于 L 频段和 Ku 频段,天线口径达 34m。TIRA 在 L 频段工作模式下进行过探测同步轨道目标的试验,为了提高信噪比,其对多脉冲进行了相参积累。

典型的具有中高轨道目标探测能力的雷达系统基本情况如表 6.2 所列。

表 6.2 典型的具有中高轨道目标探测能力的雷达系统基本情况

系统	类型	频段	位置	方位覆盖/(°)	归属
ALTAIR	抛物面雷达	VHF/UHF	马绍尔 9.4°N,167.5°E	0~360	美国
AN/FPS-85	相控阵雷达	UHF	美国 30.6°N,273.8°E	120~240	美国
MILLSTONE	抛物面雷达	L	美国 42.6°N,288.5°E	0~360	美国
GLOBUS Ⅱ	抛物面雷达	X	挪威 70.4°N,31.1°E	0~360	美国
HAYSTACK	抛物面雷达	X	美国 42.6°N,288.5°E	0~360	美国
EVPATORIA	抛物面雷达	C	俄罗斯 45.2°N,33.2°E	0~360	俄罗斯
TIRA	抛物面雷达	L/Ku	德国 50.6°N,7.1°E	0~360	德国

虽然有不少文献对具备中高轨道目标探测能力的雷达进行过介绍,提及采用长时间积累提高作用距离的技术路线,但对实现方法、条件鲜有提及,仅有部分文献给出某些特殊雷达参数及目标试验情况下的积累增益结果。

提高雷达对非合作目标探测跟踪能力的技术途径主要有高功率发射机技术、大口径天线技术、低温接收技术和信号处理技术。

在提高雷达探测威力的技术手段中,高功率发射机及大口径天线技术成本高,难度大,低温接收技术改进有限。空间目标的定轨,主要依赖于测量弧段而不是测量数据率,当弧段内测量数据平滑后的随机差显著小于系统差时,额外的数据量将不再有贡献,使得弧段内很低的数据率即可满足需求。因而改进信号处理原理方法,并利用高速数字信号处理技术,进行长时间积累,是大幅提高探测能力,实现中高轨目标探测的有效技术途径[85,100]。增程信号处理技术利用空间目标的非机动性或弱机动性,应用动力约束和模型化的方法进行信号检测和参数测量,从而使作用距离显著提高。同时新方法的应用也依赖于信号处理硬件能力的飞速发展和提高,以及快速算法的设计与实现。对于抛物面天线雷达,通过有效的长时间积累,直接获得作用距离的提升;对于相控阵雷达,在重点跟踪状态或搜索空域减小的条件下,比如小空域搜索或引导轨道附近的搜索,通过长时间积累的方式同样可以获得作用距离的提升。本章将基于信号处理的技术路线,对雷达探测中高轨目标增程技术的原理方法、增程应用系统的设计等方面进行详细描述。

6.2 长时间相参积累检测技术

由于雷达的天线口径和发射功率受各种技术、成本等因素的限制较多,要提高雷达的探测距离,较优的选择是对多脉冲回波信号进行能量的积累。本节给出实现中高轨目标回波长时间积累检测的动力约束包络相位匹配法,并对影响信号积累的相关参数进行分析。

6.2.1 基于空间目标动力学约束的回波信号积累方法

6.2.1.1 方法原理

由 5.1 节的空间目标回波信号模型分析可知,空间目标相对雷达的径向运动使得回波产生包络徒动和相位变化,而回波包络徒动和相位变化是影响回波信号相参积累的主要因素。与逆合成孔径雷达成像的原理类似,要实现目标回波信号的能量积累,则必须进行回波包络对齐和相位补偿处理。

常用的包络对齐方法有包络相关法、Keystone 变换等。包络相关法通过计算不同脉冲脉压后包络之间的相关峰位置以实现包络对齐,一般只对单脉冲信噪比较高的情况下有效,而增程模式下目标的单脉冲回波信噪比一般很低,因而包络相关法在此处不适用。Keystone 变换可以在未知目标运动速度信息(要求速度无模糊或已知模糊数)的条件下校正距离徒动,该方法在回波快时间的频域、慢时间的时域对不同频点进行重采样,对于窄带工作参数,重采样的伸缩因子接近 1(接近不伸缩),起到的效果非常有限,同时 Keystone 变换还需要处理速度模糊问题。

本节提出的基于空间目标动力学约束的回波信号参数化积累方法,根据空间目标的动力学约束和目标的初始状态矢量构造目标参考轨道,图 6.3 给出了参考轨道数据的产生过程。根据该参考轨道构造包络对齐和相位补偿因子,以实现目标回波的包络对齐和相位补偿。目标的初始状态矢量可根据目标的引导轨道数据或在状态空间中搜索捕获得到。

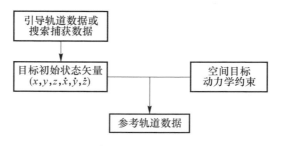

图 6.3 参考轨道数据的产生过程

基于空间目标动力学约束的信号参数化积累方法首先根据目标参考轨道数据对回波信号进行包络对齐及脉冲压缩处理,以消除回波包络徒动,将回波能量集中到同一个距离单元之内,包络对齐的精度要求通常小于半个距离分辨单元。由于高次相位的存在会影响多普勒聚焦,因此实现包络对齐后需要对回波进行相位补偿处理,相位补偿的关键是去除回波的高次相位项的影响。最后,将包络对齐和相位补偿后的信号通过一个 FFT 滤波器组,实现回波相参积累。

6.2.1.2　动力约束包络相位匹配法

信号积累算法——动力约束包络相位匹配法的核心在于包络对齐和相位补偿处理,其主要步骤(图6.4)如下:

(1) 根据参考轨道数据构造包络对齐因子,对回波信号进行包络对齐。

(2) 对包络对齐后的回波信号进行脉冲压缩处理。

(3) 根据参考轨道数据构造相位补偿因子,对脉冲压缩后的信号进行相位补偿。

(4) 对相位补偿后的脉冲压缩结果进行相参积累。

下面分别对包络对齐和相位补偿进行详述。

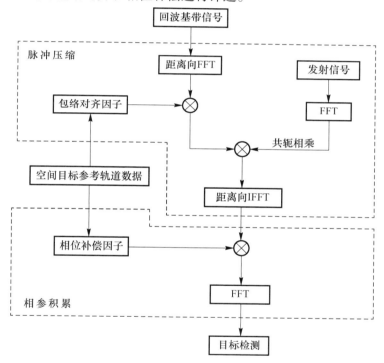

图6.4　动力约束包络相位匹配法流程

包络对齐分为包络预对齐和包络精细对齐两部分。为了在数字域进行信号处理,需要对回波进行采样,考虑运算量和存储量的问题,通常产生一个采集波门,对波门内的信号进行处理,而各回波采样波门的产生实际上就是包络预对齐的过程。包络预对齐示意如图6.5所示。

首先根据参考轨道数据,得到各脉冲发射时刻 nT_r 目标相对雷达的径向距离 r_n,并转化为相应的时延 $\tau_n = 2r_n/c$,再根据时延 τ_n 产生回波采集波门,波门中

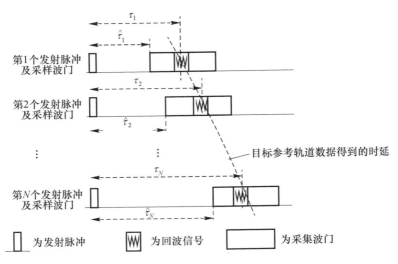

图 6.5　包络预对齐示意

心时刻对应时延 τ_n。实际上,由于数字采样的影响,波门产生的时刻 $\hat{\tau}_n$ 与目标轨道转化的时延 τ_n 对应的波门中心时刻存在误差,设减去波门半宽度的误差为 $\Delta\tau_n$,则有

$$\Delta\tau_n = \hat{\tau}_n - \tau_n - T_G/2 \tag{6.1}$$

式中,T_G 为波门宽度。当采样率为 f_s 时,该误差满足 $|\Delta\tau_n| \leqslant 1/f_s$。采样率越小,这种误差可能越大,从而使得包络没有达到理想的对齐效果。对于复信号采样情况,f_s 一般大于信号带宽的 1.25 倍,此时误差 $\Delta\tau_n$ 对信号能量的积累影响可能不大,但是会对后续较高精度的距离测量产生较大的影响。因此,需要对误差 $\Delta\tau_n$ 进行补偿,将此补偿过程称为包络精细对齐。包络精细对齐过程如图 6.6 所示。

取积累帧内某个回波信号为基准信号(图中选择第一个回波为基准),其他回波与之对齐。具体实现时将回波信号变到频域,在频域乘以补偿因子,再逆变换到时域,可以实现精细对齐。第 n 个回波的频域补偿因子表达式如下:

$$h_{\text{com}}(f,n) = \exp\{-\mathrm{j}2\pi f[(\hat{\tau}_n - \tau_n) - (\hat{\tau}_1 - \tau_1)]\} \tag{6.2}$$

由于 $\hat{\tau}_n$ 是采用高频率的时钟(时钟频率可以达到 1GHz)计数,因此,在不考虑 r_n 误差的情况下,可以认为得到了较好的包络对齐效果。包络对齐具体算法流程见图 6.4 所示。

回波包络对齐后,目标相对雷达高速运动引起的回波相位 $\varphi_n = 2\pi f_c \tau_n$ 的变化会影响多普勒聚焦,因此需要进行相位补偿。假设积累帧时间内,回波包络以第一个回波信号为基准实现了对齐,可得包络对齐的单个脉冲压缩结果如下

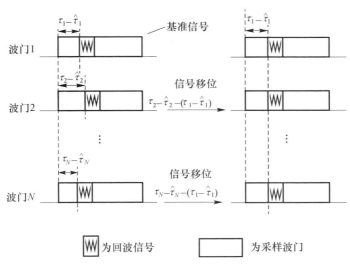

图 6.6　包络精细对齐过程

（暂不考虑噪声影响）：

$$s(t, \tau_n) \approx k_0 T_p \mathrm{sinc}\left[\pi\mu T_p(t - \tau_1)\right]\exp(-\mathrm{j}2\pi f_c\tau_n) \tag{6.3}$$

根据目标的参考轨道构造相位补偿因子：

$$\varphi_{\mathrm{com}}(n) = \exp(\mathrm{j}4\pi f_c r_n/c) \tag{6.4}$$

用式（6.4）乘以式（6.3）即实现了单个脉冲压缩信号的相位补偿。补偿的相位特性参见 5.3.2 节。将包络对齐和相位补偿后的多帧单个脉冲压缩信号，通过一个 FFT 滤波器组即可完成相参积累。

积累过程将不同时刻的目标回波会聚到一点，而测量是要将目标的位置和速度对应到某一时刻，因而需要精确地将测量所用不同时刻的脉冲最终折算到同一时刻。由于空间目标运动速度高，同时积累的不同时刻脉冲数可多达数万个，对测量时刻的折算要求非常准确，否则精度难以保证。

6.2.2　基于信号级轨道微分校正的空间目标参数测量技术

积累条件下的参数测量采用残差测量的思想，即将待测量分解为基准 + 残差，测量量在处理时间内非线性变化，但残差为线性或接近线性；基准由轨道运动约束构造，相当于在信号级进行轨道微分校正，在信号积累处理过程中完成。采用对残差进行测量的方法，可以降低测量带宽，在长时间积累目标大范围运动条件下，仍然具有雷达原有的距离、角度测量精度。

6.2.2.1　距离测量

距离测量是对积累后的信号进行距离向波形面积中心估计，即对回波信号进行相参积累后,可对积累后的距离 – 多普勒二维平面的距离维进行波形面积中心分析,并测量波形中心与触发脉冲信号的延时,进而得到目标的径向距离。

距离波形分析法获取目标的距离位置信息是通过求积累后信号距离向的面积中心位置来实现的,其原理如图 6.7 所示。设 t_g 为跟踪波门的中心位置,τ_s 为包络波形采样起始位置,τ_e 为包络波形采样结束位置,τ_n 为积累后信号距离向包络 $a(t)$ 的面积中心,则有

$$\int_{\tau_s}^{\tau_n} a(t)\,\mathrm{d}t = \frac{1}{2} \int_{\tau_s}^{\tau_e} a(t)\,\mathrm{d}t \tag{6.5}$$

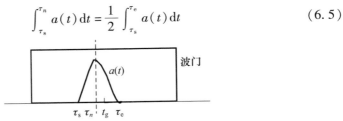

图 6.7　距离波形分析法原理

回波脉冲真实位置与采集波门中心位置的延时误差 $\Delta\tau_n = \tau_n - t_g$,由此可得目标的测量距离为

$$r_n = (t_g + \Delta\tau_n)c/2 \tag{6.6}$$

假设采用梯形近似法求面积中心,各采样点的幅度为 $a_1, a_2, \cdots, a_M$,由于进行等间隔采样,各梯形的高度相等,设高为 T_s,则包络波形总面积为

$$S = (a_1 + a_2 + \cdots + a_{M-1} + a_M)T_s \tag{6.7}$$

假设有

$$S_m = (a_1 + a_2 + \cdots + a_{m-1} + a_m/2)T_s \tag{6.8}$$

$$S_{m+1} = S_m + (a_m/2 + a_{m+1}/2)T_s \tag{6.9}$$

如果满足

$$S_m \leqslant S/2 \leqslant S_{m+1} \tag{6.10}$$

则回波面积中心位置在第 m 采样点到第 $m+1$ 采样点之间,得到回波面积的中心位置近似为

$$\tau_n = \left(m + 1 - \frac{S_{m+1} - S/2}{S_{m+1} - S_m} \right) T_s \tag{6.11}$$

为了较精确地得到距离测量值,求面积中心时可对数据包络进行插值处理。另外,还需要修正目标径向速度引起的耦合时移。需要说明的是,这里测量的距离不是积累时间内的平均距离,而是对应某时刻目标的距离。比如,在积累帧时间内,包络对齐的基准回波对应的波门中心时刻为 $t_{\text{g-ref}}$,则测得的目标径向距离 r_n 对应的测量时刻即为 $t_{\text{g-ref}}$。

6.2.2.2　角度测量

角度测量也是在回波信号积累的基础上进行的。首先对和通道信号、差通道信号进行相参积累,然后取目标所在位置的和通道、差通道数据做幅度归一化和极性判断处理,综合雷达轴角编码信息得到目标的方位角测量值 A_n 和俯仰角测量值 E_n。

角度测量流程如图 6.8 所示。具体角度测量步骤(图 6.8)如下:

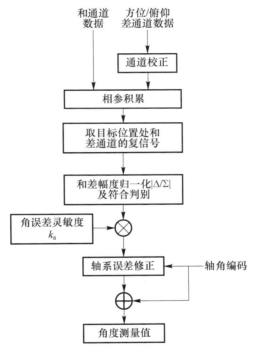

图 6.8　角度测量流程

(1)通道校正,由于和、差通道之间存在幅度和相位差异,因此需要对差通道数据进行幅相校正处理。

(2)对和、差通道数据进行相参积累以得到较高的积累信噪比,满足目标检测的要求,相参积累具体方法见上节。

(3)对积累后目标位置处的和、差通道数据进行幅度比较和极性判断处理,极性判断依据为和、差通道数据同相,则极性为正,反相,则极性为负。

(4)将归一化的角误差信号乘以角误差灵敏度系数 k_a,得到角误差值。

(5)对角误差进行轴承误差修正处理,综合轴角编码值得到角度测量结果。误差修正处理见 5.5 节校准技术。

6.2.2.3　速度测量

速度测量主要是测量积累后信号的多普勒的大小,并根据此多普勒值对参考轨道的径向速度$v_o(t)$进行修正,具体实现方法如下:

同距离测量和角度测量,首先需对回波信号进行相参积累处理,得到距离 – 多普勒二维积累结果。理论上,在包络对齐后,若空间目标参考轨道构造的相位补偿因子不存在误差,则积累后的多普勒值应为零。由于相位补偿因子会存在误差,其线性误差部分会使得多普勒偏离零频位置,为方便表述,将此多普勒偏差称为剩余多普勒。设发射信号波长为λ,剩余多普勒值为f_d,则信号积累时间内某时刻t的速度测量值计算如下:

$$\hat{v}(t) = v_o(t) + \frac{\lambda f_d}{2} \tag{6.12}$$

式中:$v_o(t)$为t时刻根据参考轨道得到的径向速度值;公式右侧第二项相当于是对径向速度进行误差修正。

一般情况下,剩余多普勒f_d不会产生模糊,即$|f_d| \leqslant 1/(2T_r)$,若f_d存在模糊,则需要进行速度解模糊处理。速度解模糊采用最小二乘方法对多帧距离测量值拟合得到目标速度估计值,用该速度估计值对速度测量值进行解模糊。

◼ 6.3　雷达探测中高轨目标搜索捕获技术

雷达对中高轨目标跟踪测量前首先要对目标进行搜索捕获,本节给出基于粗引导轨道信息的数引附近搜索、无引导轨道信息条件下指定空域搜索空间目标的搜索捕获方法,并给出相参积累条件下未知目标的距离解模糊方法。

6.3.1　数引附近搜索

雷达探测空间轨道目标通常有一定的先验轨道信息的引导,先验轨道信息一般由轨道预报获取,受轨道预报时间或其他因素的影响,轨道预报的精度可能会较差,这种轨道暂称为目标粗轨道。在粗轨道的引导下,天线波束有可能未照射到目标,此时应在粗轨道附近进行目标搜索,以实现目标捕获。在粗轨道附近进行目标搜索时,可以根据目标引导轨道数据误差模型研究较合理的目标搜索方法。本节首先分析空间轨道目标的引导轨道数据的误差模型,然后考虑基于粗轨道信息的目标搜索波位设计及搜索策略。

6.3.1.1　空间目标轨道误差模型

影响空间轨道目标定轨精度的主要误差源有观测设备及其布站、测站坐标精度、力学模型误差等。其中力学模型误差是较难克服的主要误差源,如地球引力场误差、大气模型误差、日月引力误差等,对于中高轨道目标来说,目标所在轨道处的大气密度已变得十分稀薄,目标所受的大气阻力已不是主要误差源。

　　利用轨道根数进行轨道预报时,预报的误差通常可投影到径向(目标地心距方向)、沿迹(在目标瞬时轨道平面内,垂直于径向,指向目标速度方向)和垂迹(与瞬时轨道平面的法线平行)方向上,且一般可认为轨道误差服从高斯分布。图 6.9 给出了轨道预报误差示意。因此,可以先对目标轨道预报的径向、沿迹和垂迹方向上的误差进行统计,再根据各方向上的误差设计目标搜索窗口及搜索路径。

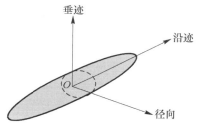

图 6.9　轨道预报误差示意

6.3.1.2　基于粗轨道信息的目标搜索策略

1)目标搜索窗口及波位设计

　　根据上节分析的轨道误差模型,可设计长方体搜索窗口,长方体的长、宽和高分别与轨道的沿迹、垂迹和径向平行。设预报轨道在径向、沿迹和垂迹方向上的误差分别为 δ_r、δ_a 和 δ_c,为了使目标以较大概率落入搜索窗内,较合理的搜索窗大小可设置为:长 $l = 2 \times 3\delta_a$,宽 $w = 2 \times 3\delta_c$,高 $h = 2 \times 3\delta_r$。为了减少搜索维数,在目标搜索阶段,可以将目标距离搜索波门宽度设置的较宽,完全覆盖径向误差,从而简化为垂迹和沿迹两维搜索。目标搜索示意如图 6.10 所示,搜索窗口的长和宽分别与轨道的沿迹向和垂迹向平行,且矩形的中心过点 T,T 为粗引导轨道上的点。

　　在搜索窗口内可以进行搜索波位编排,常见的搜索波位编排方式如图 6.11 所示。

　　纵列波位编排的覆盖率较低,交叠波位编排和低损耗点波位编排的覆盖率可以达到 100%,适合于要求对空域严格完备搜索的情况。交错波位编排的覆盖率介于纵列波位编排与其他两种编排方式之间。下面以交叠波位编排方式为例进行波位设计。

　　搜索窗口内的波位设置如图 6.12 所示。

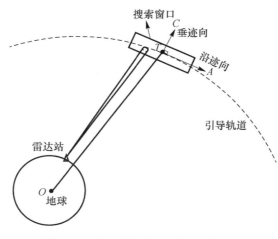

图 6.10 基于粗轨道的目标搜索示意

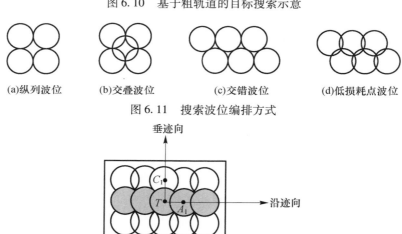

(a)纵列波位   (b)交叠波位   (c)交错波位   (d)低损耗点波位

图 6.11 搜索波位编排方式

图 6.12 搜索窗口内的波位设置示意

图 6.12 中波位 T 处于观测时刻引导轨道的位置上,较合理的搜索窗口应以 T 为中心设置搜索波位,其中带阴影的波位布置于引导轨道沿迹方向上。由于波位 T 位于引导轨道上,易得其在地固系下的坐标,而沿迹向波位可近似认为仅与波位 T 存在时间差,也易求出沿迹向波位坐标,这里关键是要求出垂迹向波位的坐标。下面以计算 C_1 为例,求解垂迹向波位的坐标。设在地固系下 T 点的坐标为 (x_T, y_T, z_T),A_1 点的坐标为 $(x_{A_1}, y_{A_1}, z_{A_1})$,地心 O 点的坐标为 $(0,0,0)$,则由矢量 $\mathbf{TC_1}$、$\mathbf{OT}$、$\mathbf{TA_1}$ 之间相互垂直关系可得

$$\mathbf{TC_1} = \Delta r \frac{(\mathbf{TA_1} \times \mathbf{OT})}{|\mathbf{TA_1} \times \mathbf{OT}|} + \mathbf{OT} \tag{6.13}$$

式中:"×"表示叉乘;Δr 可根据雷达天线波束宽度 $\theta(\mathrm{rad})$ 以及 T 点到地心的距离确定,即

$$\Delta r \approx \frac{\sqrt{2}}{2}\theta \sqrt{x_T^2 + y_T^2 + z_T^2} \qquad (6.14)$$

由式(6.13)和式(6.14)即可求得 C_1 点的坐标,同理可求得垂迹向其他波位的坐标。通常,雷达是在测站坐标系下进行目标观测,因此需要将目标的沿迹和垂迹波位转换到测站坐标系下的方位 A 和俯仰 E 方向上。

2)搜索窗口的运动方式及搜索时间

需要说明的是,在目标搜索过程中,搜索窗口并不是静止不动的,而是随着观测时间的变化沿着引导轨道运动,窗口运动的速度与轨道预报目标速度相同,图 6.13 给出了搜索窗口的运动方式。

其中搜索窗口中心的波位(图中的阴影波位)处于相应时刻引导轨道的位置上。假设搜索窗口沿迹向和垂迹向的搜索波位数之比为 5∶3,则搜索窗口波位设置如图 6.13 所示。根据轨道预报误差模型可知,越靠近搜索窗中心的波位,目标出现的概率越大,因此靠近搜索窗中心的波位应优先搜索,同时兼顾天线波束调度时跨越的波位数尽量少。

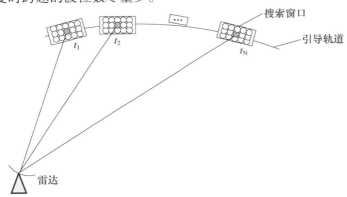

图 6.13　搜索窗口的运动方式

设搜索窗内的波位数为 N,波束在某一波位处驻留的时间为 T_{ob}(大于或等于信号积累时间),不考虑波束调度所占时间(波束调度过程所占的时间与波束在某波位内的驻留时间相比很短,可忽略),则完成搜索窗内所有波位的扫描所需时间约为 NT_{ob}。

本节给出的搜索方法实际上做了如下假设:在搜索窗口的扫描时间 NT_{ob}(典型搜索时间约几分钟)内,目标相对搜索窗口的位置近似不变,对于中高轨道目标来说,该条件一般可以满足。因此,在目标搜索过程中可以采用回波积累的方法进行信号处理,该搜索方法尤其适用于中高轨道目标探测的情况。

6.3.2　指定空域搜索

指定空域搜索模式,用于无引导轨道条件下,对中高轨未知目标的搜索。

6.3.2.1　指定方位、俯仰区域搜索

指定方位、俯仰区域搜索方式如图 6.14 所示,根据设定的扫描区域,对未知目标进行搜索。搜索空域需要根据目标落入空域的概率、目标穿屏时间、扫描波位数以及积累时间等参数设置。

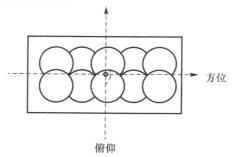

图 6.14　指定方位、俯仰空域搜索方式

搜索发现目标的概率等于目标落入空域概率与检测概率的乘积。通常可取空域概率和检测概率相等,进行搜索空域设定,如要求截获概率不低于 98% ,则目标落入空域概率和检测概率可各取为 99% 。设目标在方位的位置标准差为 δ_a,搜索方位范围为 X,则空域概率如表 6.3 所列。

表 6.3　方位扫描目标落入空域概率

X/δ_a	0.5	1.0	2.0	3.0	4.0	5.0	6.0	7.0	8.0
方位扫描目标落入空域概率/%	20	38	68	87	95.5	98.8	99.7	99.95	99.99

实际工作参数可以支持的最大搜索空域,受穿屏时间、积累时间、空域遍历次数等的限制。设穿屏时间为 T_{sre},要求在穿屏时间内扫描次数为 m 次,方位搜索范围为 X,目标穿屏速度为 $v_\perp$(垂直于屏方向),搜索区位置距雷达 r,波束宽度为 θ(取方位与俯仰近似相等),每个波位积累时间为 T_{ob},波束交叠系数为 η,则有

$$X = \frac{\eta r \theta^2}{m v_\perp T_{ob}} \tag{6.15}$$

从上式可以看出,在搜索屏搜索条件下,方位搜索范围受限于最大积累时间、扫描次数、目标距离和穿越速度,尤其是与波束宽度的平方成正比。

6.3.2.2　基于目标定点经度的同步轨道目标搜索策略

同步轨道目标的星下点轨迹为"8"字,该"8"字通常为细长形,其南北向长度相对地心的张角为目标轨道倾角的 2 倍,东西向的宽度对应的经度范围约为 $i^2/115°$(i 为轨道倾角)。又由于同步轨道目标相对地面的距离与地球半径相比相对较大,其运动轨迹相对地心的张角和相对测站的张角可近似相等,据此特点,可设计同步轨道目标搜索方案。

1)搜索窗口设计

同步轨道目标搜索示意如图 6.15 所示,图中矩形搜索窗中心位置位于赤道面上,且与待搜索的同步轨道目标的定点经度一致。搜索窗应覆盖目标的运动范围,即窗的长度(南北向)相对地心的张角不小于 $2i$,宽度(东西向)对应的经度不小于 $i^2/115°$。

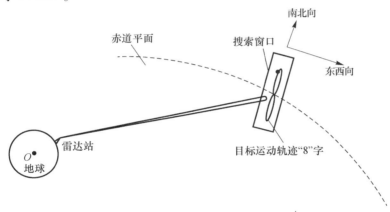

图 6.15　同步轨道目标搜索示意

为了实现同步轨道目标轨迹的完备覆盖,目标搜索波位也采用交叠波位编排方式,图 6.16 给出了预知定点经度的同步轨道目标搜索波位示意,图中虚线为目标运动轨迹"8"字。

2)搜索时间计算

搜索波位数主要取决于搜索窗口的大小,当雷达波束宽度 θ 确定,则待搜索目标的倾角越大,搜索时间越长。对倾角为 i 的同步轨道目标进行搜索,搜索窗内的南北向波位数 N 和东西向波位数 M 分别为

$$N \approx \lceil 2\sqrt{2}i/\theta - \sqrt{2} + 1 \rceil \tag{6.16}$$

$$M \approx \lceil \sqrt{2}i^2/(115°\theta) - \sqrt{2} + 1 \rceil \tag{6.17}$$

若波束在每个波位的驻留时间为 T_{ob},则扫描完搜索窗内所有波位所需时间

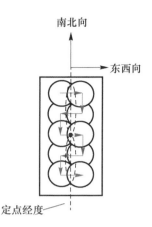

南北向

东西向

定点经度

图 6.16 预知定点经度的同步轨道目标搜索波位和路径示意

为 NMT_{ob}。以对轨道倾角小于 $5°$ 的同步轨道目标搜索为例,设单脉冲雷达波束宽度为 $0.15°$,每个波位的波束驻留时间为 $6s$(典型信号积累时间的 2 倍),则扫描完所有波位所需时间约为 $19min$。

　　3)搜索路径

　　在搜索过程中目标也在不断运动,特别是对于较大倾角的同步轨道目标,其南北向运动较快。同步轨道目标南北向的运动速度可近似为

$$v_{ns} \approx a\omega_e \sin i \cos(\omega_e t) \tag{6.18}$$

式中:ω_e 为地球自转角速度;a 为地球长半轴。

　　目标在过赤道处速度最大为 $a\omega_e \sin i$,在南北两个端点处速度为零,且倾角越大,目标过赤道的速度越大。以倾角为 $5°$ 的同步轨道目标为例,按目标的最大运动速度计算,其穿越 $0.15°$ 的波束约需 $7min$。另外,从式(6.16)和式(6.17)可以看出,波束覆盖要求东西向的波位数比南北向的少很多,对于受控目标,东西向波位数通常只需设 $2 \sim 3$ 个波位即可。因此,为了避免在扫描过程中,目标从未扫描的波位穿越到已扫描的波位造成漏检,搜索路径可按东西向进行。

6.3.3　积累条件下的距离解模糊

　　在对未知目标搜索模式下,捕获目标后,需要对距离测量值进行解模糊处理。一种常用的解距离模糊(简称判 N,下同)方法是伪码判距离模糊,该方法通过发射伪随机移相脉冲(这里的移相是指脉冲的间隔时间与正常间隔时间差半个间隔时间),并将接收到的回波序列和发射伪随机序列进行比较,以判定目标的距离模糊度 N 值。精密跟踪测量雷达常规的距离消模糊方法基于 m 序列每个码元的硬判决来实现,当单个脉冲回波信噪比过低时,该方法将无法工作。

本节针对目标低信噪比回波的情况,给出一种信号积累模式下基于软判决的距离消模糊方法[85]。

6.3.3.1　判 N 基本原理

在信号积累模式下的判 N 处理中,也采用发射伪随机移相脉冲串的方式,并对接收到的正常脉冲和移相脉冲进行相参积累处理。由于 m 序列具有较好的相关特性,当收发序列完全匹配时,相关函数具有最大值,只要收发序列有错位,则其相关函数幅值均大幅降低,因此选择 m 序列作为判 N 的伪随机移相码序列。为了便于分析,下面取 m 序列的编码方式为 0100111。

传统的基于伪随机序列的判 N 处理,采用正常波门和移相波门对回波信号进行采样,而在积累模式下的判 N 处理过程中,同样需要产生正常波门和移相波门(这里的正常波门和移相波门的概念与传统的概念一致,正常波门与移相波门间相差半个脉冲重复周期),如图 6.17 所示。图中移相脉冲用"↓"表示,正常脉冲用"↑"表示。图 6.17 中 0~6 为编码发射脉冲,编码脉冲发射完毕转入正常脉冲发射,而正常和移相波门仍交替产生,直到第 $N_{\max}+M$ 个脉冲为止。M 为伪随机序列长度,$N_{\max}$ 为最大判 N 距离 $r_{\max}$ 对应的脉冲重复周期个数:

$$N_{\max}=\left\lceil\frac{2r_{\max}}{cT_{\mathrm{r}}}\right\rceil \tag{6.19}$$

式中:T_{r} 为脉冲重复周期。

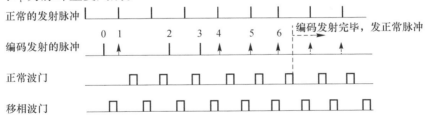

图 6.17　编码发射及接收示意

首先讨论目标模糊距离 $r_{\mathrm{amb}}<r_{\mathrm{prf}}/2$ 的情况,r_{prf} 为一个脉冲重复周期对应的目标距离。图 6.18 中的目标距离模糊度 $N=0$,带阴影的波门内存在目标回波信号,将正常波门序列和移相波门序列合并为一个波门序列,称其为组合波门序列,组合波门序列从编码发射的起始脉冲之后第一个波门起始,组合波门序列内的波门数有 $2N_{\max}+2M-2$ 个。图 6.19 给出了目标的距离模糊度分别为 0、1 和 2 的组合波门序列 X_0、X_1 和 X_2,存在回波信号的波门用"1"标识(阴影脉冲),否则用"0"标识,即

$$X_N(i)=\begin{cases}1(\text{波门内有回波})\\0(\text{波门内没有回波})\end{cases} \tag{6.20}$$

式中:i 为脉冲号。

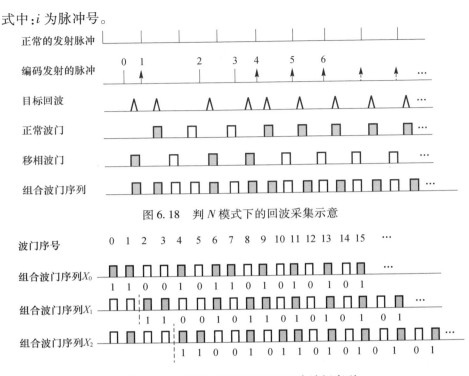

图 6.18　判 N 模式下的回波采集示意

图 6.19　不同距离模糊度下的组合波门序列

由图 6.19 可看出,在目标的距离模糊度不同的情况下,仅是回波在组合波门内出现的位置发生整体平移,若能构造一个匹配序列 P_i,使得

$$S_l = \sum_{i=0}^{2M-3} X_N(i+l)P_i \qquad (6.21)$$

当且仅当 $l = 2N$ 时($l = 0, 2, 4, \cdots$),S_l 存在最大值 $S_{\max}$,$l \neq 2N$ 时,$S_l \ll S_{\max}$,则即可根据该特点确定出目标的距离模糊度 N。

上面讨论的是目标模糊距离 $r_{\mathrm{amb}} < r_{\mathrm{prf}}/2$ 的情况,当目标模糊距离 $r_{\mathrm{amb}} > r_{\mathrm{prf}}/2$ 时,目标的编码回波会整体错后一个波门位置,此时 $l = 2N+1$,取值为 $l = 1, 3, 5, \cdots$ 即可。

6.3.3.2　匹配序列的构造

上节分析了基于积累模式下距离判 N 的基本原理,其中关键步骤是匹配序列 P_i 的构造,本节给出匹配序列 P_i 的产生方法。以图 6.19 的组合波门序列为例,根据图 6.19 及式(6.21)可知,当 $l = 2N$ 时要使得 S_l 存在最大值,则可构造如下匹配序列:

$$P_i = \begin{cases} 1 & (X_N(i) = 1) \\ -1 & (X_N(i) = 0) \end{cases} \qquad (6.22)$$

式中: $i = 0, 1, \cdots, 2M - 3$。

该序列能够使得 $l = 2N$ 时, S_l 存在最大值 M, 当 $l \neq 2N$ 时, S_l 的幅度大大降低, 且当 M 取值较大时该特点较明显。下面给出证明。匹配序列 P_i 可按波门的奇偶编号拆分成 P_e 和 P_o 两个序列, 即

$$P_e = P_i(i = 0, 2, 4, \cdots, 2M - 4) \qquad (6.23)$$
$$P_o = P_i(i = 1, 3, 5, \cdots, 2M - 3)$$

图 6.19 的示例中, $P_e = \{1, -1, 1, 1, -1, -1\}$, $P_o = \{1, -1, -1, 1, 1, 1\}$, 若在 P_e 末尾和 P_o 起始处各补一个 -1, 则 $P'_e = \{1, -1, 1, 1, -1, -1, -1\}$, $P'_o = \{-1, 1, -1, -1, 1, 1, 1\}$, 其中 P'_o 还是一个 m 序列, 其具有良好的自相关特性, 而 P'_e 仅是 P'_o 的码元符号取反, 同样具有良好的自相关特性。而 S_l 可以看成序列 P_e 和 P_o 分别与组合波门序列奇偶部分的互相关之和, 即

$$\begin{aligned} S_l &= \sum_{i=0}^{2M-3} X_N(i+l) P_i \\ &= \sum_{i=0,2,4,\cdots}^{2M-4} X_N(i+l) P_i + \sum_{i=1,3,5,\cdots}^{2M-3} X_N(i+l) P_i \\ &= S_e + S_o \end{aligned} \qquad (6.24)$$

由式(6.22)可知, 由于 $X_N(i)$ 与 P_i 的编码规则一致, 因此, 当 $l = 2N$ 时, S_e 和 S_o 同时达到最大值, 此时 S_l 达到最大幅值; 当 $l \neq 2N$ 时, S_e 和 S_o 幅值迅速减小, 从而 S_l 的幅值也迅速减小。图 6.20 给出了 $M = 255$ 和 $M = 511$ 时组合波门序列 $X_N(i)$ 与匹配序列 $P_i, i = 0, 1, \cdots, 2M - 3$ 的互相关结果(注意: l 步进为 2)。

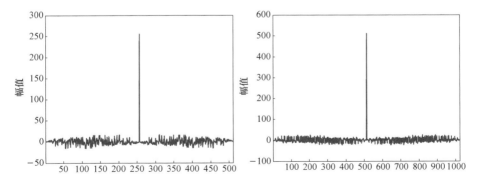

图 6.20　$M = 255$ 和 $M = 511$ 时组合波门序列与匹配序列互相关结果

式(6.22)中的匹配序列 P_i 是根据目标回波在组合波门中出现的位置得到的, 当 m 序列较长时, 该方法不易得到 P_i。直接从 m 序列推导匹配序列的步骤

如下：

（1）产生全 1 序列，序列长度为 M。

（2）对产生的 1 序列进行补数，补数规则：若 $m(i)=0$ 且 $m(i+1)=1$，则 $X(i)$ 与 $X(i+1)$ 之间不补数；若 $m(i)=1$ 且 $m(i+1)=0$，则 $X(i)$ 与 $X(i+1)$ 之间补两个 -1；若 $m(i)=0$ 且 $m(i+1)=0$，则 $X(i)$ 与 $X(i+1)$ 之间补一个 -1；若 $m(i)=1$ 且 $m(i+1)=1$，则 $X(i)$ 与 $X(i+1)$ 之间也补一个 -1。

为方便理解，图 6.21 以 0100111 编码为例，给出了匹配序列 P_i 的产生方法。

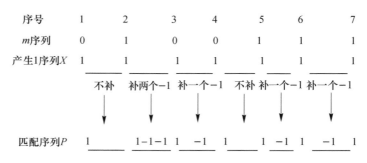

图 6.21　匹配序列的产生方法

图中匹配序列 $P=\{11-1-11-111-11-11\}$，匹配序列的长度 L_p 由伪随机序列的长度 M 确定，通常取 $2M-2$，即与编码回波序列及组合波门（包括正常波门和移相波门）的长度一致。

6.3.3.3　基于积累模式的判 N 实现方法

根据积累模式下判 N 的基本原理可知，构造一个匹配序列 P_i，使得当且仅当 $l=2N$ 时，S_l 存在最大值 $S_{\max}$，即可确定出目标的距离模糊度 N。判 N 具体实现步骤如下：

（1）先对组合波门序列内采集的回波进行包络对齐和相位补偿，再进行单个脉冲压缩处理，得到 $X(j)(j=0,1,\cdots,2N_{\max}+2M-3)$。

（2）取 $l=0$，将第一个积累时间窗内的单个脉冲压缩结果 $X(i+l)(i=0,1,\cdots,2M-3)$ 与匹配序列 P_i 相乘得到匹配后的单个脉冲压缩结果 $X(i+l)$。

（3）对积累时间窗内匹配后的单个脉冲压缩结果 $X(i+l)$ 进行相参积累，并记录积累后的信号峰值 S_0。

（4）分别取 $l=2,4,\cdots,2N_{\max}$，将积累时间窗依次右移，每滑动一次积累窗，重复步骤（2）和（3），并记录积累后的信号峰值 S_l。

（5）求 S_l 的最大值，并计算距离模糊度 $N=l_{\max}/2$，$l_{\max}$ 为 S_l 取到最大值时的

滑动波门数。

判 N 实现方法流程如图 6.22 所示。

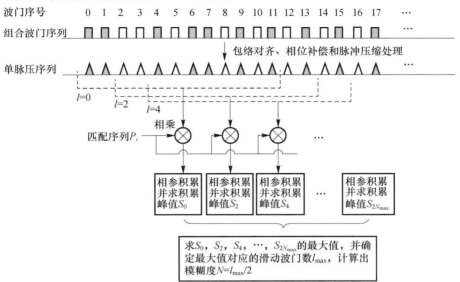

图 6.22　判 N 实现方法流程

上面分析的是目标模糊距离 $r_{amb} < r_{prf}/2$ 的情况,当目标模糊距离 $r_{amb} > r_{prf}/2$ 时,l 取值改为 $1,3,\cdots,2N_{max}+1$,其他处理步骤与 $r_{amb} < r_{prf}/2$ 时完全一致,距离模糊度计算式修正为 $N = (l_{max} - 1)/2$。

完成一次判 N 所需的最长时间 T_N 由最大判 N 距离及发射伪随机序列的长度决定,即

$$T_N = (N_{max} + M) T_r \tag{6.25}$$

若取最大判 N 距离为 5×10^4 km(对应的 $N_{max} = 101$),脉冲重复周期 $T_r = 4$ms,伪随机序列长度 $M = 1023$,则完成一次判 N 所需时间约为 4.5s。

◪ 6.4　中高轨目标雷达跟踪技术

跟踪是保证对目标进行连续测量的前提。在方法层面上,由于增程探测针对目标的回波能量很低的工作条件,采用脉冲积累方式进行信号处理,存在测量数据率相对较低且测量延迟较大的问题,因而给角度闭环跟踪带来困难。在实现层面上,需要与传统的角度控制系统很好的融合,不能改变原设备的伺服控制系统。本节介绍中高轨目标雷达跟踪的基本原理,给出基于动力约束滑窗最小二乘滤波的目标跟踪方法。

6.4.1 中高轨目标跟踪难点及技术途径

由于增程工作方式下目标的回波能量低,采用脉冲积累方式进行数据处理又存在测量数据率相对较低且测量延迟较大的问题,因此,需要研究克服这些困难的目标跟踪方法。为此,提出基于角距联合处理、动力约束及"虚拟外引导"的长时间积累条件下角度闭环跟踪方法。该方法显著降低了跟踪带宽,通过"虚拟外引导"方式实现数据率和控制时间适配,有效解决了远距离空间目标回波能量低,积累条件下控制量数据率低且延迟较大等问题给角度闭环跟踪带来的困难,实现了目标角度的连续稳定跟踪。角度跟踪采用同轴跟踪技术,原理如图 5.4 所示。

由于空间轨道目标具有较高的动态特性,特别是在测站坐标系下这种动态特性更为明显。为了滤波和修正的需要,应进行坐标变换,即将数据由测站坐标系转换到地惯坐标系下处理,在地惯坐标系下,目标的动态特性大大降低,有利于后续滤波预测。但是,在地惯坐标系下进行数据处理又存在一个比较大的问题,即目标角度和距离的误差会相互耦合。在地惯坐标系下,角度的测量误差会使得目标测量距离的滤波精度降低,特别是对于中高轨道目标,这个问题更为明显。为此,预测在地惯系下完成,数据滤波处理仍然在测站坐标系下进行。为了降低目标的动态性,可采用轨道微分校正的思想,首先根据空间轨道目标的动力学方程预测空间目标的轨道信息(径向距离、方位和俯仰角);然后用雷达实时观测的测量值减去空间轨道目标的预测值得到参数测量残差;最后对参数测量残差(径向距离残差、方位角和俯仰残差)进行滤波和预测,处理并综合目标状态预测值得到未来观测时刻目标的径向距离、角度值,进而控制跟踪波门和伺服系统实现目标的闭环连续跟踪。

6.4.2 中高轨目标跟踪方法

本节对跟踪的具体实现方法进行详细描述。首先引入空间轨道目标的动力学模型,接着分析相关跟踪滤波器,最后结合动力学模型和跟踪滤波器给出空间目标增程模式下的跟踪方法。

6.4.2.1 空间轨道目标动力学模型

1)空间轨道目标的状态矢量

根据万有引力定律,空间轨道目标受到的地球引力为

$$F = -\frac{GMm}{r^3}r \qquad (6.26)$$

式中:GM 为地心引力常数;m 为卫星质量;r 为目标在地惯坐标系下的位置矢

量;r 为目标质心到地心的距离。

根据牛顿第二定律,目标的运动方程为

$$a = -\frac{GMr}{r^3} \tag{6.27}$$

对于式(6.27)描述的二体运动方程,需要确定 6 个积分常数才能描述目标在惯性坐标系内的运动,这 6 个积分常数可用轨道根数 (a,e,i,Ω,ω,f) 表示。在目标动力学模型中,常用目标的状态矢量 $(x,y,z,\dot{x},\dot{y},\dot{z})$ 来表示目标的运动,$(x,y,z,\dot{x},\dot{y},\dot{z})$ 表示地惯系下目标的位置矢量和速度矢量,$(x,y,z,\dot{x},\dot{y},\dot{z})$ 与轨道根数 (a,e,i,Ω,ω,f) 之间的转换关系可见[34]。

$$\begin{bmatrix} x & \dot{x} \\ y & \dot{y} \\ z & \dot{z} \end{bmatrix} = \begin{bmatrix} \dfrac{a\cos f}{1+e\cos f} & -\sqrt{\dfrac{\mu}{a}}\sin f \\ \dfrac{a\sin f}{1+e\cos f} & -\sqrt{\dfrac{\mu}{a}}(e+\cos f) \\ 0 & 0 \end{bmatrix} \tag{6.28}$$

2) 空间轨道目标的动力学模型

空间轨道目标的动力学模型描述空间轨道目标的运动状态随时间的变化,用微分方程表示为

$$\dot{x}(t) = \frac{d}{dt}x(t) = f(x(t),n(t)) \tag{6.29}$$

式中:$x(t)$ 为目标的状态矢量;$n(t)$ 为噪声矢量。

在地球重力场的作用下,空间轨道目标的运动为

$$\frac{d^2}{dt^2}[x \quad y \quad z]^T = -\frac{GM}{(x^2+y^2+z^2)^{3/2}}[x \quad y \quad z]^T + [n_x \quad n_y \quad n_z]^T \tag{6.30}$$

其中噪声矢量 $[n_x \quad n_y \quad n_z]^T$ 由力模型的不确定性,如太阳光压等因素引起。

引入速度矢量 $[\dot{x} \quad \dot{y} \quad \dot{z}]^T$,则有

$$\frac{d}{dt}[\dot{x} \quad \dot{y} \quad \dot{z}]^T = \frac{d^2}{dt^2}[x \quad y \quad z]^T \tag{6.31}$$

结合式(6.29)和式(6.30),可得

$$x(t) = \frac{d}{dt}\begin{bmatrix} x \\ y \\ z \\ \dot{x} \\ \dot{y} \\ \dot{z} \end{bmatrix} = \begin{bmatrix} \dot{x} \\ \dot{y} \\ \dot{z} \\ kx \\ ky \\ kz \end{bmatrix} + \begin{bmatrix} 0 \\ 0 \\ 0 \\ n_x \\ n_y \\ n_z \end{bmatrix} = F\begin{bmatrix} x \\ y \\ z \\ \dot{x} \\ \dot{y} \\ \dot{z} \end{bmatrix} + \begin{bmatrix} 0 \\ 0 \\ 0 \\ n_x \\ n_y \\ n_z \end{bmatrix} \tag{6.32}$$

3）空间轨道目标状态方程

忽略噪声的影响，则得

$$\dot{x}(t) = Fx(t) \tag{6.33}$$

对状态矢量 $x(t)$ 在 t_0 时刻进行泰勒展开，令 $\Delta t = t - t_0$ 可得[34,107]

$$x(t) = x(t_0) + Fx(t_0)\Delta t + 0.5F^2x(t_0)\Delta t^2 + \cdots \tag{6.34}$$

$j(t) = I + F\Delta t + 0.5F^2\Delta t^2 + \cdots$ 称为状态转移矩阵，取状态转移矩阵二阶近似，有

$$
j(t) \approx I + F\Delta t + 0.5F^2\Delta t^2
$$

$$
= \begin{bmatrix}
k_1 & 0 & 0 & \Delta t & 0 & 0 \\
0 & k_1 & 0 & 0 & \Delta t & 0 \\
0 & 0 & k_1 & 0 & 0 & \Delta t \\
k_2 & 0 & 0 & k_1 & 0 & 0 \\
0 & k_2 & 0 & 0 & k_1 & 0 \\
0 & 0 & k_2 & 0 & 0 & k_1
\end{bmatrix} \tag{6.35}
$$

式中：$k_1 = 1 + k\Delta t^2/2$；$k_2 = k\Delta t$。

由此可得，目标运动状态方程的近似表达式为

$$x(t) \approx (I + F\Delta t + 0.5F^2\Delta t^2)x(t_0) \tag{6.36}$$

6.4.2.2 滑窗最小二乘滤波

跟踪滤波器的设计是雷达目标跟踪的基本内容，要对目标形成连续的稳定跟踪，离不开高性能的跟踪滤波器的设计。雷达目标跟踪常用的滤波器有 $\alpha - \beta$ 滤波器，最小二乘滤波器和卡尔曼滤波器等。$\alpha - \beta$ 滤波器计算简单、运算量较小，常用于目标匀速运动的情况。当目标的运动状态方程和传感器的测量方程均为线性方程，且观测噪声为零均值高斯分布时，卡尔曼滤波是最小方差意义下的最优滤波。由于增程模式下角度跟踪数据率较低，为了更好地对跟踪过程进行直观显示和控制，这里选用滑窗滤波的方式，以最小二乘滤波器为原型，实际应用时可根据实时观测情况，选择合适的滤波时间构造滤波窗口，对窗内的数据进行滤波，称为滑窗最小二乘滤波。滑窗最小二乘滤波仅对滤波窗内的数据进行滤波，运算量不大，随着观测时间的推移，滤波窗内的数据会不断更新。滑窗最小二乘滤波器的阶数可根据实际跟踪目标的动态特性确定，由于是对观测数据与预测轨道的差值进行滤波，因此，滤波器的阶数一般取一阶或二阶即可。下面对滑窗最小二乘滤波原理进行描述。

假设在 $t_1, t_2, \cdots, t_n$ 时刻，对目标位置 $x(t_i)$ 有 n 个观测值 $z_1, z_2, \cdots, z_n$。由于观测数据存在随机误差，因而观测数据 z_i 与 $x(t_i)(i = 1, 2, \cdots, n)$ 会存在差异，通

常可假设目标的位置随时间 t_i 按某一多项式变化,即

$$\hat{x}(t_i) = a_0 + a_1 t_i + a_2 t_i^2 + \cdots + a_m t_i^m = \sum_{k=0}^{m} a_k t_i^k \qquad (6.37)$$

式中,$\hat{x}(t_i)$ 为 t_i 时刻目标位置的估计值,$a_0,a_1,a_2,\cdots,a_m$ 为待估参数($m \leqslant n - 1$),观测值 z_i 与估计值 $\hat{x}(t_i)$ 差值 ε_i 的平方和可表示为

$$J = \sum_{i=0}^{n} \varepsilon_i^2 = \sum_{i=0}^{n} \left(\sum_{k=0}^{m} a_k t_i^k - z_i \right)^2 \qquad (6.38)$$

最小二乘的基本准则是使得剩余误差的平方和最小,即 J 取最小值时就可以确定待估参数 $a_0,a_1,a_2,\cdots,a_m$ 的值,从而确定 m 次多项式 $\hat{x}(t)$。

滑窗最小二乘滤波则对一定滤波时间窗内的数据进行最小二乘滤波,随着观测时间的推移,滤波时间窗内的数据不断更新。

滑窗最小二乘滤波示意如图 6.23 所示。

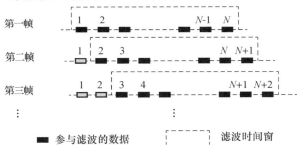

图 6.23　滑窗最小二乘示意

图 6.23 中滤波窗内有 N 个数据点,即滤波窗长为 N。理论上,滤波窗长 N 决定了滤波效果,较长的滤波窗可得到较小的滤波输出数据的方差,但会增加运算量,因此,需要选择合适的滤波窗长 N。在滤波窗内,测量数据与预测轨道的残差一般可近似为一阶多项式,因此下面以一阶滑窗最小二乘为例,分析较优的滤波窗长 N 的取值。

假设观测数据 $x[n]$ 为线性离散信号:

$$x[n] = a_0 + a_1 n + w[n] \quad (n = 0,1,\cdots,N-1) \qquad (6.39)$$

式中:a_0、a_1 为待估参数;$w[n]$ 为高斯白噪声。估计参数 a_0、a_1 的克拉美罗下界为

$$\mathrm{var}(\hat{a}_0) \geqslant \frac{2(2N-1)\sigma^2}{N(N+1)} \qquad (6.40)$$

$$\mathrm{var}(\hat{a}_1) \geqslant \frac{12\sigma^2}{N(N^2-1)} \qquad (6.41)$$

式中:σ^2 为方差。

由式(6.40)和式(6.41)可知,若 σ^2 值确定,则 N 值越大,$\mathrm{var}(\hat{a}_0)$、$\mathrm{var}(\hat{a}_1)$ 的下界越小。若滤波后数据的方差能达到其克拉美罗下界,则可通过 σ^2 与 $\mathrm{var}(\hat{a}_0)$ 得到较合理的滤波窗长 N,考虑估计参数 a_0,则窗长 N 的取值为

$$N \approx \frac{4\sigma^2}{(\hat{a}_0)} - 1 \tag{6.42}$$

例如,若滤波后估计参数 a_0 的方差希望达到滤波前观测噪声方差 σ^2 的 $1/3$,则滤波窗长 $N \approx 11$。

6.4.2.3 基于动力学约束的滑窗最小二乘滤波目标跟踪方法

结合前面描述的空间轨道目标的动力学模型和滑窗最小二乘滤波器,给出一种基于动力学约束的滑窗最小二乘滤波空间轨道目标跟踪方法。

该方法主要包括两部分:基于空间轨道目标动力学方程的目标状态预测和基于雷达观测数据的状态预测值修正。目标状态预测主要根据空间轨道目标的状态方程,通过该状态方程对各观测时刻目标的位置状态进行预测。由于受目标初始状态的误差和动力学模型本身的误差的影响,通过动力学方程预测的目标状态会存在误差,为了减小这种误差,可通过雷达实时观测数据对状态预测值进行修正,再用修正后的状态预测未来观测时刻目标的位置,最终实现目标的连续跟踪。该跟踪方法可用图 6.24 的观测模型描述。

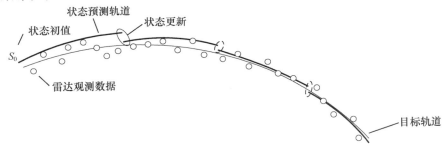

图 6.24　目标状态跟踪示意

图 6.24 中圆点表示雷达观测数据,细长弧线表示目标真实轨道,四段粗弧线表示目标状态预测轨道,S_0 为预测轨道的状态初值。由图 6.24 可知,通过观测数据不断修正目标状态预测值,使得目标的状态预测轨道围绕在目标轨道真值附近,通过该状态预测值控制天线的波束指向及跟踪波门,以实现目标的连续跟踪。实际处理时,在首次状态更新后可每收到一个测量值就进行一次状态更新,以减少预测时间。

由于空间轨道目标具有较高的动态特性,该动态性对测站坐标系下的数据滤波处理不利。通常是将测站坐标转换到地惯坐标系下,以削弱目标的动态特

性,便于滤波与预测处理。但在地惯系下,目标角度和距离的测量误差会相互耦合,对于中高轨道目标,这种影响更为明显。因此还是在测站坐标系下进行数据滤波处理,为了削弱目标动态性的影响,可对雷达观测值(方位角 A、俯仰角 E 和径向距离 R)与目标的轨道预测值的残差进行滤波。具体的目标跟踪方法实现如下:

(1) 根据空间轨道目标的动力学方程及目标状态初值,预测滤波窗内的参数测量时刻 t_i(i 为滤波窗内的帧序号,$i = 1,2,\cdots,N$)目标的位置状态($\hat{x}_i$,$\hat{y}_i$,$\hat{z}_i$)及未来时刻 t_M($M > N$)目标的位置状态($\hat{x}_M$,$\hat{y}_M$,$\hat{z}_M$),并将目标预测状态转换到测站坐标系下,得到目标位置预测值 $\hat{A}_i$,$\hat{E}_i$,$\hat{R}_i$ 和 $\hat{A}_M$,$\hat{E}_M$,$\hat{R}_M$。起始滤波窗内,目标的状态初值 S_0 可根据引导轨道信息获取。

(2) 用 t_i 时刻的目标位置测量值 A_i,E_i,R_i 减去目标位置预测值 $\hat{A}_i$,$\hat{E}_i$,$\hat{R}_i$ 得到目标参数测量残差 ΔA_i,ΔE_i,ΔR_i。

(3) 对测量残差 ΔA_i,ΔE_i,ΔR_i 分别进行滑窗最小二乘滤波处理,并得到未来观测时刻 t_M 的位置预测补偿值 ΔA_M,ΔE_M,ΔR_M。

(4) 用位置预测补偿值 ΔA_M,ΔE_M,ΔR_M 修正 t_M 时刻目标的位置预测值 $\hat{A}_M$,$\hat{E}_M$,$\hat{R}_M$,得到经过修正的目标位置预测值 $[\hat{A}'_M \quad \hat{E}'_M \quad \hat{R}'_M]$,即

$$[\hat{A}'_M \quad \hat{E}'_M \quad \hat{R}'_M] = [\hat{A}_M \quad \hat{E}_M \quad \hat{R}_M] + [\Delta A_M \quad \Delta E_M \quad \Delta R_M] \quad (6.43)$$

并根据位置预测补偿值更新 t_M 时刻目标的状态。

(5) 用修正的位置预测值 $[\hat{A}'_M \quad \hat{E}'_M \quad \hat{R}'_M]$ 控制雷达天线指向和距离跟踪波门。

(6) 按帧滑动滤波窗口,重复步骤(1)~(5),直到目标观测结束。滑动滤波窗后,滤波窗内的目标状态初值可选择上帧滤波窗内对应时刻的目标状态预测值。

经过上述六步骤,实现了目标的角度和距离跟踪,为了实现较高精度的参数测量,步骤(2)中的参数测量值需要进行实时系统误差修正。目标跟踪方法实现框图如图 6.25 所示。

6.4.2.4　记忆跟踪

在对目标跟踪过程中,由于目标的起伏等因素的影响,可能会造成跟踪过程中没有检测到回波信号。若发生这种情况,一般不即刻中断跟踪,而是根据最近更新的目标状态值预测目标位置信息,并控制雷达波束指向和跟踪波门位置直到目标再次出现,此功能称为记忆跟踪。若在记忆跟踪过程中持续若干个滤波窗长的时间都没有目标出现,则认为目标丢失。当判断出目标丢失之后,雷达工作模式由跟踪返回引导,重新进行目标捕获和跟踪,若在引导模式下未发现目标,则可启动引导附近搜索功能。

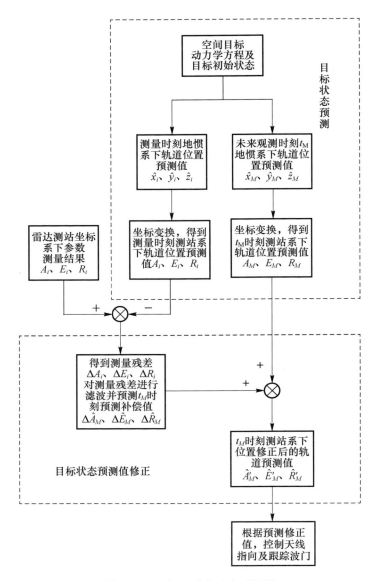

图 6.25　目标跟踪方法实现框图

▌ 6.5　雷达增程系统设计

本节以单脉冲雷达增程为例对相关系统设计进行介绍。增程信号处理分系统作为主雷达的一个分系统,由显控子系统、信号处理与参数测量子系统、目标搜索子系统及数据存储子系统等组成。

为了实现对更远距离目标探测能力,综合考虑增程模式处理和显控的特点,方便使用和操作,同时保证雷达系统原有成熟架构不受影响,硬件上采用增加并行信号处理支路的方式,软件上利用雷达已有的接口程序,稍做改动与增程分系统进行关联。

6.5.1　增程系统与主雷达关联

6.5.1.1　系统组成

原雷达加装增程信号处理分系统后,整个系统组成如图 6.26 所示。

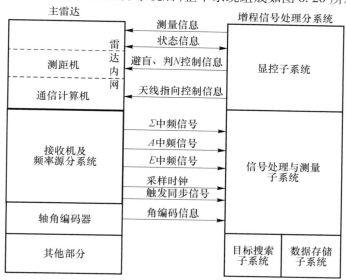

图 6.26　系统组成

6.5.1.2　软、硬件接口

增程分系统与雷达系统的硬件接口主要包括中频接收信号、采样时钟信号、主脉冲触发信号、距离波门信号、距离避盲标志、角编码数据以及内网定时信号。

数据接口通过雷达内网实现。雷达内网为以太网,帧数率 20Hz,同步方式采用硬件帧同步信号。各分系统通过 SOCKET,采用广播方式发送数据包,按照固定的时序进行数据交换,交换频率为 20Hz。接收方可以根据自己的需要,自主决定要使用的信息及其使用方式。

交互的信息包括雷达状态信息,增程信号处理分系统的测量结果和状态,角度指向控制信息及避盲、判 N 控制信息,具体如下:

增程信号处理分系统向通信计算机发送控制天线角度指向的信息。

增程信号处理分系统向测距测速分系统计算机发送控制避盲节拍及判 N 的信息。

增程信号处理分系统向雷达内网发送中高轨目标测量数据、加装设备工作方式和状态、故障等信息。

增程信号处理分系统从雷达内网获得雷达的工作状态信息和参数,包括时标、波门距离、距离避盲标志、AGC、盲区大小、通道补偿系数、定向灵敏度系数等信息。

6.5.2 信号处理系统架构

增程信号处理系统采用 DSP 与 GPU 异构的并行实时处理机架构,以充分挖掘了 DSP 和 GPU 的快速响应和实时运算能力,并解决超大运算量条件下的实时快速处理和控制问题。

在空间目标轨道误差较大或没有空间目标轨道先验信息的情况下,需要遍历目标可能的轨道运动参数空间,在每一组轨道运动参数下,利用该参数构造参考轨道。该处理过程运算量巨大,要满足雷达的实时工作特性,要求处理机具有超高速运算能力。国内目前的空间目标雷达探测设备,其信号处理的架构主要是基于 DSP。DSP 数字信号处理芯片具有灵活的数据输入、输出接口和较强的运算能力,具有非常快速的实时响应能力,非常适合实时数字信号处理应用,但其难以满足超高速的运算能力要求。因此,现有的信号处理架构难以实现空间目标轨道误差较大或没有空间目标轨道先验信息的情况下,单脉冲作用距离之外的空间目标探测处理。

GPU 是专注于计算密集型、高度并行计算的处理器。在处理器设计时,更多的晶体管投入到数据计算而不是数据缓存和流控制,图 6.27 为 GPU 与 CPU 的结构设计对比。

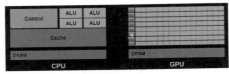

图 6.27 GPU 与 CPU 结构设计对比(见彩图)

在 DSP 与 GPU 异构的处理机架构下(图 6.28 所示),利用 GPU 每秒万亿次以上的运算能力实现目标轨道误差较大或没有轨道信息时目标轨道运动参数空间的并行搜索,完成目标检测,解决超高速运算的问题,GPU 将搜索到的目标运动参数传递给 DSP,DSP 根据目标运动参数产生参考轨道,依据参考轨道构造补偿因子,校正回波相位,消除距离徙动和相位模糊,实现雷达回波信号的距离对齐和相位对准;然后对校正后的回波进行脉冲压缩;最后通过对多个脉冲压缩结果的相参积累,提高回波信噪比,实现空间目标的检测和参数测量。GPU 与DSP 之间的数据流和控制流交互,可通过千兆以太网实现。

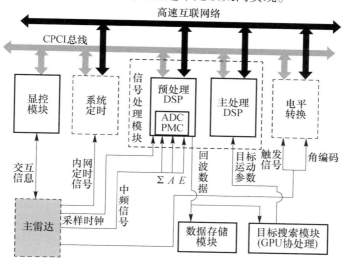

图 6.28　DSP 与 GPU 异构的处理机架构

6.5.3　工作流程

6.5.3.1　数引附近搜索模式

主雷达开机处于正常状态,设置雷达参数,并工作在增程模式。任务开始前,由增程信号处理机显控子系统对其信号处理与测量子系统进行初始化,设置任务起始时间、结束时间、引导轨道文件及工作模式等。信号处理与测量子系统根据引导轨道文件生成采样波门和相位补偿函数,然后根据时统信息或命令,对准预知轨道文件的时刻,开始和结束一次观测任务的处理。在信号处理与测量子系统进行数据处理的过程中,测量结果实时传送给增程信号处理机的显控子系统进行显示,存储子系统同时存储雷达回波信号及测量结果。系统工作流程如下:

(1) 主雷达开机,设置雷达参数(主雷达工作在中高轨探测模式)。

(2) 设置增程信号处理机工作模式参数。

(3) 主雷达在增程信号处理机传过来的数引下控制天线波束指向。

(4) 未发现目标时,增程信号处理机控制波束在数引值附近按设定波位偏置和搜索,直到截获目标。

(5) 增程信号处理机捕获到目标后,可根据设置,转入自动跟踪状态。

（6）增程信号处理机对目标进行实时测量，测量结果和状态送雷达内网。

（7）任务结束，天线复位。

6.5.3.2　指定空域搜索模式

系统工作流程如下：

（1）主雷达开机，设置雷达参数。

（2）设置增程信号处理机工作模式参数。

（3）主雷达根据增程信号处理机设定的方案控制波束。

（4）增程信号处理机目标搜索模块按照设定的参数进行处理，发现目标后，将测量结果、处理参数及初始的目标运动参数估计发送给信号处理与测量子系统。

（5）增程信号处理机信号处理与测量子系统根据初始的目标运动参数进行聚焦，对回波信号进行处理，获得自己的测量值，并对伺服系统进行控制，保证目标在波束内。

（6）随着时间的增加，目标运动参数估计精度不断提高，进入稳定跟踪状态，此时将测量数据的标志位由捕获改为跟踪。

（7）增程信号处理机信号处理与测量子系统对目标实时检测、测量与跟踪，测量结果和状态通过增程信号处理机的显控计算机送雷达内网。

（8）任务结束，天线复位。

第 7 章

空间目标 ISAR 成像技术

▧ 7.1　空间目标 ISAR 成像发展状况

7.1.1　空间目标 ISAR 成像系统和技术

20 世纪 60 年代,宽带技术和相参技术逐步成熟,美国密歇根大学的 Brown 等利用宽带相参雷达对转台上的缩比目标模型进行了微波成像[108]。70 年代,空间目标成像雷达-ALCOR 雷达研制成功,成为世界上最早的宽带雷达之一。该雷达工作在 C 频段,瞬时带宽为 512MHz,距离分辨率为 0.5m,其一项非常重要的任务是对美国国内和国外的卫星进行跟踪和成像[109]。1970 年,ALCOR 雷达对中国发射的"东方红"卫星及末级火箭进行成像,获得第一幅高质量近地空间目标图像。1971 年该雷达对苏联的"礼炮-1 号"空间站进行成像取得了成功。1973 年,林肯实验室利用 ALCOR 雷达对 Skylab 空间站进行了成像。据报道,Skylab 空间站在轨不久便发生故障,由于防微小陨石的屏蔽罩过早展开并被撕裂,进而导致太阳能电池帆板没能正常展开。通过对 Skylab 空间站的 ISAR 图像进行解析,进一步分析出左侧太阳能电池帆板缺失,其他位置仅部分展开,NASA 后来对 Skylab 空间站进行了修复并最终恢复正常[3]。另外,与 ALCOR 雷达同位于夸贾林环礁上的还有 MMW 雷达(35GHz 和 95.48GHz 双工作波段,1GHz 带宽)以及 TRADEX 雷达(S 波段,250MHz 带宽),如图 7.1 所示[110],图中左前侧白色圆球为 ALCOR 雷达,右前侧为 TRADEX 雷达,中间为 MMW 雷达。

1964 年,世界上威力最大的雷达——HAYSTACK 雷达研制成功,该雷达位于美国马萨诸塞州的 Tyngsboro[111,112]。该雷达工作在 7750 ~ 8050MHz 频段,作用距离为 27000km(1m^2 目标)。1978 年林肯实验室对 Haystack 雷达进行升级改造,改造后的雷达具有跟踪 200 ~ 40000km 高度卫星的能力,能够对远至地球同步轨道的卫星进行检测、跟踪和成像,是迄今为止世界上威力最大的雷达。改造后的 Haystack 雷达的工作载频为 10GHz(X 频段),发射信号是 1GHz 带宽的

图 7.1　夸贾林环礁的 3 部逆合成孔径雷达[4]（见彩图）

线性调频信号，距离分辨率为 0.25m；方位向分辨率在雷达参数固定时只与目标转过的角度有关，当目标转过 3.44°时，可以达到 0.25m 的方位向分辨率。天线直径约 37m，天线增益 68dB，波束宽度 0.06°，方位角和仰角都能以 2(°)/s 的速度在 180°范围内转动，典型的指向精度大约 0.4mrad，峰值功率为 400kW，平均功率为 140kW，脉冲重复频率为 1200Hz，脉冲宽度为 256μs。2010 年，林肯实验室对 HAYSTACK 雷达（图 6.1）再次进行升级改造，通过 Haystack 超宽带卫星成像雷达（HUSIR）项目使雷达工作在 W 频段，发射带宽为 8GHz，距离分辨率为 2cm。图 7.2（a）和（b）分别给出了原有 X 频段和升级后 W 频段对 SPASE 的 ISAR 成像仿真结果[110]。

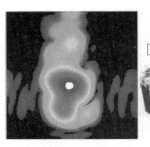

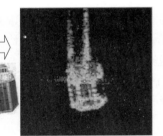

(a) X频段(9.5～10.5GHz)　　　　(b) W频段(92～100GHz)

图 7.2　不同频段带宽下对同一卫星仿真成像结果[110]（见彩图）

为了增加空间目标的观测时间，同时为了进一步提高距离分辨率和脉冲重复频率，林肯实验室于 1993 年研制成功 Haystack 辅助雷达-HAX。HAX 雷达工作在 Ku 频段，是世界上第一部带宽达到 2GHz 的逆合成孔径成像雷达（实际距离分辨率为 0.12m），该雷达能得到更清晰的卫星图像。HAX 雷达有独立的 40 英尺（约合 12m）的天线，天线增益 64dB，可在 180°范围内以 10(°)/s 的速度转动;有独立的发射机、射频硬件和接收机;与 Haystack 雷达共享控制和信号数据处理系统。2007 年,林肯实验室曾利用 Haystack 雷达、HAX 雷达、固定和移动接收站构建多基地雷达干涉成像试验系统,验证双基地宽带雷达对低轨道卫星的跟踪和干涉三维 ISAR 成像能力[113]。

1984 年,美国成立了弹道导弹防御计划办公室,出于弹道导弹防御的需要,开始进行拦截器验证、实时多目标跟踪技术验证等研究[114]。1988 年成立了地基雷达(GBR)计划办公室,期望实现在远距离上对弹道导弹目标群进行高分辨成像,并精确测定目标群中各目标的运动参数。1989 年开始研制地基雷达实验样机(GBR-X)。随后,依据不同使用要求和天线阵面配置,采用相同的收发组件,构成了一系列的地基雷达,这些雷达属于宽带雷达,可以对弹道导弹和轨道上的空间目标进行二维 ISAR 成像。GBR 围绕着弹道导弹防御拦截的三个阶段(实际重点是末段高层拦截和中段拦截两个阶段),已形成四类实用装备,即用于末段高层拦截的机动式,用于中段拦截的机动前置式、可移动式和相对大型固定式。

用于末段高层反导的 THAAD-GBR 是 X 频段固态多功能相控阵雷达,雷达天线面积小、作战空域大、扫描角度宽、机动性强,对 $0.1m^2$ 的目标作用距离约为 500km。从 1990 年正式提出,1992 年开始研制三部系统,包括一部演示验证系统和两部评估系统,2007 年投产了 THAAD 雷达工程研制的定型产品。2008 年,美国陆军在德克萨斯州正式部署了第一个 THAAD 雷达导弹系统链。据报道,THAAD 雷达同样具备对卫星成像的能力[115]。

GBR-P 雷达以 TMD-GBR 雷达为基础,是国家导弹防御(NMD)系统的试验性样机,部署在夸贾林环岛上,据称对 $1m^2$ 目标的作用距离为 2000km。GBR-P 雷达的发展型号为 XBR 雷达,阵面口径为 $123m^2$,天线单元数为 81000 个。2004 年有一部实战用的 XBR 雷达部署在阿拉斯加格里利堡军事基地,第二部雷达部署在加利福尼亚州范登堡军事基地。

德国研制了名为 TIRA(Tracking and Imaging Radar)的空间目标监视与成像雷达系统[116],如图 7.3(a)所示。该系统由窄带跟踪雷达和宽带成像雷达构成,其中跟踪雷达工作在 L 频段,功率放大器采用双速调管,发射高频脉冲的时间宽度为 1ms,峰值功率为 $1 \sim 2MW$。早期的成像雷达工作在 Ku 频段,发射信号为时宽 $256\mu s$、带宽 800MHz 和功率 13kW 的线性调频信号。经过不断改造升级,目前 TIRA 的带宽已达到 2.1GHz,威力也不断提高,可观测到距离 1000km 处尺寸为 2cm 的空间目标。该系统采用窄带引导宽带的方式进行 ISAR 成像。据报道,TIRA 利用该雷达对空间目标进行 ISAR 成像已取得了丰硕的成果。例如,1990 年成功对苏联"礼炮-7 号"空间站的再入过程和物理特征进了观测和描述,获得了空间站不同姿态下的 ISAR 图像,并从图像中得到了空间站的尺寸、形状、运动姿态等信息；1992 年，TIRA 对"和平号"空间站进行了 ISAR 成像，如图 7.3(b)所示[117]；1996 年，TIRA 对法国失效翻滚的 CERISE 电子侦察卫星进行成像，发现卫星的重力梯度杆被撞断。2013 年，TIRA 对 ATV-4 进行了 ISAR 成像，并利用 ISAR 图像进行故障检测[118]。文献[119]中报道了利用 TIRA 对空间目标进行干涉三维 ISAR 成像的研究计划。

(a)TIRA雷达[116]   (b)"和平号"空间站ISAR图像[117]

图 7.3　TIRA 雷达和"和平号"空间站 ISAR 图像(见彩图)

此外，ISAR 研究以及相关应用在俄罗斯等其他国家也都受到了重视。俄罗斯研制的 Ka 频段大孔径相控阵 Ruza 雷达在哈萨克斯坦的 Sary-Shagan 测试场对人造卫星和其他轨道飞行器进行了跟踪和成像测试[120]。

我国的 ISAR 成像研究从 20 世纪 80 年代开始，2005 年以后开始实用设备研制，目前 ISAR 成像技术从理论研究已逐步走向了实际应用，针对空间目标的 ISAR 成像也取得了一系列研究成果。

7.1.2　ISAR 成像处理技术

逆合成孔径雷达(ISAR)成像的对象一般是非合作的，成像处理算法包括脉内多普勒补偿(仅针对相对高速运动目标)、一维像处理(也称为距离向压缩)、平动补偿(也称为运动补偿)和成像(也称为方位向压缩或方位向聚焦)。

运动补偿是 ISAR 成像的关键，补偿精度直接影响成像质量。运动补偿一般包括包络对齐和相位补偿两部分，其中包络对齐是粗补偿，相位补偿是精补偿。

传统的包络对齐算法有特显点法(也称峰值法)、互相关法、最小熵方法等。峰值法是利用目标的一维距离像中散射最强的点进行包络对齐的方法，但是当目标强散射中心闪烁不稳定时该方法的性能会严重退化。一种改进是利用整个包络的相邻互相关法，通过相邻回波的相关性进行对齐，但如果目标相邻回波的相关性偶尔减弱，会使相应脉冲的对齐效果变差，误差还会被传递到后续的脉冲。进一步的改进是累积互相关法，通过将当前处理的脉冲回波与前面的若干个脉冲回波做加权相关,可减小因逐次相关而导致的误差积累和漂移[121]。当目标存在机动和三维运动时,或者累积相关法效果不理想时,可以利用最小熵方法解决[122]。该方法利用熵最小作为包络对齐的准则,通过搜索寻找相邻回波的熵达到最小时的偏移量,以此完成包络对齐。文献[121]表明,全局距离对齐法的性能优于上面提到的方法,可以有效减弱噪声、目标闪烁等影响,并可以避免误差积累。在全局方法中,距离对齐的质量用和包络的能量来衡量。回波的偏移量用多项式来建模,多项式的系数用和包络能量最大的准则来估计。其中,时域的偏移用频域的相位移动来实现,这样可以避免整数步进偏移量的限制。文献[123]提出一种新的基于平均距离像(ARP)最小熵准则的全局距离对齐法,试验结果表明算法即便是在距离偏移极其随机的情况下也具有很好的收敛性。

相位补偿是平动精补偿,完成相位补偿后目标将等效于转台运动。相位补偿算法有特显点法、多普勒中心跟踪法、相位梯度自聚焦法以及基于图像对比度和图像熵的方法等。特显点法是在目标的距离单元中找到一个只存在一个强散射点的单元,令其相邻回波的相位差为零,则相当于将该单元的散射点作为目标的旋转中心,同时将平动和系统误差产生的相位差补偿掉。当特显点不孤立或者特显点 SNR 不够大时,补偿效果会明显下降;为了克服该缺点,可以选择几个相对较好的特显点单元,利用它们综合出一个更好的参考点进行补偿,这就是加权多特显点综合法。这种方法不论是在缺乏高质量特显点还是有符合条件的特显点时都可以改善补偿效果[124]。多普勒中心跟踪法是以所有距离单元为基础,假设目标存在一个多普勒中心,将相邻距离像各距离单元相位差进行加权平均,并作为相邻距离像的多普勒中心相位差。由于多普勒中心跟踪法跟踪的是整体目标,而不是任何一个散射点,所以这种方法不仅具有很好的稳健性,而且计算简单,在实际中被广泛使用[125]。相位梯度自聚焦算法通过在图像域的循环移位隔离和迭代等步骤,巧妙地消除目标转动相位分量对平动相位分量估计的影响,这种方法显著改善了补偿和成像效果[126]。Berizzi 等提出基于图像对比度 ICBT[127] 和图像熵 EBT[122] 的自聚焦技术。ICBT 将雷达与目标的距离进行二阶泰勒展开,然后基于图像对比度最大的准则估计泰勒展开的系数,系数初值需假设。EBT 基于图像熵最小的准则进行参数估计,估计过程同 ICBT,两者均是通过迭代实现图像的最优化聚焦,聚焦效果较好,但计算量大。She 和 Liu 提出用雷达回波信号的四阶统计特性实现 ISAR 图像的自聚焦[128]。该方法能有效抑制噪声,增加信噪比,降低门限以保证成像质量。它具有数值稳定性,且比最大图像对比度和最小图像熵法的计算量更小。Thayaparan 等提出一种"Registration-Restoration-Fusion"运动补偿方法[129],与常规傅里叶变换方法相比可提高 ISAR 图像的质量。

运动补偿将目标相对于雷达运动中的平动补偿掉,使之等效为转台运动模式,成像则是对完成运动补偿的回波进行方位向聚焦,重建目标的空间二维投影分布。常见的成像方法有距离多普勒(RD)算法、距离瞬时多普勒(RID)算法以及大转角成像算法如极坐标格式算法(PFA)或 BP 算法等;还有将其他技术与 ISAR 技术相结合的成像算法,如超分辨成像算法、压缩感知成像算法等。

RD 成像算法是假定目标位于一个转动平台上,目标以均匀角速度旋转,对回波进行距离压缩可得到目标的一维距离像历程,然后对距离像历程的方位向做傅里叶变换即可得到目标的二维像。该算法是针对目标平稳飞行(假设各散射中心在观测期内的多普勒频率为常数)的小转角成像方法[130]。

当成像积累时间内目标转动速度不均匀时,需要估计目标的转动速度,进一步估计成像积累时间内目标相对于雷达的转角。王勇等提出了一种估计 ISAR 成像过程目标转角的算法[131],将完成运动补偿后的一个距离单元的回波视为三次项信号。文献[132]提出基于分数阶傅里叶变换的 RD 自适应 ISAR 成像技术,不需要复杂的运动补偿就可获得非均匀运动目标的清晰的 ISAR 图像,仿真结果表明该算法健壮性好。

当目标机动或存在三维运动时,目标上的等效散射中心的多普勒频率在成像积累时间内不是常数,传统 RD 成像算法会降低成像分辨率。Chen 利用时频分析方法对机动的飞机目标进行 RID 成像[133],获得很好的效果。Thayaparan 等提出一种有效的二次时频表示——S 方法[134]。此外,有学者将时变信号用线性调频信号逼近,借助 Radon-Wigner 变换滤除交叉项,从而得到准确的时频分布,获得清晰的目标瞬时像[135]。还有基于解调频 RELAX 方法的成像算法、基于 Chirplet 分解的成像算法、基于自适应滤波 RID 成像算法,基于多分量多项式模型的成像算法等[137-139],这些方法的主要思路是利用基函数逼近或滤波的方法将信号的主要分量提取出来成像,而将干扰分量去掉。

大转角条件下容易产生目标散射点越距离徙动,一般小角度成像算法失效。虽然用来解决越距离单元徙动的方法,如 MTRCC(Migration Through Resolution Cells Compensation)算法和 Keystone 变换补偿算法被提出[140,141],然而这些方法不能补偿超高分辨率 ISAR 成像中的大转角运动,于是学者们提出了极坐标格式算法(PFA)、子孔径(SA)算法、子块(SP)算法和卷积反投影(BP)成像算法[142-144]等。Huang 等将基于帧理论的帧处理的方法[145]应用于 ISAR 成像,该方法与 BP 算法类似,不受距离徙动问题的影响。

在低信噪比条件下,常规的运动参数估计与补偿算法失效。文献[146]提出一种新的成像算法,主要思想是结合邻近互相关函数进行包络移动,用邻近互相关和 Keystone 变换估计目标运动参数,考虑运动参数对包络移动的影响并用邻近互相关函数估计方位向相位,基于目标运动参数的估计利用单元级的时频变换实现 ISAR 成像。

7.1.3　成像技术发展方向

空间目标 ISAR 成像与识别技术的理论与实践已经取得了许多瞩目的成就,但是仍有一些问题值得进一步研究。主要有以下八个方面。

(1) 基于轨道特性的空间目标成像技术。目前的二维成像都是假设在成像观测时间内目标做等效均匀角速度的转台运动,这样才能将频率和方位向距离对应,实现方位向定标,而实际上等效转动往往都是非均匀的,因此基于傅里叶变换的方位向压缩技术与实际情况不是匹配的,这会造成方位向散射点分辨的散焦。

实际上,空间目标具有二体运动力学约束,其轨道运动参数信息可以充分利用,不但可以基于轨道数据进行相参平动补偿,降低对回波信噪比的要求,还可以基于轨道数据进行成像面补偿和散射点进行分辨单元补偿,提高散射点的聚焦度,从而提升图像清晰度。

(2) 脉间相参成像技术。传统的 ISAR 采用窄带跟踪引导宽带回波发射/接收的方式,从时间资源上宽带信噪比损失了 3dB;由于全宽带采集和处理技术受限于器件水平,目前多数雷达仍然采取宽带线性调频模拟去斜体制,且未记录宽带去斜本振触发脉冲对应的确切时钟周期数,宽带回波的脉间相参性受到破坏难以恢复,在运动补偿前不能在脉间做积累,从而要求一维距离像的信噪比约在 15dB 以上才能进行有效的包络对齐。如果采取脉间保相位的去斜机制,或者采用宽带回波直接采样方式,就可以基于轨道信息进行相参平动补偿,从而降低对回波信噪比的要求,相当于可以对更小目标成像,或者说对于相同的目标可以增大成像距离。

(3) 合成高分辨成像技术。二维 ISAR 图像的高分辨包括距离高分辨和方位高分辨。

距离高分辨依靠大的信号带宽实现,除了频谱外推超分辨技术之外,还可以采用分辨率性能提升更强的多频段合成技术。研究采用工作频带稀疏分布的多部宽带雷达同时探测一个空间目标,对回波信号进行相参合成,从而极大提高距离分辨率。

方位高分辨依靠大的成像转角实现。一种思路是直接长时间连续观测,可以得到较大的转角,然后采用适合大转角成像的算法进行成像,如极坐标成像算法、BP 成像算法;另一种思路是多角度合成技术,利用多个接收机在不同的观测角度上接收目标散射回波,然后对多角度观测的回波进行融合成像,就可以大大提高方位分辨率。

(4) 全极化超高分辨率成像系统及成像技术。相比于单极化宽带测量,全极化 ISAR 对空间目标的宽带测量数据中蕴含目标更为完整的极化散射信息。联合利用多极化宽带测量数据可有效提升实际空间目标 ISAR 成像质量,这不仅是因为全极化测量增加的数据率可有效提高相干积累后的信噪比,更是由于电磁波的矢量特性使目标不同极化通道信号间存在丰富的信息冗余与互补。根据林肯实验室的工作可知,目标极化信息的引入会极大地提高目标识别性能,并且该优势会随着图像分辨率的增加而进一步提高。因此,有必要开展全极化超高分辨成像的系统设计、研制和相关的成像技术改进。

(5)三维成像技术。空间目标的三维成像技术还不够成熟,比较缺乏外场试验的广泛验证;三维图像在自动目标识别环节中如何利用也需要深度研究。基于图像时间序列的三维重构,目前已有的方法均需已知目标的先验运动信息;而基于图像空间集合的成像技术,已有的文献均要求各个接收天线之间相距很近,是集总式的;而实际场景中,目标的运动信息不完全精确已知,不同接收机的距离可能从几米到几千米甚至几千千米不等,测站是分布式的,其相互之间的相位信息关系对三维像重构的意义值得探索。

(6)新体制 ISAR 成像技术。针对不断出现的双/多基地 ISAR、多功能宽带相控阵雷达、宽带 MIMO 雷达等多种新体制宽带雷达,结合空间目标的轨道运行特点和不同的姿态稳定方式,研究宽带回波录取方式(例如对于多目标跟踪相控阵雷达,如何对各目标稀疏照射以实现对尽可能多的目标的二维/三维成像)以及相应的运动补偿与成像算法。

(7)抗干扰 ISAR 成像技术。采取抗干扰措施的 ISAR 可以避免成像过程中受到灵巧压制干扰或欺骗干扰或最大程度降低干扰对成像的影响。当前通常采用大带宽线性调频信号,很容易受到敌方干扰,如果能自适应实时测量窄带压制干扰频率范围,利用稀疏频带合成宽带技术就有可能在不影响成像分辨率的条件下成功对抗窄带压制干扰;但如果该发射信号被敌方截获侦收并合成出欺骗干扰和灵巧压制干扰信号,雷达就很可能受欺骗成出假目标图像,或真实目标图像受到类杂波干扰而模糊。ISAR 雷达抗干扰成为一个重要研究课题。

(8)认知 ISAR 技术。ISAR 成像与认知雷达技术相结合,根据目标特性以及环境特性自适应发射最优波形,并采取匹配的信号处理手段,以达到最佳的成像效果。

■ 7.2　空间目标 ISAR 成像模型和参数分析

7.2.1　空间目标 ISAR 成像观测模型

研究空间目标在整个可见弧段内成像平面的变化可获得一个更为直观的目

标成像的变化情况。目标成像面变化的研究,一方面可分析目标成像距离矢量与方位矢量之间夹角变化引起的目标成像畸变(双基地体制下),另一方面可分析目标成像过程中投影平面的变化对目标成像带来的影响。对于多数成像场景,雷达和目标运行轨道不在同一平面内,且目标运动受到轨道约束,不再满足匀速直线运动假设。对于不同类型的空间目标还受到各种姿态稳定方式的控制,导致成像转动不再单一由目标在轨运动分解得到。

在惯性系定向和对地定向两种姿态稳定方式下,假设目标轨道偏心率为零,并忽略地球自转的影响,建立空间目标 ISAR 成像几何模型[147]如图 7.4 所示。

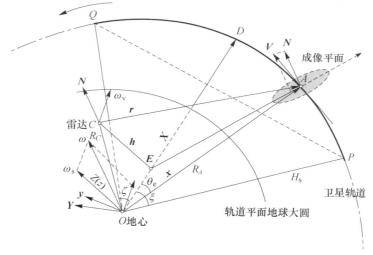

图 7.4　轨道目标成像平面观测几何(见彩图)

图 7.4 中,O 为地心,C 为测站雷达位置,A 为目标位置,R_C 为雷达站到地心距离,R_A 为目标到地心距离;雷达站大地水准面与目标轨道相交于弦 PQ,对应的弧线 $\overset{\frown}{PQ}$ 是该轨道目标上升到雷达站大地水准面之上的可见轨道段,其中,D 为可见轨道段的拱点,ξ 为最大可见轨道段对应圆心角的一半,θ_e 为目标至拱点的轨道圆心角。目标在 $\overset{\frown}{PD}$ 弧段运动时,$\theta_e(t)$ 符号为负,目标在 $\overset{\frown}{DQ}$ 弧段运动时,$\theta_e(t)$ 符号为正,t 取目标过 D 点为零时刻。设 E 为雷达站在轨道平面内的射影,则雷达站至轨道平面的距离为 h,雷达站至目标的斜距为 r。假设雷达站至地心连线与轨道面的夹角 $\angle COD = \zeta$,称该角为雷达站 – 轨道面夹角。r 为雷达 LOS 矢量,V 为轨道面切线速度,N 为轨道切线速度在 LOS 垂直方向上的分量,$\boldsymbol{\omega}_v$ 为 LOS 产生的旋转矢量(与 N 和 r 构成笛卡儿坐标系)。$\boldsymbol{\omega}_s$ 为目标姿态变化对应的旋转矢量,指向与轨道平面法线平行。$\boldsymbol{\omega}$ 为 LOS 旋转矢量与目标姿态旋转矢量合成得到的相对旋转矢量。

从空间低轨目标 ISAR 成像观测几何可知,空间目标与雷达间的相对转动包括两部分:空间低轨目标姿态稳定引起的本体坐标系与惯性坐标系间的相对转动;空间低轨目标质心运动引起的雷达视线方向角变化对应的相对转动。对刚体目标而言,散射点坐标在目标本体坐标系下保持固定不变,因此,通过以目标本体坐标系为参考系,分析二维 ISAR 成像平面的位置,有助于对 ISAR 图像的理解以及多个 ISAR 图像间的数据融合。由 ISAR 成像原理可知,有效转动角速度矢量的指向即为成像平面的法线,成像累积时间内补偿参考时刻的雷达视线矢量为 ISAR 图像的径向距离轴。因此,首先分析目标本体坐标系下的有效转动角速度矢量的数学模型;其次根据有效转动角速度矢量的方向确定成像平面;再次根据 LOS 在目标本体坐标系下的方向确定观测视角;最后根据转动角速度的快慢分析多普勒带宽。

为便于分析,建立参考轨道坐标系 REF,取轨道平面为 XY 平面,地心 O 为原点,取 OD 为 X 轴,Y 轴垂直 X 轴且与 D 点处目标的速度方向相同,Z 轴按右手定则确定。对于成像平面的表示在目标本体坐标系下表示比较直观。假设在对地定向情况目标本体坐标系 xyz(图 7.4 中原点移至地心)与星基轨道 RSW 坐标系重合,在惯性系定向情况目标本体坐标系轴与参考轨道坐标系重合,与惯性系轴夹角固定。

7.2.1.1 转动角速度矢量的数学模型

如图 7.4 所示,在参考轨道坐标系下给出目标和测站的位置矢量分别为 $\boldsymbol{A}_{\mathrm{REF}} = [\, R_A \cos\theta_e \quad R_A \sin\theta_e \quad 0\,]^{\mathrm{T}}$,$\boldsymbol{C}_{\mathrm{REF}} = [\, R_C \cos\zeta \quad 0 \quad R_C \sin\zeta\,]^{\mathrm{T}}$,从而可以得到在参考轨道坐标系下的 LOS 矢量:

$$\boldsymbol{r}_{\mathrm{REF}} = [\, R_A \cos\theta_e - R_C \cos\zeta \quad R_A \sin\theta_e \quad - R_C \sin\zeta\,]^{\mathrm{T}} \tag{7.1}$$

目标在参考轨道系下的速度矢量 $\boldsymbol{v}_{\mathrm{REF}}$ 可以通过对式(7.1)求导得到,即

$$\boldsymbol{v}_{\mathrm{REF}} = [\, -R_A \dot{\theta}_e \sin\theta_e \quad R_A \dot{\theta}_e \cos\theta_e \quad 0\,]^{\mathrm{T}} \tag{7.2}$$

目标在参考轨道坐标系下的旋转矢量 $\boldsymbol{\omega}$ 由目标轨道运动引起的视线转动矢量和目标姿态变化引起的转动矢量合成,计算如下:

$$\begin{cases} \boldsymbol{\omega}_{\mathrm{REF}} = \boldsymbol{\omega}_{\mathrm{vREF}} + \boldsymbol{\omega}_{\mathrm{sREF}} \\ \boldsymbol{\omega}_{\mathrm{vREF}} = \boldsymbol{r}_{\mathrm{REF}} \times \boldsymbol{v}_{\mathrm{REF}} / |\boldsymbol{r}_{\mathrm{REF}}|^2 \\ \boldsymbol{\omega}_{\mathrm{sREF}} = \boldsymbol{A}_{\mathrm{REF}} \times \boldsymbol{v}_{\mathrm{REF}} / |\boldsymbol{A}_{\mathrm{REF}}|^2 \end{cases} \tag{7.3}$$

按照 ISAR 成像平面的定义,雷达等距离面的梯度矢量就是成像面的距离向,目标旋转多普勒在等距离面的投影方向就是成像面的方位向。目标相对雷达转动矢量在等距离面内的投影矢量,即为有效转动矢量,有效转动矢量方向就是成像面的法线方向。下面分别在惯性系定向和对地定向两种情况下求解有效

转动矢量。

1) 惯性系定向情况

在惯性系定向情况下,成像转角只由目标轨道运动提供,目标本体坐标系与参考轨道坐标系指向一致,LOS 的旋转矢量在目标本体坐标系下表示为

$$\boldsymbol{\omega}_{\text{in}} = \boldsymbol{\omega}_{\text{REF}} = \boldsymbol{\omega}_{\text{vREF}} = \boldsymbol{r}_{\text{REF}} \times \boldsymbol{v}_{\text{REF}} / |\boldsymbol{r}_{\text{REF}}|^2$$

$$= \begin{bmatrix} R_C \sin\zeta \cos\theta_e \\ R_C \sin\zeta \sin\theta_e \\ R_A - R_C \cos\zeta \cos\theta_e \end{bmatrix} R_A \dot{\theta}_e / (R_C^2 + R_A^2 - 2R_A R_C \cos\zeta \cos\theta_e) \tag{7.4}$$

2) 对地定向情况

由于参考坐标系和星基轨道坐标系 Z 轴重合,则只需要由一个绕 Z 轴的旋转矩阵和原点平移就可以将参考轨道坐标系中的矢量转换到相应星基轨道坐标系下,为便于分析,忽略原点平移,只考虑转动,建立以地心为原点的平移星基轨道坐标系。定义逆时针旋转为角度正,顺时针旋转为负,从参考轨道坐标系到平移星基轨道坐标系的坐标变换矩阵为 $\boldsymbol{M}_z(-\theta_e)$(可参看式(2.1))。

将参考轨道坐标系的 LOS 矢量 $\boldsymbol{r}_{\text{REF}}$ 和速度矢量 $\boldsymbol{v}_{\text{REF}}$ 转换到平移星基轨道坐标系下,得到

$$\boldsymbol{r}_{\text{RSW}} = \boldsymbol{M}_z(-\theta_e)\boldsymbol{r}_{\text{REF}}$$

$$= \begin{bmatrix} R_A - R_C \cos\zeta \cos\theta_e & R_C \cos\zeta \sin\theta_e & -R_C \sin\zeta \end{bmatrix}^T \tag{7.5}$$

$$\boldsymbol{v}_{\text{RSW}} = \boldsymbol{M}_z(-\theta_e)\boldsymbol{v}_{\text{REF}} = \begin{bmatrix} 0 & R_A \dot{\theta}_e & 0 \end{bmatrix}^T \tag{7.6}$$

对地定向目标的运动由轨道运动和自身姿态变化共同组成,所以目标相对雷达的转动由这两种运动产生的旋转矢合成得到,其中轨道运动对相对转动的贡献与惯性系定向情况相同,LOS 的旋转矢量在星基轨道坐标系下表示为

$$\boldsymbol{\omega}_{\text{vRSW}} = \boldsymbol{r}_{\text{RSW}} \times \boldsymbol{v}_{\text{RSW}} / |\boldsymbol{r}_{\text{RSW}}|^2 \tag{7.7}$$

目标自身的旋转矢量在星基轨道坐标系下为

$$\boldsymbol{\omega}_{\text{sRSW}} = \boldsymbol{M}_z(-\theta_e)\boldsymbol{\omega}_{\text{sREF}} = \begin{bmatrix} 0 & 0 & -\dot{\theta}_e \end{bmatrix}^T \tag{7.8}$$

将两个旋转矢量合成得到星基轨道坐标系下目标与雷达之间的相对旋转矢量为

$$\boldsymbol{\omega}_{\text{RSW}} = \boldsymbol{\omega}_{\text{vRSW}} + \boldsymbol{\omega}_{\text{sRSW}}$$

$$= \begin{bmatrix} R_C R_A \dot{\theta}_e \sin\zeta \\ 0 \\ -R_C^2 \dot{\theta}_e + R_C R_A \cos\zeta \dot{\theta}_e \cos\theta_e \end{bmatrix} / (R_C^2 + R_A^2 - 2R_A R_C \cos\zeta \cos\theta_e) \tag{7.9}$$

此时合成旋转矢量与 LOS 并不垂直,故需将合成旋转矢量进行矢量分解,其在 LOS 垂直方向上的分量就是对地定向情况下的有效旋转矢量,即

$$\boldsymbol{\omega}_{ab} = \boldsymbol{\omega}_{\perp \mathrm{RSW}} = \boldsymbol{r}_{\mathrm{RSW}} \times (\boldsymbol{\omega}_{\mathrm{RSW}} \times \boldsymbol{r}_{\mathrm{RSW}}) / |\boldsymbol{r}_{\mathrm{RSW}}|^2$$

$$= \begin{bmatrix} R_C \sin\zeta \cos\theta_e \\ - R_C \sin\zeta \sin\theta_e \\ - R_C \cos\zeta + R_A \cos\theta_e \end{bmatrix} R_C \dot{\theta}_e \cos\zeta / (R_C^2 + R_A^2 - 2R_A R_C \cos\zeta \cos\theta_e) \qquad (7.10)$$

通过式(7.4)和式(7.10)可以看出,空间目标与雷达的有效相对转动角速度矢量与雷达位置、轨道高度、雷达轨道面夹角、目标至拱点的轨道圆心角以及目标至拱点的轨道圆心角的导数有关。对于惯性系定向的目标而言,目标的横向高分辨所需的转动分量靠目标视角的改变提供;而对于对地定向目标,其横向分辨率不仅取决于目标在轨运行时的视角变化,还取决于目标的姿态稳定矢量以及测站对目标的观测几何。有效转动角速度矢量的长度代表转动的快慢,用于后续的转动多普勒带宽分析;有效相对转动角速度矢量的指向代表成像平面法线,用于成像平面和观测视角的变化特性分析。

7.2.1.2　成像平面和观测视角变化特性分析

对于 ISAR 成像结果,成像平面确定了三维目标的投影平面,即成像平面来切割物体;径向距离轴在成像平面内的指向确定了投影图像的观测视角,由成像观测视角来最终确定成像几何关系。

成像平面由其法线唯一确定,因此可用成像面法线矢量 $\boldsymbol{\omega}$ 与目标本体坐标系形成的 α 角和 β 角来刻画成像平面的变化特性,其定义如图 7.5 所示,α 为成像面法线在目标本体坐标系 $x - y$ 平面投影与 x 轴正向的夹角,β 为成像面法线与 $x - y$ 平面之间的夹角。同理,雷达视线 $\boldsymbol{r}$ 在目标本体坐标系下用 ϕ 角和 γ 角表示。

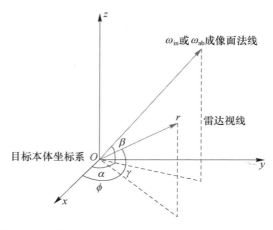

图 7.5　成像面法线、雷达视线与目标本体系几何关系

根据式(7.4)和式(7.10)可得 α 和 β 的表示,根据式(7.1)和式(7.5)可得 ϕ 和 γ 的表示,如表 7.1 所列。

表 7.1 空间目标 ISAR 成像特性分析

		惯性系定向		对地定向	
成像平面特性	ω	$\omega_{in} = \begin{bmatrix} R_C\sin\zeta\cos\theta_e \\ R_C\sin\zeta\sin\theta_e \\ R_A - R_C\cos\zeta\cos\theta_e \end{bmatrix} \dfrac{R_A\dot{\theta}_e}{R^2}$		$\omega_{ab} = \begin{bmatrix} R_C\sin\zeta\cos\theta_e \\ -R_C\sin\zeta\sin\theta_e \\ R_A\cos\theta_e - R_C\cos\zeta \end{bmatrix} \dfrac{R_C\dot{\theta}_e\cos\zeta}{R^2}$	
	β	$\tan\beta_{in} = \dfrac{R_A}{R_C\sin\zeta} - \cot\zeta\cos\theta_e$		$\tan\beta_{ab} = \dfrac{R_A\cos\theta_e}{R_C\sin\zeta} - \cot\zeta$	
	α	$\tan\alpha_{in} = \tan\theta_e$		$\tan\alpha_{ab} = -\tan\theta_e$	
观测视角特性	r	$r_{REF} = \begin{bmatrix} R_A\cos\theta_e - R_C\cos\zeta \\ R_A\sin\theta_e \\ -R_C\sin\zeta \end{bmatrix}$		$r_{RSW} = \begin{bmatrix} R_A - R_C\cos\zeta\cos\theta_e \\ R_C\cos\zeta\sin\theta_e \\ -R_C\sin\zeta \end{bmatrix}$	
	γ	$\tan\gamma_{in} = \dfrac{-R_C\sin\zeta}{R_1}$		$\tan\gamma_{ab} = \tan\gamma_{in}$	
	ϕ	$\tan\phi_{in} = \dfrac{R_A\sin\theta_e}{R_A\cos\theta_e - R_C\cos\zeta}$		$\tan\phi_{ab} = \dfrac{R_C\cos\zeta\sin\theta_e}{R_A - R_C\cos\zeta\cos\theta_e}$	

注:$R^2 = R_C^2 + R_A^2 - 2R_AR_C\cos\zeta\cos\theta_e$;$R_A = R_e + H_s$

$R_1 = \sqrt{R_A^2 - 2R_AR_C\cos\zeta\cos\theta_e + (R_C\cos\zeta)^2}$

图 7.6 和图 7.7 分别对于惯性系定向和对地定向情况,给出了不同轨道高度 H_s 和过顶仰角 ϑ(过顶仰角 $\vartheta = E_{max}$ 比雷达 – 轨道面夹角 ζ 更为直观,二者关系见式(2.18))时,β、α、γ 和 ϕ 随目标至拱点轨道圆心角的变化情况,其中最大可见弧段对应圆心角的一半 ξ 与轨道高度 H_s 和 ζ 角的关系见第 2 章。

通过对不同条件下成像平面和观测视角变化的分析得出以下结论:

(1)除 α 以外,β、γ 和 ϕ 的变化均为非线性。

(2)两种姿态稳定方式,α 角的变化相反,β 的变化趋势相反;而 γ 角的变化相同,观测视角的不同是由于 ϕ 角引起的。

(3)轨道高度不同引起的 ϕ 角变化相对于过顶仰角来说更为明显。

下面通过仿真示意成像平面和观测视角的变化。建立空间目标散射点模型如图 7.8(a)所示,模型由立方体主体、圆形天线、太阳能板和连杆四部分组成。散射点间距为 0.5m,共 247 个散射点。

设雷达载频为 10GHz,带宽为 600MHz,位于东经 130°、北纬 46°,目标轨道采用编号 24297 卫星 2014 年 4 月 15 日的轨道数据。根据轨道参数和站址坐标计算可见弧段,得到某一圈次的可见弧段,并选取进站、过顶和出站三个成像区间,测站坐标系下的相关位置如图 7.8(b)所示。根据雷达波形参数和

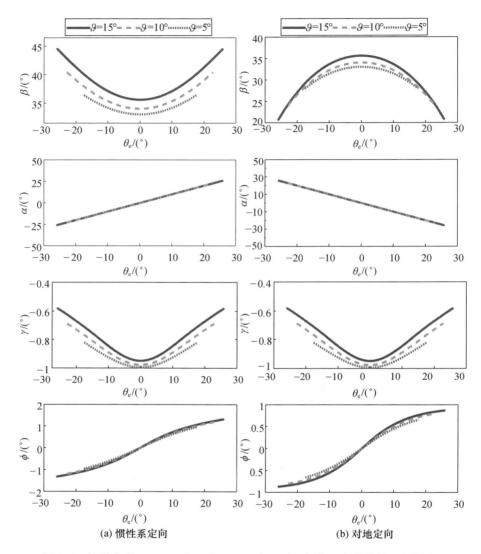

图 7.6 轨道高度 $H_s = 1200\text{km}$ 时，α、β、γ 和 ϕ 随目标位置变化曲线（见彩图）

轨道及测站参数生成惯性系定向和对地定向下的目标回波信号，在经过平动补偿后利用 RD 算法进行成像。惯性系定向情况下三个成像弧段得到的 ISAR 成像结果如图 7.9 所示。对地定向情况下三个成像弧段得到的 ISAR 成像结果如图 7.10 所示。

7.2.2 空间目标转动多普勒带宽分析

空间目标运动参数是空间目标 ISAR 成像波形设计和处理的基础。这里的

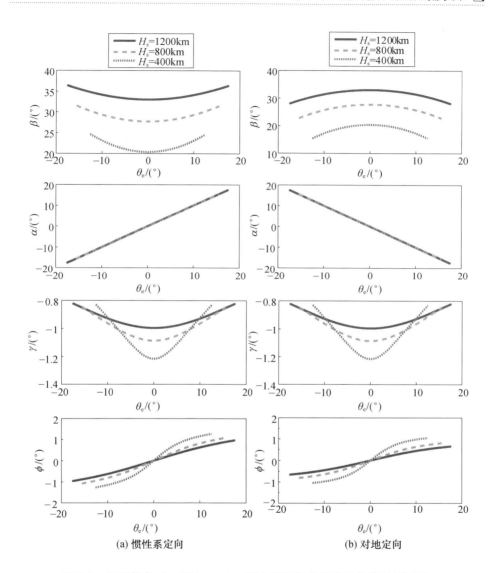

图 7.7 过顶仰角 $\vartheta = 5°$ 时,α、β、γ 和 ϕ 随目标位置变化曲线(见彩图)

运动参数分析主要是指空间目标相对雷达的转动多普勒带宽和空间目标运动速度。为保证空间目标 ISAR 图像横向不模糊,需要保证雷达的脉冲重复频率大于 2 倍转动多普勒带宽(对于步进频信号是,步进频信号的帧重复频率大于转动多普勒带宽的 2 倍)。

设空间目标的横向宽度为 L_c,需要达到的横向分辨率为 ρ_c,对应观测时间为 T_{ob},目标相对转动角度为 θ_M。假设目标在成像积累时间内均匀转动,则该目

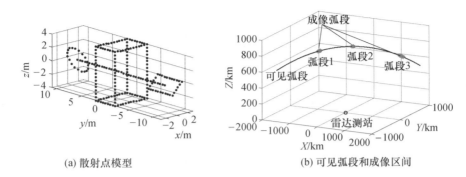

(a) 散射点模型　　　　　　　　　　(b) 可见弧段和成像区间

图 7.8　散射点模型和可见弧段

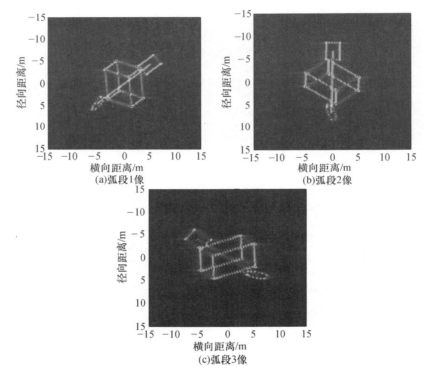

(a) 弧段1像　　　　　　　　　　(b) 弧段2像

(c) 弧段3像

图 7.9　惯性系定向下随弧段变化的成像结果(见彩图)

标成像过程中的转动多普勒带宽为

$$\Delta f_{\mathrm{d}} = \frac{L_{\mathrm{c}}\theta_{\mathrm{M}}}{T_{\mathrm{ob}}\lambda} = \frac{L_{\mathrm{c}}}{\lambda}\omega \tag{7.11}$$

因此,估算成像的多普勒带宽,关键是确定空间目标与雷达之间的有效转动角速度 ω,记惯性系定向 ω_{in} 和对地定向 ω_{ab}。

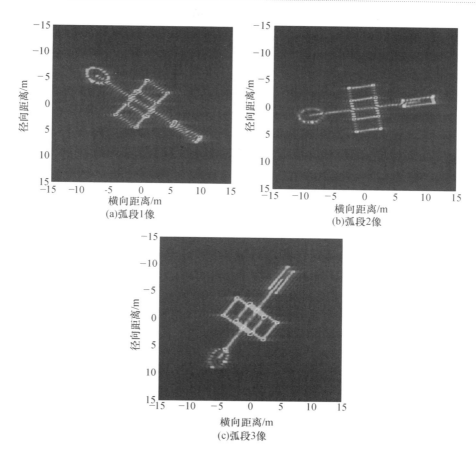

图 7.10 对地定向下随弧段变化的成像结果(见彩图)

惯性系定向情况,根据式(7.4)得有效转动角速度为

$$\omega_{\mathrm{in}} = \frac{R_A \dot{\theta}_e}{\sqrt{R_C^2 + R_A^2 - 2R_A R_C \cos\zeta \cos\theta_e}} \left(1 - \frac{R_C^2 \cos^2\zeta \sin^2\theta_e}{R_C^2 + R_A^2 - 2R_A R_C \cos\zeta \cos\theta_e}\right)^{1/2}$$

(7.12)

对地定向情况下,根据式(7.10)得有效转动角速度为

$$\omega_{\mathrm{ab}} = \frac{R_C \cos\zeta \dot{\theta}_e}{\sqrt{R_C^2 + R_A^2 - 2R_A R_C \cos\zeta \cos\theta_e}} \left(1 - \frac{R_A^2 \sin^2\theta_e}{R_C^2 + R_A^2 - 2R_A R_C \cos\zeta \cos\theta_e}\right)^{1/2}$$

(7.13)

根据轨道动力学可知,$\dot{\theta}_e = \sqrt{GM/R_A^3}$。从式(7.12)和式(7.13)可知,在同一圈次下,参数 ζ、R_C、R_A 固定不变,有效转动角速度随着角度 θ_e 变化,当目标过顶时,$\theta_e = 0$,有效转动角速度最大,分别为

$$\omega_{\mathrm{in}|\theta_e=0} = \frac{\sqrt{\mathrm{GM}}}{\sqrt{R_A}\sqrt{R_C^2 + R_A^2 - 2R_A R_C \cos\zeta}} \qquad (7.14)$$

$$\omega_{\mathrm{ab}|\theta_e=0} = \frac{R_C \cos\zeta}{R_A}\frac{\sqrt{\mathrm{GM}}}{\sqrt{R_A}\sqrt{R_C^2 + R_A^2 - 2R_A R_C \cos\zeta}}$$

$$= \frac{R_C \cos\zeta}{R_A}\omega_{\mathrm{in}|\theta_e=0} \qquad (7.15)$$

同一轨道高度下，当雷达站与轨道共面时，$\zeta=0$，且过顶时，有效转动角速度最大，分别为

$$\omega_{\mathrm{in\text{-}max}} = \omega_{\mathrm{in}|(\theta_e=0,\zeta=0)} = \frac{\sqrt{\mathrm{GM}}}{\sqrt{R_A(R_A - R_C)}} \qquad (7.16)$$

$$\omega_{\mathrm{ab\text{-}max}} = \omega_{\mathrm{ab}|(\theta_e=0,\zeta=0)} = \frac{R_C}{R_A}\frac{\sqrt{\mathrm{GM}}}{\sqrt{R_A(R_A - R_C)}} < \omega_{\mathrm{in\text{-}max}} \qquad (7.17)$$

通过求解低轨空间目标的有效转动角速度，可得下述结论：

（1）同一观测圈次下，目标过顶时刻成像有效转动角速度最大。

（2）雷达与轨道面夹角 ζ 越小，成像有效转动角速度越大。

（3）轨道高度增加，雷达与目标距离增大，成像有效转动角速度减小。

（4）对地定向的成像转动角速度小于惯性系定向的成像转动角速度，这是由于对地定向情况下雷达视线转动与目标姿态转动相互抵消。

依据上述分析，结合雷达－轨道面夹角与过顶仰角的关系式（2.18），下面仿真转动多普勒变化的一些情况，假设目标尺寸为 15m，图 7.11（a）为转动多普勒带宽随目标轨道圆心角变化情况。图 7.11（b）为目标在拱点位置时，转动多普勒带宽随过顶仰角的变化曲线。图 7.11（c）为目标在拱点位置，雷达站轨道面夹角为 0°，过顶仰角为 90°时，转动多普勒带宽随目标轨道高度的变化情况。通过仿真可知，目标处于拱点位置时，当轨道面与雷达共面，即过顶仰角为 90°时，可以得到同一轨道高度下的转动多普勒最大值，轨道高度越低，该值越大。

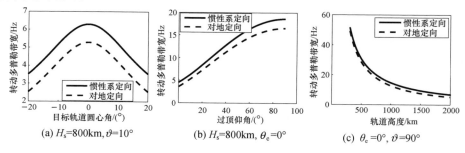

图 7.11　转动多普勒带宽与目标轨道圆心角、过顶仰角及轨道高度的关系（见彩图）

7.3 信号波形与处理

7.3.1 信号参数设计

逆合成孔径雷达通过发射大带宽信号获得距离维高分辨,利用成像积累时间内雷达和观测目标之间相对运动产生的等效合成孔径实现方位维高分辨。目前空间监视成像雷达使用的波形主要有宽带线性调频(LFM)信号和步进频信号。LFM 信号是一种直接产生的宽带信号,对应的回波可利用解线频调或匹配滤波两种方法进行处理。步进频信号是多个窄带合成的大带宽信号,目前已有的步进频信号处理方式,包括频时转换(IFFT)方法、时频转换方法(时域去斜)以及频谱合成法(适用于调频步进的信号形式)三种基本的信号处理方法。下面首先对常规步进频信号进行描述,然后给出适应空间目标探测和成像的波形设计方法,宽带线性调频信号可视为步进频信号的一个特例。

常规步进频信号的波形由一组载频线性跳变的脉冲串组成。假设一帧步进频信号包含 N 个子脉冲,载频起始频率为 f_0,频率步进频量为 Δf,第 n 个子脉冲的载频 $f_n = f_0 + n\Delta f (n = 0,1,\cdots,N-1)$,则一帧步进频发射信号表达式为

$$s_{\text{tsf}}(t) = \sum_{n=0}^{N-1} p(t - nT_{\text{r}}) \exp[\,\text{j}2\pi f_n(t - nT_{\text{r}})\,] \qquad (7.18)$$

式中: $p(t - nT_{\text{r}})$ 为子脉冲波形, T_{r} 为步进频信号的脉冲重复周期。

可根据实际情况选择不同的子脉冲波形。当子脉冲波形为时宽 T_{p} 的矩形函数时,为简单步进频信号,表达式为

$$s_{\text{tsf rect}}(t) = \sum_{n=0}^{N-1} \text{rect}\left(\frac{t - nT_{\text{r}}}{T_{\text{p}}}\right) \exp[\,\text{j}2\pi f_n(t - nT_{\text{r}})\,] \qquad (7.19)$$

当子脉冲波形为 LFM 信号时,为调频步进频信号,表达式为

$$s_{\text{tsf chirp}}(t) = \sum_{n=0}^{N-1} \text{rect}\left(\frac{t - nT_{\text{r}}}{T_{\text{p}}}\right) \exp[\,\text{j}\pi\mu(t - nT_{\text{r}})^2\,] \exp[\,\text{j}2\pi f_n(t - nT_{\text{r}})\,]$$

$$(7.20)$$

图 7.12(a)给出了简单步进频发射信号的基本形式,图 7.12(b)给出了简单步进频信号的合成频谱。

上述常规步进频信号的载频是顺序排列的,而随机步进频的载频在一定频带内做随机变化,用于降低常规步进频的距离旁瓣,提升抗转发式干扰的能力。不过,随机步进频对速度误差补偿精度要求高于常规步进频信号。

在对空间目标成像的应用中,发射信号的带宽应足够大,满足距离分辨率的要求,发射信号的重频应大于转动多普勒带宽,从而保证空间目标 ISAR 图像横

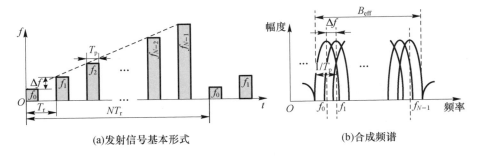

(a)发射信号基本形式　　　　　　　(b)合成频谱

图 7.12　简单步进频信号

向不模糊。由于步进频信号可以看成线性调频连续波信号的时域周期采样,因此,只需把步进频信号的帧重复频率设置为 LFM 信号的重复频率,步进频信号的合成脉冲数等于 1,步进频信号的设计方法同样适用于宽带线性调频信号。本节给出空间目标 ISAR 成像步进频信号的设计方法。

空间目标监视成像雷达主要指标:雷达发射机峰值功率为 P_{m},天线有效孔径为 A_{e},天线增益为 G,最大脉冲宽度为 T_{p},最大带宽为 B,雷达波长为 λ,接收机噪声系数为 F_{n},最小可检测信噪比为 $\mathrm{SNR}_{\mathrm{omin}}$。则雷达的最大作用距离 R_{max}满足

$$R_{\mathrm{max}}^{4} = \frac{P_{t}G^{2}\lambda^{2}\sigma}{(4\pi)^{3}S_{\mathrm{imin}}L_{\mathrm{s}}} \tag{7.21}$$

式中:σ 为目标雷达截面积;L_{s} 为雷达系统损耗;S_{imin} 为最小可检测信号功率,且有

$$S_{\mathrm{imin}} = kT_{0}BF_{\mathrm{n}}\mathrm{SNR}_{\mathrm{omin}}/P_{\mathrm{cr}}\eta$$

其中:k 为玻耳兹曼常量,$k = 1.38 \times 10^{-23}$;η 为脉冲压缩失配系数;F_{n} 为接收机噪声数;P_{cr} 为宽带接收机的脉冲压缩比,$P_{\mathrm{cr}} = T_{\mathrm{p}}B$。

雷达发射的信号时宽、发射机的峰值功率及接收机的噪声系数在现有条件下均难以提高。若将雷达改用宽带步进频信号,通过合成的方法能够提高雷达信号有效时宽,进而提高雷达的作用距离。具体参数设计步骤如下:

(1)利用空间目标轨道动力学方程估算不同轨道高度、不同轨道位置空间目标的方位向转动最大多普勒,按照目标方位转动多普勒不模糊的要求确定观测轨道高度范围内步进频信号帧重复频率的最小值及帧重复时间的最大值。

为保证对目标成像时方位向不产生模糊,应保证步进频信号的帧重复频率大于观测轨道高度范围内的转动多普勒最大值。假设空间目标的横向宽度为 L_{c},则需要观测的轨道高度范围为 $H_{\mathrm{smin}} < H_{\mathrm{s}} < H_{\mathrm{smax}}$。假设目标在成像积累时间内均匀转动,则该目标成像过程中的转动多普勒带宽 $\Delta f_{\mathrm{d}} = L_{\mathrm{c}}\omega/\lambda$。转动多普勒最大值 Δf_{dmax} 对应目标有效转动角速度的最大值 ω_{max}。由 7.2.2 节可知,ω 与轨

道高度、雷达轨道面夹角以及目标在轨道段的位置有关。对于同一条轨道,目标越接近拱点,转动多普勒越大;对于同一形状的轨道(轨道高度一致),拱点在雷达视场内的仰角越高,该拱点处目标的转动多普勒越大;对于不同高度的轨道,轨道高度越低,轨道最大转动多普勒越大。

按照帧频率大于 2 倍转动多普勒最大值的要求,可以得到帧重频满足 $f_{\mathrm{F}} > 2\Delta f_{\mathrm{dmax}}$,对应帧重复时间 $T_{\mathrm{F}} < 1/(2\Delta f_{\mathrm{dmax}})$。因此,可得

$$f_{\mathrm{Fmin}} = 2\Delta f_{\mathrm{dmax}} \tag{7.22}$$

(2)依据雷达发射管对发射机占空比最大值的限制条件,确定步进频信号的最大合成时宽。目前大功率电真空发射机对于发射信号的占空比有一定的限制,它决定了步进频信号在一个帧重复时间内能够达到的最大合成时宽,假设发射机占空比最大值为 d_{max},则该步进频信号的最大合成时宽为

$$T'_{\mathrm{pmax}} = T_{\mathrm{Fmax}} d_{\mathrm{max}} \tag{7.23}$$

(3)依据空间目标监视成像雷达的功率孔径积水平及需要观测的轨道高度,估算步进频信号需要达到的最小合成时宽。如果期望观测的轨道高度范围为 $H_{\mathrm{s}} \in [H_{\mathrm{smin}}, H_{\mathrm{smax}}]$,则雷达地平线观测需要达到的最大作用距离满足 $R'_{\mathrm{max}} = \sqrt{R_{\mathrm{e}}^2 + (R_{\mathrm{e}} + H_{\mathrm{smax}})^2}$。依据雷达方程,步进频信号的最小合成时宽满足

$$T'_{\mathrm{pmin}} = \frac{(R'_{\mathrm{max}})^4 (4\pi)^3 k T_0 F_{\mathrm{n}} \mathrm{SNR}_{\mathrm{omin}} L_{\mathrm{s}}}{P_{\mathrm{t}} G^2 \lambda^2 \sigma \eta} \tag{7.24}$$

(4)综合考虑雷达占空比、目标轨道高度范围及雷达威力大小,确定步进频信号的合成时宽及帧重复频率。按照前面步骤,得到 T'_{pmin}、T'_{pmax}、f_{Fmin} 后,考虑雷达重复频率、信号占空比对目标观测及避盲的影响,兼顾雷达威力大小,确定步进频信号的帧重复频率 f_{F}、帧重复时间 T_{F} 及占空比 d,得到步进频信号合成时宽 T'_{p}。

(5)按照成像距离分辨率要求及发射机带宽限制,确定步进频信号带宽。如果雷达距离分辨率要求为 ρ_{r},则步进频信号合成带宽应满足 $B_{\mathrm{eff}} = c/2\rho_{\mathrm{r}}$,$B_{\mathrm{eff}}$ 不应超过发射机带宽上限。

(6)根据不模糊成像区域大小要求,确定步进频信号的频率步进最大值及步进个数最小值。为了保证步进频成像后单点不模糊距离大于目标最大可能长度 L_{r},则应保证 $c/2\Delta f \geqslant L_{\mathrm{r}}$,由此可确定步进频信号的频率步进间隔最大值满足 $\Delta f_{\mathrm{max}} = c/2L_{\mathrm{r}}$,对应步进个数满足 $N_{\mathrm{min}} = B_{\mathrm{eff}}/\Delta f_{\mathrm{max}}$。

(7)综合考虑雷达避盲因素,确定步进频信号的步进个数及频率步进大小,并最终确定雷达的脉冲宽度和脉冲重复频率。增大步进个数可以减少步进间隔,提高雷达脉冲重复频率,但脉冲重复频率提高会使信号不模糊距离减少,提高雷达避盲难度。综合考虑雷达避盲因素后,确定步进个数 N,频率步进大小 Δf。由此还可以得到每个步进脉冲的时宽 $T_{\mathrm{p}} = T'_{\mathrm{p}}/N$,步进频信号的脉冲重复频

率 $f_r = N/T_F$。

依据上述步骤,图 7.13 给出了参数之间的推导关系[148,149]。

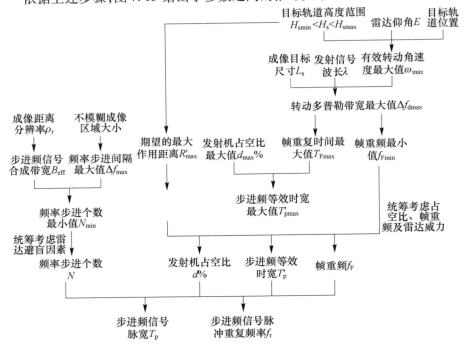

图 7.13　步进频波形设计主要参数的推导关系

7.3.2　回波模型

为了使回波模型更具有通用性,假设雷达收发分置,收发双站雷达理想同步。发射站以脉冲重复周期 T_r 发射宽带 LFM 信号:

$$s_t(\hat{t}_t, t_n) = \text{rect}\left(\frac{\hat{t}_t}{T_p}\right) \exp\left\{ j2\pi\left(f_c t + \frac{1}{2}\mu\ \hat{t}_t^2\right)\right\} \tag{7.25}$$

式中:$\text{rect}(x)$ 为矩形窗函数,当 $|x| \leqslant 0.5$ 时,$\text{rect}(x) = 1$,当 $|x| > 0.5$,$\text{rect}(x) = 0$;T_p 为发射信号脉宽;f_c 为信号载频;μ 为调频斜率;$\hat{t}_t$ 为脉冲发射快时间;$t_n = nT_r (n = 0, 1, 2, \cdots)$ 为慢时间;t 为全时间,并有 $\hat{t}_t = t - t_n$。

记雷达信号发射时间为 $t_n + \hat{t}_t$,雷达脉冲在目标时间 $t_n + \hat{t}_o$ 到达目标散射点 P_i 并反射向接收站,在目标时间 P_i 到发射站和接收站的距离分别为 $r_{tn}(t_n + \hat{t}_o)$ 和 $r_{rn}(t_n + \hat{t}_o)$,P_i 相对发射站和接收站的径向速度分别为 $v_{tn}(t_n + \hat{t}_o)$ 和 $v_{rn}(t_n + \hat{t}_o)$,则 P_i 到收发双站的距离、径向速度分别为

$$r_n(t_n + \hat{t}_o) = r_{tn}(t_n + \hat{t}_o) + r_{rn}(t_n + \hat{t}_o) \tag{7.26}$$

$$v_n(t_n + \hat{t}_o) = v_{tn}(t_n + \hat{t}_o) + v_{rn}(t_n + \hat{t}_o) \tag{7.27}$$

目标时间 $\hat{t}_o$ 可表示为发射时间与电磁波碰触到 P_i 时目标距离对应电波延时之和,即

$$\hat{t}_o = \hat{t}_t + \frac{r_{tn}(t_n + \hat{t}_o)}{c} \tag{7.28}$$

同样的,接收时间 $\hat{t}_r$ 则可表示为目标时间与电磁波离开目标时目标距离对应电波延时之和,即

$$\hat{t}_r = \hat{t}_o + \frac{r_{rn}(t_n + \hat{t}_o)}{c} \tag{7.29}$$

在雷达脉冲前沿碰触目标到脉冲后沿离开目标的时间内,空间目标与收发双站的相对运动模型是时间的高阶多项式。由统计分析可知,在可见弧段内,绝大多数空间目标相对雷达站的速度、加速度、加加速度和加加加速度的系数分别小于 $7\mathrm{km/s}$、$150\mathrm{m/s^2}$、$2\mathrm{m/s^3}$ 以及 $0.14\mathrm{m/s^4}$。在毫秒量级的脉冲时间内,目标速度、加速度以及加加速度的变化量分别小于 $0.15\mathrm{m/s}$、$2 \times 10^{-3}\mathrm{m/s^2}$、$1.4 \times 10^{-4}$ $\mathrm{m/s^3}$,对 ISAR 成像的影响一般可以忽略。另外,在 10s 量级的 ISAR 成像时间内,通过参考轨道粗补偿以及参数化的运动搜索方法或自聚焦方法精补偿处理后,目标平动误差引入的脉间初相可被补偿。因此,可以在参考轨道的基础上构建目标运动模型,并假设目标在雷达脉冲前沿碰触目标到脉冲后沿离开目标的时间内做匀速直线运动。

令电磁波前沿碰触目标时刻目标相对收发两站的距离、速度分别为 r_{tno}、r_{rno}、v_{tno}、v_{rno},则有

$$\hat{t}_r \approx \frac{c + v_{rno}}{c - v_{tno}}\hat{t}_t + \frac{r_{tno} + r_{rno}}{c} \tag{7.30}$$

上式中,忽略了在雷达脉冲前沿碰触目标到脉冲后沿离开目标的时间内目标散射点的高阶运动项。此外,上式的精确度依赖于目标相对收发两站的距离、速度值,当使用参考轨道计算 r_{tno}、r_{rno}、v_{tno} 以及 v_{rno} 时,需考虑参考轨道与真实轨道误差残余运动项的影响并加以补偿。

由式(7.30)可得发射时间为

$$\hat{t}_t \approx \frac{c - v_{tno}}{c + v_{rno}}\left(\hat{t}_r - \frac{r_{tno} + r_{rno}}{c}\right) \tag{7.31}$$

由(7.25)式以及式(7.31)可得雷达接收到的散射点 m 的基带信号为

$$s_m(\hat{t}_r, n) = k_n \rho_{mn} \mathrm{rect}\left(\frac{\alpha_n(\hat{t}_r - \tau_n)}{T_p}\right) \exp\{\mathrm{j}\pi\mu(\alpha_n(\hat{t}_r - \tau_n)^2\}$$
$$\exp\{\mathrm{j}[2\pi f_c((\alpha_n - 1)\hat{t}_r - \alpha_n \tau_n)]\} \tag{7.32}$$

式中:k_n 为回波接收调制系数;ρ_{mn} 为散射点散射系数;$\alpha_n = (c - v_{tno})/(c + v_{rno})$ 为

时间伸缩因子；$\tau_n = (r_{tno} + r_{rno})/c$ 为雷达波延时，$r_{tno} + r_{rno}$ 回波双站距离和，常用 r_{no} 表示。

7.3.3 宽带 LFM 信号处理

空间目标为高速运动目标，当发射信号为宽带 LFM 信号时，速度对脉内多普勒的调制不可忽略。高速运动目标回波的调频斜率发生变化，常用的脉冲压缩匹配滤波器失配。一般用脉冲宽度、中心频率和调频斜率三个参数描述 LFM 信号的匹配滤波器。其中，影响最为严重的是调频斜率的误差，其失配误差会引起滤波器的失配，导致主瓣宽度（IRW）展宽、旁瓣增大、积分旁瓣比（ISLR）升高[150]。

为直观分析 IRW 展宽，工程上常用参数 QPE 来定量描述给定窗下 LFM 信号展宽性质。QPE 的定义：当存在调频率误差 $\Delta\mu$ 时，信号与匹配滤波器有一定的相位误差，不考虑可能存在的常数相位偏移，则 QPE 为信号相位相对失配量的最大值（两端处最大）。在此定义下，高速运动目标回波的 QPE 表示为

$$\begin{aligned} \text{QPE} &= \pi\Delta\mu\left(\frac{T_p}{2}\right)^2 = \pi\,\frac{(c-v_{tno})^2-(c+v_{rno})^2}{(c+v_{rno})^2}\mu\left(\frac{T_p}{2}\right)^2 \\ &\approx -\pi\,\frac{v_{no}}{2c}\text{TBP} \end{aligned} \tag{7.33}$$

式中：TBP 为时宽带宽积；v_{no} 为双站速度和，$v_{no} = v_{tno} + v_{rno}$。

图 7.14 给出了的典型 Kaiser 窗（$\beta = 2.5$）下 IRW 展宽、ISLR 随 QPE 的变化情况。为保证脉冲压缩效果，一般要求 $|\text{QPE}| < 0.4\pi$，此时 IRW 展宽不超过 5%。

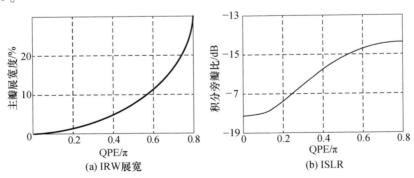

图 7.14　IRW 展宽、ISLR 与 QPE 的关系

假设目标到收发双站距离为 1000km，目标相对发射站和接收站的径向速度均为 5km/s，双程径向速度为 10km/s，表 7.2 给出了不同雷达参数对应的 QPE。

表 7.2　不同雷达参数对应的 QPE

载波频率/GHz	带宽/GHz	脉冲宽度/μs	QPE/π
10	1	50	−0.83
10	1	100	−1.67
10	1	200	−3.33
20	2	50	−1.67
20	2	100	−3.33
20	2	200	−6.67

从表 7.2 可以看出,QPE 与脉冲宽度、带宽相关,并且在双程径向速度为 10km/s 时,宽带信号的二次相位误差一般都远远大于容限值 0.4π,因此,有必要对空间目标进行速度补偿。令 $|\mathrm{QPE}| < 0.4\pi$,可得速度容限值为

$$v_{no} < \frac{0.8c}{\mathrm{TBP}} \tag{7.34}$$

图 7.15 给出了不同时宽带宽积对应的速度容限值,对于 $\mathrm{TBP} = 10^5$ 的宽带成像雷达,当双程径向速度小于 2.4km/s 时,可不考虑脉内多普勒对脉冲压缩性能的影响,而一般的空间目标速度很大,多数情况难以满足该速度要求,需要对其进行补偿。

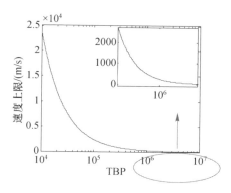

图 7.15　不同时宽带宽积对应的速度上限

为了消除脉内多普勒的影响,需要对受到脉内多普勒调制的基带回波信号进行补偿,使其补偿后转换为"停 − 走"模型。

令散射点 m 的回波在目标时刻的双站距离和与双站速度和分别为 r_{nom} 以及 v_{nom},由式(7.32)可得基带回波为

$$s_m(\hat{t}_r, n) = k_n \rho_{mn} \mathrm{rect}\left[\frac{\alpha_n(\hat{t}_r - r_{nom}/c)}{T_p}\right] \exp(\mathrm{j}\varphi_1) \exp(\mathrm{j}\varphi_2) \tag{7.35}$$

式中

$$\varphi_1 = 2\pi \left[-f_{\mathrm{c}} \frac{r_{nom}}{c} + \frac{1}{2}\mu \left(\hat{t}_{\mathrm{r}} - \frac{r_{nom}}{c} \right)^2 \right] \tag{7.36}$$

$$\varphi_2 = 2\pi \left[-f_{\mathrm{c}}(1-\alpha_n) \left(\hat{t}_{\mathrm{r}} - \frac{r_{nom}}{c} \right) + (\alpha_n^2 - 1)\mu \left(t - \frac{r_{nom}}{c} \right)^2 \right] \tag{7.37}$$

φ_1 为"停 – 走"模型回波相位,φ_2 为目标高速运动引起的附加相位项,正是该相位项,引起了回波脉内多普勒。要完成速度补偿,需要构造补偿相位项,抵消高速运动引起的附加相位,则构造的补偿相位项为

$$\varphi_{\mathrm{cmp}} = \exp(-\mathrm{j}\varphi_2) \tag{7.38}$$

φ_{cmp} 理论上与每个散射点到收发双站雷达的速度有关,由于目标上各散射点的转动速度很小,与目标质心产生的脉内多普勒效应可看做是一样的,因此,在实际速度补偿时,对整个目标来说,均可用目标中心的距离和速度信息进行,这些参数可通过目标的精轨数据获得。

经过速度补偿后,基带回波信号数据可表示为

$$s_{mcmp}(\hat{t}_{\mathrm{r}}, n) = k_n \rho_{mn} \mathrm{rect} \left\{ \left[\alpha_n \left(\hat{t}_{\mathrm{r}} - \frac{r_{nom}}{c} \right) \right] \middle/ T_{\mathrm{p}} \right\}$$

$$\exp \left\{ \mathrm{j}2\pi \left[-f_{\mathrm{c}} \frac{r_{nom}}{c} + \frac{1}{2}\mu \left(\hat{t}_{\mathrm{r}} - \frac{r_{nom}}{c} \right)^2 \right] \right\} \tag{7.39}$$

此时,回波数据满足理想的"停 – 走"模型。经过匹配滤波后,可得一维距离像,即

$$s_m(\hat{t}_{\mathrm{r}}, n) = k_n \rho_{mn} \sqrt{\mu} T_{\mathrm{p}} \mathrm{sinc} \left[\mu T_{\mathrm{p}} \left(\hat{t}_{\mathrm{r}} - \frac{2r_{nom}}{c} \right) \right] \exp \left(-\mathrm{j}4\pi f_{\mathrm{c}} \frac{r_{nom}}{c} \right) \tag{7.40}$$

7.3.4 步进频信号处理

调频步进信号 ISAR 成像通过调频步进信号合成大带宽实现距离维高分辨,通过目标相对雷达的转动实现目标方位高分辨。一维距离高分辨成像包含脉压和步进频信号处理两个模块。其中,脉压模块包括幅相校正、匹配滤波和速度补偿三个单元。步进频信号处理模块包括步进频 IFFT、一维距离像拼接和一维距离像量化三个单元。具体处理流程如图 7.16 所示。

7.3.4.1 速度补偿

对于高速的运动空间目标,当发射信号为调频步进频信号时,回波处理中的速度补偿包含脉内速度补偿和脉间速度补偿。脉内速度补偿的目的在于补偿目标高速运动引起脉内多普勒效应,使补偿后的回波转化为理想的"停 – 走"模

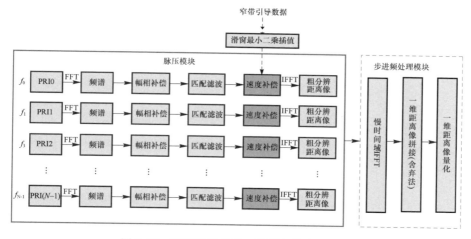

图 7.16　调频步进信号一维距离像处理流程

型。脉间补偿的目的在于消除径向速度引起的散射点越低分辨距离单元徙动，以及补偿掉速度造成的相位影响，使补偿后的回波转化为静止模型。7.3.3 节给出了脉内多普勒补偿的方法，下面主要针对脉间速度补偿进行分析。

调频步进频发射信号为

$$s_{\text{tsf}}(t) = \sum_{n=0}^{N-1} \text{rect}\left(\frac{t - nT_r}{T_p}\right) \exp\left[\,\text{j}\pi\mu(t - nT_r)^2\right] \exp\left[\,\text{j}2\pi f_n(t - nT_r)\right]$$

(7.41)

采用"停 – 走"模型，第 n 个子脉冲对应的回波时延为 τ_n，经过下变频后的基带回波信号为

$$s_{\text{rsf}}(t) = k_s\rho_0 \sum_{n=0}^{N-1} \text{rect}\left(\frac{t - nT_r - \tau_n}{T_p}\right) \exp\left[\,\text{j}\pi\mu(t - nT_r)^2\right] \exp(-\,\text{j}2\pi f_n\tau_n)$$

(7.42)

对基带回波信号进行频域匹配滤波，得到的快时间频谱为

$$s_{\text{rsf}}(f,n) = k_s\rho_0 \sum_{n=0}^{N-1} |P(f)|^2 \exp\left[-\,\text{j}2\pi(f + f_n)\tau_n\right]$$

(7.43)

式中：$|P(f)|$ 为 LFM 子脉冲的傅里叶变换。

假设目标双程距离为

$$r_n = r_0 + vnT_r + 0.5an^2T_r^2 + o(nT_r)^3$$

(7.44)

根据目标距离与回波延时关系 $\tau_n = r_n/c$，将式（7.44）代入式（7.43）整理后，可得

$$S_r(f,n) = k_s\rho_0 \sum_{n=0}^{N-1} |P(f)|^2 \exp\left[-\,\text{j}\frac{2\pi}{c}(f + f_0 + n\Delta f)R_0\right]$$

$$\times \exp\left[-j\frac{2\pi}{c}f(vnT_r + 0.5an^2T_r^2 + o(nT_r)^3)\right]\exp\left[-j\frac{2\pi}{c}f_0vnT_r\right]$$

$$\times \exp\left[-j\frac{2\pi}{c}f_0(0.5an^2T_r^2 + o(nT_r)^3) + n\Delta f(vnT_r + 0.5an^2T_r^2 + \right.$$

$$\left. o(nT_r)^3)\right] \tag{7.45}$$

式中:第二相位项与目标运动速度、加速度以及距离变化高阶项和快频率 f 有关,该相位项会导致脉间粗分辨距离像的包络徒动,在进行脉间 IFFT 之前必须进行包络对齐;第三相位项是目标径向速度产生的多普勒频率,虽然不会影响 IFFT 后的波形,但会引入耦合时移,对应距离 $d_{shift} = -vT_rf_0/\Delta f$,导致测距结果产生偏差;第四相位项为二阶以上的高阶相位项,会造成 IFFT 结果的波形发散和峰值偏移,波形发散会引起信噪比损失和分辨率降低,峰值偏移会影响测距精度。因此,需进行脉间速度补偿将这三项的影响降低到可忽略的程度。

由于一帧步进频信号的时间较短,目标加加速度以上的高阶项影响可忽略。例如:重频为 500Hz,脉冲个数为 64,则一帧步进频信号的持续时间为 0.128s;假设目标加加速度为 1.5m/s³,起始发射频率为 10GHz,则加加速度引起的距离徒动为 5.24 × 10⁻⁴ m,小于 1/32 波长,加加速度引起的相位变化近似为 0.1211rad,小于 π/16,因此可忽略加加速度以上的高阶项影响。

7.3.4.2　高分辨距离像合成

目前的步进频合成一维高分辨算法主要分为基于时域和基于频域两大类,其中基于频域合成一维高分辨算法由于需要进行内插导致运算量较大,而基于时域的拼接算法主要依靠时间窗截取因而运算量要小于频域拼接方法。本小节主要讨论时域一维高分辨合成算法。

基于时域的高分辨合成算法主要有舍弃法、逆向舍弃法、同距离选大法等。舍弃法最主要的优点是计算简单,不容易出现伪峰。与舍弃法相比,同距离选大法不轻易舍弃目标的有效信息,能够确保抽取目标的最大峰值,但其较舍弃法而言需要更大的计算量,且更容易出现伪峰。逆向舍弃法是舍弃法的一种改进,由于其实现简单在工程中被普遍选用,但由于其选取最大峰值时并不考虑峰值相位,导致拼接后的一维高分辨距离像在各帧之间并不相参。综合比较,选用舍弃法作为合成一维高分辨的方法。

舍弃法是利用每个采样点相对于其前一个采样点具有长 $r_s = ct_s/2$ 的距离新信息的原理,在每个采样点的处理结果 $r_{amb} = c/\Delta f$ 中只取长为 r_s 的距离信息,并将这些距离信息首尾相接顺序拼接起来,得到无模糊的高分辨一维距离像的方法。为了尽量减小回波能量损失,保证拼接结果具有较高的信噪比,每个采样点均需抽取其回波中心的位置。由于目标抽取算法避开了 IFFT 结果中的模糊区,同时每个采样点抽取 r_s 的距离信息,避免了采样点之间距离信息的混叠。因此,在宽约束条件下只要保证 IFFT 结果中至少有长为 r_s 的有效距离信息,即 $2r_{amb} - r_{\tilde{T}p} > r_s$(其中, $r_{\tilde{T}p} = c\tilde{T}_p$, $\tilde{T}_p$ 为粗分辨一维距离像中散射点主瓣宽度),舍弃法就可以消除宽约束条件下存在的两种混叠造成的信息冗余,得到完备的无模糊高分辨一维距离像。因此,舍弃法不仅适用于紧约束条件,在参数满足条件时,同样适用于宽约束条件,因此在参数设计上更为灵活。

图 7.17 为宽约束条件下目标抽取算法的示意,将图中所示的抽取区顺序拼接,就可以得到目标的一维距离像。当系统参数满足宽约束条件时,抽取区既要避开混叠区,又要保证抽到的目标幅度尽可能大。由图 7.17 可知,对第 k 个采样点来说,选择 $[kr_s - r_s/2, kr_s + r_s/2]$ 区间内的距离信息作为抽取区,可以同时满足上述两个条件。由于 IFFT 的周期混叠特性,目标抽取时需要将目标的实际位置与周期混叠后的位置对应。由于 IFFT 结果的距离分辨率为 Δr,每个采样点的抽取点数可表示为 $\mathrm{round}(r_s/\Delta r) = \mathrm{round}(N\Delta f t_s)$。考虑到第一个采样点的有效距离范围为 $[0, r_\tau/2]$,故其抽取区为 $[0, r_s/2]$,目标抽取的实现过程如下:

$$H(k) = \mathrm{bmod}(T(k-1)+1, N) \tag{7.46}$$

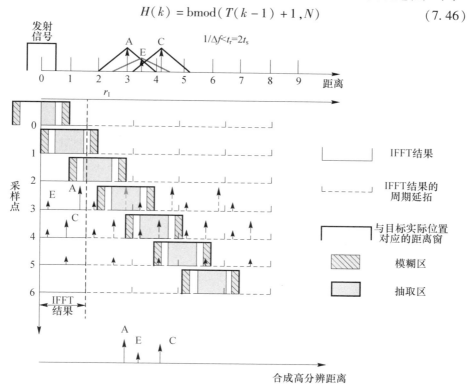

图 7.17　目标抽取法合成高分辨距离像示意

$$T(k) = \mathrm{mod}(H(k) + L(k) - 1, N) \qquad (7.47)$$

$$L(k) = \begin{cases} \mathrm{round}(Nt_s\Delta f/2)\,(k=0) \\ \mathrm{round}(kNt_s\Delta f) + L(0) - \displaystyle\sum_{i}^{k-1} L(i)\,(k\neq 0) \end{cases} \qquad (7.48)$$

式中：$H(k)$ 为第 k 个距离单元的抽取起始点为 $H(k)$；$T(k)$ 为抽取结束点；$L(k)$ 为抽取长度；$\mathrm{mod}(*,N)$ 表示将数据 $*$ 对 N 取模，其目的是将目标的实际距离与周期混叠后的距离对应起来；$\mathrm{round}(\cdot)$ 表示四舍五入的取整运算。

7.4 ISAR 成像信号处理算法

ISAR 成像是对完成脉冲压缩和运动补偿的回波进行方位向聚焦，重建目标的空间两维投影分布。常见的成像方法有距离多普勒（RD）算法，大转角成像算法（如极坐标格式算法（PFA）或 BP 算法等），以及将其他技术与 ISAR 技术相结合的成像算法（如超分辨成像算法、压缩感知成像算法等）。

7.4.1 RD 算法

RD 算法是假定目标位于一个转动平台上，目标以均匀角速度旋转，对回波进行距离压缩可得到目标的一维距离像历程，然后对距离像历程的方位向做傅里叶变换即可得到目标的二维像。标准 RD 算法是针对目标平稳飞行（假设各散射中心在观测期内的多普勒频率为常数）的小转角成像方法[130]。

ISAR 转台模型成像如图 7.18 所示，其中 C 为雷达位置，O 为目标旋转中心，P 为目标上的任意散射点。以目标中心为原点建立参考坐标系 XYZ，其中目

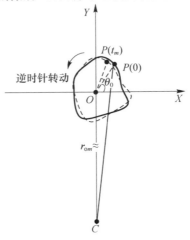

图 7.18　ISAR 转台模型成像

标转轴为 Z 轴,初始时刻的雷达视线方向为 Y 轴,X 轴根据右手法则确定,分别与 Y 轴和 Z 轴垂直。设散射点 P 的散射系数为 ρ_0,并假设散射点在目标运动过程中 RCS 恒定,k_0 为回波幅度系数。由于目标处于雷达的远场,雷达电磁波可用平面波表示,等距离面为垂直于雷达射线的平行面。记 t_m 时刻发射的雷达信号到达目标时,散射点 P 到雷达的距离 r_{pm} 可近似为

$$r_{pm} \approx r_{om} + \Delta r_{pm} \tag{7.49}$$

式中:r_{om} 为目标旋转中心到雷达的距离;Δr_{pm} 为散射点坐标在 Y 轴上的投影距离。假设 (x,y) 为散射点 P 的初始坐标,当目标以角速度 ω 逆时针旋转时,Δr_{pm} 可表示为

$$\Delta r_{pm} \approx x\sin(\omega t_m) + y\cos(\omega t_m) \tag{7.50}$$

假设发射信号为宽带线性调频信号,T_p 为发射信号脉宽,f_c 为信号载频,μ 为调频斜率,脉冲重复周期为 T_r。经过匹配滤波、脉内多普勒补偿以及脉间平动补偿后,散射点 P 的一维距离像可表示为

$$s_r(\hat{t}, t_m) = k_0\rho_0\sqrt{\mu}T_p\mathrm{sinc}\left[\mu T_p\left(\hat{t} - \frac{2\Delta r_{pm}}{c}\right)\right]\exp\left(-\mathrm{j}4\pi f_c\frac{\Delta r_{pm}}{c}\right) \tag{7.51}$$

由于累积转角很小,假设 Δr_{pm} 的变化不超过一个距离分辨单元,则一维距离像可近似为

$$s_r(\hat{t}, t_m) \approx k_0\rho_0\sqrt{\mu}T_p\mathrm{sinc}\left[\mu T_p\left(\hat{t} - \frac{2y}{c}\right)\right]\exp\left(-\mathrm{j}4\pi f_c\frac{x\omega t_m + y}{c}\right) \tag{7.52}$$

从上式可见,横距 x 的散射点 P 的多普勒频率为

$$f_d = \frac{2x\omega}{\lambda} \tag{7.53}$$

对慢时间做傅里叶变换即可得到目标的二维像,即

$$\mathrm{ISAR}(\hat{t}, f_d) = A_p\mathrm{sinc}\left[\mu T_p\left(\hat{t} - \frac{2y}{c}\right)\right]\mathrm{sinc}\left[T_{ob}\left(f_d - \frac{2f_c\omega x}{c}\right)\right] \tag{7.54}$$

式中:A_p 为复幅度。

根据 sinc 函数 3dB 宽度计算可得二维 ISAR 图像的距离向分辨率和横向分辨率分别近似为

$$\rho_r \approx \frac{c}{2B} \tag{7.55}$$

$$\rho_c \approx \frac{\lambda}{2\theta_M} \tag{7.56}$$

式中:B 为发射信号带宽;θ_M 为成像累积转角。

上述分析过程中,假设目标以均匀角速度绕 Z 轴逆时针旋转,位于 Y 轴上的散射点相对于雷达没有径向运动,其回波的多普勒为零,位于 Y 轴右侧和左

侧的散射点多普勒分别为负或正,离轴线越远,多普勒值也越大。于是,将各个距离单元的回波序列分别通过傅里叶分析变换到多普勒域,只要多普勒分辨率足够高,就能将各个距离单元内散射点的横向分布表示出来。实际在成像脉冲积累期间,当目标尺寸较大或累积转角过大,散射点的转动就不再在一个分辨单元内了,会引起越分辨单元徙动现象,影响成像质量。具有徙动校正的改进 RD 算法参见 7.7 节。

7.4.2　BP 算法

BP 算法以投影切片定理为理论依据,利用目标的运动信息通过在时域进行相干积累得到目标的二维像。该算法是一种精确的大转角成像算法。空间目标的轨迹可通过轨道测量、预报和轨道误差搜索获知,这就使得将反投影算法应用于空间目标 ISAR 成像成为可能。

二维目标 BP 成像原理如图 7.19 所示。XOY 坐标系是固定在目标上的坐标系,其坐标原点为目标质心 O,UOV 坐标系相对于雷达视线是固定的,V 轴是雷达视线方向,它的方向随雷达视线的改变而改变,两坐标系共用原点 O。

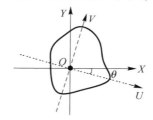

图 7.19　二维目标 BP 成像原理

若将目标的散射特性用二维连续分布函数 $g(x,y)$ 来表示,则 ISAR 二维成像的本质就是对雷达回波信号经过一系列信号处理从而得到目标散射特性分布函数的估计 $\hat{g}(x,y)$。

经过相参补偿后的连续目标回波信号的频域表示为

$$S_r(f,\theta) = \iint g(x,y)\exp\left[-\mathrm{j}2\pi f(x\sin\theta + y\cos\theta)\right]\mathrm{d}x\mathrm{d}y \qquad (7.57)$$

式中

$$f\in\left[f_c - B/2 \quad f_c + B/2\right],\theta\in\left[-\theta_M/2 \quad \theta_M/2\right]$$

对上式进行坐标变换,将其在 UOV 坐标系中表示。根据二维投影切片理论有[143]

$$S_r(f,\theta) = \iint g(u\cos\theta + v\sin\theta,\ -u\sin\theta + v\cos\theta)\exp(-\mathrm{j}2\pi f v)\mathrm{d}u\mathrm{d}v$$

$$= \int p_\theta(v)\exp(-\mathrm{j}2\pi f v)\mathrm{d}v \qquad (7.58)$$

式中：$p_\theta(v) = \int g(u\cos\theta + v\sin\theta, -u\sin\theta + v\cos\theta)\mathrm{d}u$ 为目标散射函数 $g(x,y)$ 在观测角为 θ 时沿 U 轴的投影，即观测角为 θ 时目标的一维距离像，因此雷达在某一视角所获得的目标回波经过相干混频后的频域表示为目标散射函数 $g(x,y)$ 在该角度投影的一维傅里叶变换。将 $g(x,y)$ 的傅里叶变换用 $G(X,Y)$ 表示，其中 $G(X,Y)$ 极坐标 $f - \theta$ 表示有 $X = f\sin\theta$，$Y = f\cos\theta$，即有 $G(X,Y) = G(f\sin\theta, f\cos\theta)$。根据二维投影切片定理得，$S_r(f,\theta)$ 是 $g(x,y)$ 的二维频谱 $G(X,Y)$ 在角度为 θ 时的一个切片，即

$$S_r(f,\theta) = G(f\sin\theta, f\cos\theta) \tag{7.59}$$

当雷达测得各个观测视角下的回波数据后，可得到 $g(x,y)$ 的二维频谱在极坐标 $f - \theta$ 上的取值，此后，便可通过逆傅里叶变换的方法恢复出目标散射特性分布 $g(x,y)$。令 $f_x = f\sin\theta$，$f_y = f\cos\theta$，$G(X,Y)$ 的二维傅里叶逆变换为

$$g(x,y) = \int_{-\infty}^{\infty} \int_{-\infty}^{\infty} G(f_x, f_y) \exp[\mathrm{j}2\pi(f_x x + f_y y)] \mathrm{d}f_x \mathrm{d}f_y \tag{7.60}$$

根据二重积分换元公式得

$$g(x,y) = \int_{-\theta_M/2}^{\theta_M/2} \int_{f_{\min}}^{f_{\max}} G(f\sin\theta, f\cos\theta) \exp[\mathrm{j}2\pi(fx\sin\theta + fy\cos\theta)] \left| \frac{\partial(f_x, f_y)}{\partial(f,\theta)} \right| \mathrm{d}f\mathrm{d}\theta$$

$$= \int_{-\theta_M/2}^{\theta_M/2} \int_{f_{\min}}^{f_{\max}} f S_r(f,\theta) \exp[\mathrm{j}2\pi f(x\sin\theta + y\cos\theta)] \mathrm{d}f\mathrm{d}\theta \tag{7.61}$$

式 (7.61) 是在极坐标下表示的二维傅里叶逆变换，不便于直接快速实现，但可以通过下面的卷积 - 反投影流程来计算此积分。

定义 $H(f,\theta) = f S_r(f,\theta)$ 且有 $v = x\sin\theta + y\cos\theta$，设 $h(v,\theta)$ 为 $H(f,\theta)$ 的一维傅里叶变换，则根据式 (7.61) 有

$$g(x,y) = \int_{-\theta_M/2}^{\theta_M/2} \int_{f_{\min}}^{f_{\max}} H(f,\theta) \exp(\mathrm{j}2\pi f v) \mathrm{d}f\mathrm{d}\theta$$

$$= \int_{-\theta_M/2}^{\theta_M/2} h(x\sin\theta + y\cos\theta, \theta) \mathrm{d}\theta \tag{7.62}$$

对指定位置 (x_0, y_0)，计算不同 θ 对应的 $v_0(\theta) = x_0\sin\theta + y_0\cos\theta$ 的值，然后将 $h(v_0(\theta), \theta)$ 沿 θ 叠加即可求得 $g(x_0, y_0)$。

从以上的推导过程可以看出，反投影成像的过程主要分两步：一是回波数据 $S_r(f,\theta)$ 与频率响应为 f 的线性时不变滤波器在频域相乘，对应时域的卷积运算；二是 IFFT 得到 $h(v,\theta)$，将 $h(v_0(\theta), \theta)$ 沿 θ 方向做投影后进行累加。因此，该算法又称为卷积反投影算法。

BP 算法本质上是一种时域内逐点相参成像的算法，是一个点对点的图像重建过程。成像过程中，随着目标的转动，脉压后的散射点距离可能会发生越距离单元徙动，且不同的散射点距离徙动轨迹不同。BP 算法逐点成像的特点恰好可

以处理这个问题,它通过计算每个像素点到雷达的距离,沿着每个散射点的真实运动轨迹对其进行时域相参叠加从而得到高分辨图像。实际雷达成像系统中给出的跟踪距离信息和雷达视线角度信息中往往存在误差,当系统误差和一阶线性误差满足一定条件时只会引起图像的整体偏移和旋转,不会影响图像质量,而高阶和随机误差会影响 BP 成像的相位补偿,使得投影结果无法实现相参积累,导致成像结果出现散焦[151]。

在空间目标 ISAR 成像的实际应用中,还需考虑目标的平动补偿和目标旋转中心的选择问题,其解决途径分别参见 7.5 节和 7.7 节,这里不再赘述。选定等效旋转中心后,首先将完成平动补偿后的一维距离像序列与预先定义好的成像投影面内的像素点按照距离相等的原则进行距离反投影,随后利用每个像素点对应的转动距离构造补偿相位对反投影的复数值进行相位补偿,最后通过脉冲间的相参累加得到目标的高分辨二维图像。若从基函数的角度理解,RD 算法中沿方位向做 FFT 时等效于用一组正交的复指数基函数与方位向回波进行匹配,得到散射点的转动多普勒值,进而解算出散射点的方位向坐标。BP 算法的本质为用一系列指数函数 $\exp\left[\,\mathrm{j}4\pi f_c\left(x\sin\theta + y\cos\theta\right)/c\,\right]$ 与反投影结果进行匹配,不同像素点的 x 和 y 坐标对应不同的指数函数。当某一个指数函数与反投影结果完全匹配时,累加取得极大值,此时可以直接得到散射点的方位坐标和距离坐标。空间目标 ISAR 反投影成像流程如图 7.20 所示。

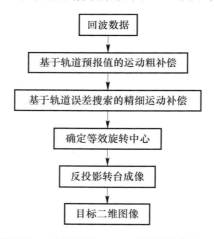

图 7.20 空间目标 ISAR 反投影成像流程

空间目标 ISAR 反投影成像流程将平动补偿与转台成像分开进行,平动补偿中的参数搜索过程对轨道预报误差进行了最佳估计并在成像前补偿其对成像结果的影响。不同于传统实现流程中的直接利用含误差的绝对距离进行反投影成像,等效旋转中心确定后,利用散射点相对于等效旋转中心的转动距离和相位成像,任何量级的固定距离差都不会影响成像结果。相比于传统实现流程,文献[151]提出的基于参数化平动补偿的 ISAR 反投影成像方法具有更好的健壮性,更适用于实际回波数据的成像处理。

7.4.3　PFA

PFA 作为一种有效的旋转目标成像方法提出[152],最早应用于聚束 SAR 的成像中。PFA 不同于 RD 算法以快时间 – 慢时间的笛卡儿坐标记录数据的方式,它是用极坐标格式记录空间频率的观测样本,通过分析回波在波数域的分布特性及支撑区范围,进行两维插值完成极坐标系到笛卡儿坐标系的转化,最后利用二维傅里叶变换完成距离向和方位向处理,从而实现大转角情况下的 ISAR 成像。在远场情况下,该算法能够从根本上消除越分辨单元徙动(MTRC)[135]。

图 7.21(a)和(b)分别为二维空间平面和波数平面,其中 X、Y 分别与 k_x、k_y 相对应。远场平面波假设下,各散射点回波的径向波数矢量 $\boldsymbol{k}_R$ 的指向可用雷达 C 到目标中心 O 的指向统一表示,$\boldsymbol{k}_R$ 的长度与回波信号频率的关系为 $k_R = 4\pi f/c$,因此,$\boldsymbol{k}_R = (k_x,k_y) = (4\pi f\sin\theta/c,4\pi f\cos\theta/c)$。

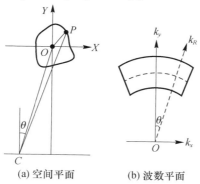

(a) 空间平面　　　　(b) 波数平面

图 7.21　极坐标格式波数域示意[135]

平动补偿后,散射点 P 的一维距离像频谱可表示为

$$S_r(f,t_m) = k_0\rho_0 \, |S_t(f)|^2 \exp\left[-\mathrm{j}\frac{4\pi}{c}(f_c + f)\Delta r_{pm}\right] \tag{7.63}$$

式中:Δr_{pm} 为散射点 P 与中心散射点的径向距离差;$|S_t(f)|$ 为基带发射信号的幅度谱。

假设散射点 P 的空间位置用矢量 $\boldsymbol{r}_P = (x,y)$ 表示,则上述回波采用波数的方法可表示为

$$\begin{aligned}
S_r(f,t_m) &= k_0\rho_0 \, |S_t(f)|^2 \exp[-\mathrm{j}\boldsymbol{k}_R \cdot \boldsymbol{r}_P] \\
&= k_0\rho_0 \, |S_t(f)|^2 \exp[-\mathrm{j}(k_x x + k_y y)]
\end{aligned} \tag{7.64}$$

假设发射信号带宽为 B 和载频为 f_c 的线性调频信号,成像区间内雷达视线变化累积角度为 θ_M,则回波信号的波数谱为如图 7.22 所示的极坐标格式。其中,径向支撑区间为 $k_R \in \left[4\pi(f_c - B/2)/c, 4\pi(f_c + B/2)/c \right]$,方位向支撑区间为 $\theta \in \left[-\theta_M/2, \theta_M/2 \right]$。在 $k_x - k_y$ 构成的波数域内对回波进行二维傅里叶变换便可得到 ISAR 图像。由于波数域中回波数据以极坐标格式录取,因此,采样区间为扇形区域,将扇形区域变换为矩形区域才能直接应用二维 FFT。通常采用插值的方式实现区域变换,下面给出具体插值过程各采样点的位置。

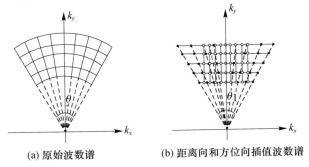

(a) 原始波数谱　　　　　　　(b) 距离向和方位向插值波数谱

图 7.22　回波的波数谱

假设转角采样间隔为 $\Delta\theta$,成像累积脉冲个数为 M,波数采样间隔为 Δk,波数采样点数为 N,则离散化后原始波数谱的各采样点的坐标为

$$\begin{cases} k_x(n,m) = n\Delta k \sin(m\Delta\theta) \\ k_y(n,m) = n\Delta k \cos(m\Delta\theta) \end{cases} \tag{7.65}$$

式中:$n \in [0, N-1]$;$m \in [-M/2, M/2 - 1]$。

经过距离向插值后,空间频率域的数据分布如图 7.22(b)楔形数据域黑点所示,插值后距离向的采样间隔为一个与方位向采样位置无关的常数,各采样点的坐标为

$$\begin{cases} k_x(m,n) = k_y(0,n)\tan(m\Delta\theta) \\ k_y(m,n) = k_y(0,n) = k_y(0,0) + n\Delta k \end{cases} \tag{7.66}$$

距离向插值完后进行方位向插值,数据分布如图 7.22(b)中的圆圈所示,各采样点的坐标为

$$\begin{cases} k_x(m,n) = m k_y(0,0)\tan(\Delta\theta) \\ k_y(m,n) = k_y(0,0) + n\Delta k \end{cases} \tag{7.67}$$

方位向插值是在脉冲间进行,由非均匀分布到均匀分布的重采样过程。经方位向插值后,梯形区域的数据变成矩形区域的数据。这样直接对矩形分布的数据进行两次 IFFT,即可得到 ISAR 二维图像。PFA 算法实现 ISAR 成像的处理流程如图 7.23 所示。

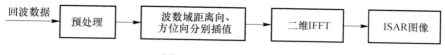

图 7.23　PFA 算法流程

对回波数据的预处理可由对回波进行解线频调和匹配滤波两种方式实现。PFA 算法在实际应用时需在成像区域的中心附近选择一特显点作为基准点,在录取数据期间保证雷达波束射线和距离基准波门始终对该基准点进行精确跟踪,并在预处理中使该基准点的基频回波相位固定在零。

7.4.4　超分辨和压缩感知成像

为提高分辨力,进而实现雷达对目标的高分辨,提出超分辨成像方法,其实质是利用现代谱估计方法进行宽带频谱外推而增加信号有效带宽或增大有效累积转角。常用的超分辨成像算法主要有基于 Prony 方法的成像算法[153]、基于 Capon 估计的成像算法[154]、基于自回归(AR)模型的数据外推的成像算法、基于多信号分类(MUSIC)算法的成像算法[155]、基于旋转不变技术(ESPRIT)的成像算法[156]等,这类算法应用时对信噪比要求较高,并且这类方法大都基于搜索优化的思想,使得数据处理的运算量很大。

压缩感知理论是近年来发展起来的一个研究热点,该理论指出,当信号满足稀疏性要求时,可通过低于奈奎斯特采样率的数据样本实现信号重建[157]。在 ISAR 成像中,因为目标由数量不多的等效散射中心组成,具有一定的稀疏性,所以可采用稀疏采样回波对目标信息进行恢复,因此该理论对于多目标跟踪时的观测时间分配和多目标同时成像具有重要意义。文献[158]在方位向稀疏采样情况下获得了高质量的 ISAR 图像,文献[159]将压缩感知技术应用到了双基地 ISAR 中,得到了良好的成像效果。

📐 7.5　基于轨道运动精确补偿的空间目标成像

平动补偿是 ISAR 成像处理的重要组成部分,其优劣很大程度上决定了成像质量的好坏。ISAR 成像的平动补偿通常分包络对齐和初相校正两步进行。典型的包络对齐算法有最大互相关法、累积互相关法、全局距离对齐法等。典型的初相校正算法有单特显点法、多特显点法、多普勒中心跟踪法、相位梯度自聚焦算法及参数化的最大对比度和最小熵法等[135]。

传统的平动补偿算法基于回波实包络之间的相关性实现包络对齐,在信噪比不高或者对回波相关性差的复杂目标成像时,容易出现包络漂移和突跳现象,进而影响 ISAR 成像结果。空间目标高精度的相对位置可以通过高精度探测雷达、多站联合定轨以及统计改进的方式获取,并且,其在轨运行中受轨道运动力学约束,实际运动轨迹平滑,因此,可利用该先验信息对目标平动引起的包络移动和相位历程加以补偿,提高成像质量。该方法利用了目标回波的相干信息,在雷达回波信噪比较低时仍具有好的成像稳定性。

7.5.1　基于轨道运动的平动粗补偿

成像期间内空间目标运动轨迹中包含的高阶项引起的距离单元徙动和方位向高阶相位会对成像造成影响,参数化的平动粗补偿能够降低后续补偿阶次。宽带成像雷达一般工作在宽/窄交替模式下,其中窄带信号用于发现和跟踪目标,并得到目标的位置信息,以引导宽带回波数据的采集,因此,可利用高稳定度时钟记录下来的每个接收波门的绝对时间进行目标轨迹的重建,然后进行参数化的平动粗补偿。

假设雷达发射信号为线性调频信号,经过脉内多普勒补偿和匹配滤波后,目标回波的频域表示为

$$S_r(f, t_m) = k_0 \rho_0 |S_t(f)|^2 \exp\left(-j4\pi \frac{f + f_c}{c}(r_{om} + \Delta r_{pm})\right) \tag{7.68}$$

式中:r_{om} 为目标质心到雷达的距离;Δr_{pm} 为散射点以质心为参考点的相对径向距离。

根据傅里叶变换的特性,可利用平动距离信息在频域构造补偿相位项 $\phi_1 = \exp(j2\pi(f + f_c)\hat{r}_{om}/c)$,实现时域的包络移位。其中,与载频 f_c 有关的分量用于补偿目标距离引起的相位变化。补偿后的频域回波表示为

$$S_r(f, t_m) = k_0 \rho_0 |S_t(f)|^2 \exp\left[-j4\pi \frac{(f + f_c)}{c}(\Delta r_{om} + \Delta r_{pm})\right] \tag{7.69}$$

式中:Δr_{om} 为平动距离误差,源于平动补偿时所用的 $\hat{r}_{om}$ 与目标到雷达的真实距离 r_{om} 之间的误差。$\hat{r}_{om}$ 可通过轨道预报的方式获得,在具有窄带辅助轨道更新测量或者其他方式获取空间目标轨道信息时,该值将更为准确。由于式(7.69)中平动距离误差 Δr_{om} 的存在,这里将该平动补偿称为粗补偿。接下来需要通过参数搜索进行轨道误差的估计,完成残余运动量的补偿。

7.5.2　基于轨道误差搜索的精细运动补偿

进行粗补偿后的平动距离误差项 $\Delta r_{om}(t_m)$ 可展开为时间的幂函数形式[160],即

$$\Delta r_{om}(t_m) = \Delta r_0 + v t_m + \frac{1}{2}a t_m^2 + \frac{1}{6}\dot{a} t_m^3 + \cdots + \frac{1}{n!}a_n t_m^n + O(t_m^n) \tag{7.70}$$

式中:t_m 为相对每次成像起始时刻的慢时间;n 为目标残余运动量的阶数。

对于成像应用而言,空间目标残余运动量中三阶以上部分一般可以忽略,此时,空间目标位置预报误差搜索需要确定误差速度 v 和误差加速度 a 以及加速度 $\dot{a}$ 这三个参数。运动补偿误差的增加会加重目标 ISAR 像各散射点的散焦,进而造成成像结果图像对比度下降或者熵的增加,在目标 ISAR 像完全聚焦时,图像一般具有最大的对比度或最小熵。因此,可采用图像对比度最大或者图像熵最小作为目标成像质量的评价函数,以此确定运动补偿参数。

空间目标残余运动量的初值和搜索范围可通过定轨误差或者轨道预报误差确定:此时残余运动量初值均为零,而搜索范围则可设为定轨误差或轨道预报误差距离对应的最大速度、加速度以及加加速度。实际应用时,也可以由包络对齐结果估计空间目标残余运动量的初值和搜索范围:先采用包络相关法对粗补偿的一维距离像进行包络对齐,在去除野值和跳变后,对包络对齐移位量对应的距离进行三阶多项式拟合,由拟合结果作为空间目标位置预报误差搜索的初值;运动量搜索范围则可以整体包络偏移量对应的最大速度、加速度以及加速度确定。

在利用参数化方法进行空间目标残余运动量搜索时,运动搜索参数与真实值之间会存在量化误差,过大的参数搜索步进量可能无法找到目标成像质量评价函数的极值,进而会影响运动补偿参数的确定,而较小的搜索步进量虽可以降低量化误差的影响,却存在运算量大的问题。

令速度、加速度以及加加速度的搜索步进量分别为 Δv、Δa 以及 $\Delta \dot{a}$,则在成像积累时间 T_{ob} 内因三者步进搜索量化共同引入的位置误差为

$$\Delta y = \frac{1}{2}\left(\Delta v T_{\text{ob}} + \frac{1}{2}\Delta a T_{\text{ob}}^2 + \frac{1}{6}\Delta \dot{a}\, T_{\text{ob}}^3 \right)$$

包络对齐要求上述距离徙动不超过一个距离分辨单元,为简化起见,可限制各运动参数引起的位移量则不超过三分之一分辨单元,即要求

$$\Delta v < \frac{c}{3BT_{\text{ob}}}, \Delta a < \frac{2c}{3BT_{\text{ob}}^2}, \Delta \dot{a} < \frac{2c}{BT_{\text{ob}}^3} \qquad (7.71)$$

特别的,在相参成像时,还需要保证其引起的多普勒变化量不超过一个多普勒分辨单元。由于加速度以及加加速度步进搜索量化共同引入的多普勒变化量为

$$\Delta f_{\text{d}} = \frac{1}{2} f_{\text{c}}\left(\Delta a T_{\text{ob}} + \frac{1}{2}\Delta \dot{a}\, T_{\text{ob}}^2 \right)/c$$

限制多普勒变化量不超过一个多普勒分辨单元 $1/T_{\text{ob}}$,即要求

$$\Delta a < \frac{\lambda}{T_{\text{ob}}^2}, \Delta \dot{a} < \frac{\lambda}{T_{\text{ob}}^3} \qquad (7.72)$$

综合式(7.71)和式(7.72),可得到误差速度和误差加速度搜索步进量的最终约束条件为

$$\begin{cases} \Delta v < \dfrac{c}{3BT_{\text{ob}}} \\[2mm] \Delta a < \min\left(\dfrac{2c}{3BT_{\text{ob}}^2}\quad \dfrac{\lambda}{T_{\text{ob}}^2}\right) \\[2mm] \Delta \dot{a} < \min\left(\dfrac{2c}{BT_{\text{ob}}^3}\quad \dfrac{2\lambda}{T_{\text{ob}}^3}\right) \end{cases} \tag{7.73}$$

一般而言,步进量 Δv 小于厘米每秒量级,Δa 和 $\Delta \dot{a}$ 更小。例如,若成像时发射信号载频位于 X 频段,波长为 0.03m,发射信号带宽为 1GHz,成像积累时间 $T = 10\text{s}$,根据式(7.73)得 $\Delta v < 0.01\text{m/s}$,$\Delta a < 3 \times 10^{-4}\text{m/s}^2$,$\Delta \dot{a} < 3 \times 10^{-5}\text{m/s}^3$。

为了提高搜索速度,速度和加速度搜索时可分多级进行,前面若干级先进行粗搜索,搜索间隔可适当设置的比理论值大,主要目的在于确定速度误差和加速度误差的范围。最后一级搜索时,搜索间隔需严格按照式(7.73)来设置。

由式(7.69)和式(7.70)得基于轨道预报值完成粗包络对齐后的回波频域表达式为

$$S_{\text{r}}(f, t_m) = k_0 \rho_0 \mid S_{\text{t}}(f) \mid^2 \exp\Big[-\text{j}2\pi \dfrac{(f+f_c)}{c}$$
$$\left(\Delta r_0 + v t_m + \dfrac{1}{2} a t_m^2 + \dfrac{1}{6} \dot{a} t_m^3 + \Delta r_{\text{pm}} \right) \Big] \tag{7.74}$$

假设速度、加速度、加加速度的估计值为 $\hat{v}$、$\hat{a}$ 以及 $\hat{\dot{a}}$,则对式(7.74)进行补偿后,可得

$$S_{\text{r}}(f, t_m) = k_0 \rho_0 \mid S_{\text{t}}(f) \mid^2$$
$$\exp\left[-\text{j}2\pi \dfrac{(f+f_c)}{c} \begin{pmatrix} \Delta r_0 + (v - \hat{v}) t_m + \dfrac{1}{2}(a - \hat{a}) t_m^2 \\[2mm] + \dfrac{1}{6}(\dot{a} - \hat{\dot{a}}) t_m^3 + \Delta r_{\text{pm}} \end{pmatrix} \right] \tag{7.75}$$

当估计值与真实值吻合时,式(7.75)变为

$$S_{\text{r}}(f, t_m) = k_0 \rho_0 \mid S_{\text{t}}(f) \mid^2 \exp\left[-\text{j}2\pi \dfrac{(f+f_c)}{c} \Delta r_{\text{pm}} \right] \tag{7.76}$$

以 BP 算法为例,基于轨道运动精确补偿的空间目标成像流程如图 7.24 所示。

具体步骤如下:

(1)将回波数据与参考信号在频域进行共轭相乘,同时乘以通道标校系数用于消除通道不理想特性的影响。雷达信号从产生到发射、目标反射、再到被天线接收,需要经过馈线传输、天线辐射、低噪放、变频放大等过程,这些过程都会影响到信号的频率特性,导致接收到的回波的频率特性与参考信号不能完全匹

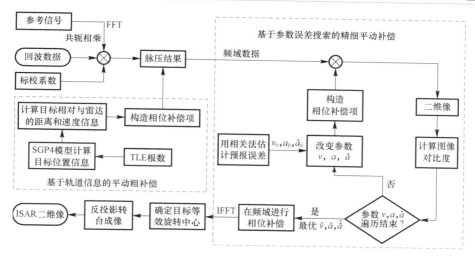

图 7.24 基于轨道运动精确补偿的空间目标成像流程

配,影响脉压性能。因此,需要设置专门的标校来消除发射 - 接收通道的非理想特性。常见的成像标校有塔标校、卫星标校等。

(2) 从 Space - track 网站上下载距回波数据采集时刻最近的 TLE 根数或从其他途径获取轨道根数,然后利用 SGP4 模型进行轨道预报,基于轨道预报值在频域进行平动粗补偿。

(3) 基于轨道误差搜索方法实现包络对齐和相位校正,进行转台场景下的反投影成像,生成 ISAR 二维像,并计算图像对比度(或最小熵等成像质量评价函数)。改变参数重复计算,直至整个遍历搜索过程结束。选择图像对比度的最大值对应的 ISAR 二维像作为最终成像结果。

7.6 双基地成像关键技术

7.6.1 同步误差对成像的影响

双基地雷达由于发射机和接收机分开放置,且相距较远,在对空间目标探测时具有一些独特的优势,但同时在系统构成上增加了一定的复杂性。双/多基地 ISAR 成像系统布置示意如图 7.25 所示。首先,双基地雷达收发双站有各自的天线,为使接收站接收到回波信号,两天线波束须同时照射到观测目标上,这就要求收发双站在空间上同步;其次,为了协调两站工作和采集目标回波信号,两站要有统一的时间标准,这就要求收发双站在时间上的同步;最后,为了能够接收回波和测量多普勒信息,双基地雷达必须工作在相同的频率上,这就是频率同步。空间同步、时间同步和频率同步即是双基地雷达的"三大同步"问题,是双基地雷达的关键技术之一,也是其正常工作的前提。实现三大同步的常用方式有直接同步和间接同步两种。直接同步方式是指发射站和接收站之间直接发送同步信息和信号,间距同步方式是指发射站和接收站通过第三者或各自高稳保持方式进行同步。

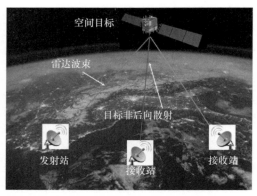

图 7.25   双/多基地 ISAR 成像系统分布示意(见彩图)

对空间目标成像,由于一般有参考轨道,因此发射站和接收站通过轨道引导及跟踪容易实现空间同步。实现时间同步和频率同步的一种技术措施是采用 GPS 授时和高精度、高稳定频率源,即采用 GPS 高精度授时、高稳频率时钟守时实现双站时间同步,采用高准确度、高稳定度频率源实现双站频率同步。下面分别分析其对成像的影响。

7.6.1.1   时间同步

双基地雷达系统信号的发射、接收以及处理均以时间为基准,发射站与接收站之间的时间同步误差会引入回波位置、相位的偏移和抖动,进而影响目标的探测与成像结果。双基地雷达系统发射站发射电磁波并由接收站接收、采集回波信号的时间关系如图 7.26 所示,发射站和接收站按约定起始时刻绝对时启动工作时序,发射站在起始发射时刻(与约定起始时刻误差记为 Δt_{ts})开始由发射计时时钟按固定发射重复周期 T_t 产生发射雷达脉冲;接收站在起始接收时刻(与约定起始时刻误差记为 Δt_{rs})开始由接收计时时钟按固定接收重复周期 T_r 和目标位置产生接收波门和采集波门。发射计时时钟和接收计时时钟不同源,接收站的接收计时时钟与采样时钟一般为同源时钟信号。

对采用间接时间同步方法的系统,在雷达信号的发射到接收过程中,由于发射站、接收站的系统时间与标准时间不可能完全相同,发射站记录的起始发射时刻和接收站记录的起始接收时刻均与绝对时间有一定的系统授时偏差;发射站、

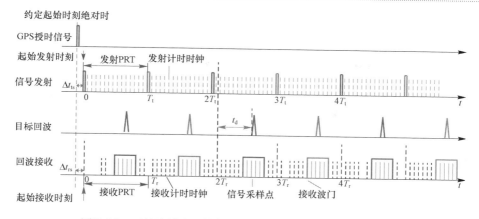

图 7.26　双基地雷达系统信号发射与接收时间关系(见彩图)

接收站均通过各自的频率源生成计时时钟,由于发射站与接收站的频率源的非理想性,发射时钟计时、接收波门计时以及采样时钟计时均会与标称值有一定误差,该误差包括因频率源频率不准和频率漂移产生的时间低阶项、因频率源随机相位噪声等原因产生的时间高阶项。后面将根据回波模型分析间接同步时间误差对 ISAR 成像处理的影响。

令成像处理中 n 号脉冲发射时刻 nT_t 为发射站慢时间,$\hat{t}_t = t - nT_t$ 为发射站快时间,对应的,nT_r 为接收站慢时间,$\hat{t}_r = t - nT_r$ 为接收站快时间,发射站、接收站实际起始时间相对于约定起始发射时刻的时间差为 Δt_{ts} 和 Δt_{rs}。以一帧数据的约定起始时刻为零时刻,则每个发射脉冲以及接收脉冲起始对应的绝对时间可表示为 $nT_t + \hat{t}_t - \Delta t_{ts}$ 以及 $nT_r + \hat{t}_r - \Delta t_{rs}$,双基地 ISAR 成像系统发射的线性调频信号可表示为

$$s_t(\hat{t}_t, n) = \mathrm{rect}\left(\frac{\hat{t}_t - \Delta t_{ts}}{T_p}\right) \exp\left[\, \mathrm{j}2\pi(f_t(nT_t + \hat{t}_t - \Delta t_{ts}) + \frac{1}{2}\mu_t(\hat{t}_t - \Delta t_{ts})^2)\right]$$

$$(7.77)$$

式中:T_p 为脉冲宽度;f_t 为发射站载频;μ_t 为包括了发射站频率漂移在内的发射站信号调频斜率。

设目标散射系数为 k_0、传播路径衰减等因素调制因子为 ρ_0,则接收站接收到并下变频至基带的回波信号为

$$s_r(\hat{t}_r, \hat{t}_t, n) = k_0\rho_0\,\mathrm{rect}\left(\alpha_n\frac{\hat{t}_r - t_d}{T_p}\right)$$

$$\exp\left[\mathrm{j}2\pi\binom{f_t(nT_t + \hat{t}_t - \Delta t_{ts})}{-f_r(nT_r + \hat{t}_r - \Delta t_{rs}) + \frac{1}{2}\mu_r(\hat{t}_r - t_d)^2}\right] \qquad (7.78)$$

式中:α_n 为目标运动以及计时误差漂移产生的时间伸缩系数;t_d 为目标回波前沿相对于接收站接收脉冲前沿的时间间隔,为回波传播时延与两站快时间零时刻时差的差值;f_r 为接收站载频;μ_r 为包含目标运动、接收站频率漂移等因素影响在内的接收回波调频斜率。

雷达信号处理将回波脉压后峰值位置相对接收脉冲起始时刻的延时作为测量距离,因此,Δt_{ts}、Δt_{rs} 会引入目标初始测距误差 $\Delta r_s = (\Delta t_{ts} - \Delta t_{rs})c$。此外,由式(7.78)可知,$\Delta t_{ts}$、$\Delta t_{rs}$ 也会影响目标峰值初始相位信息。由于两次授时同步间 Δt_{ts} 与 Δt_{rs} 为定值,每次时间同步所引入的测距误差以及初始相位误差在同步后不再改变,不影响信号方位向的处理。

由于两站频率源的非理想性,采用频率源生成的计时时钟不仅存在计时偏移,还存在漂移项和随机抖动项。设计时时钟的频率准确度为 ξ_0,频率稳定度为 ξ_1,则计时时钟的计时偏移系数 $\eta_0 = \xi_0 / (1 + \xi_0) \approx \xi_0$(因为 $\xi_0 \ll 1$),计时漂移系数 $\eta_1 = \xi_1 / (1 + \xi_1) \approx \xi_1$(因为 $\xi_1 \ll 1$)。令 δt 为高阶计时误差,则计时时钟所得时间为

$$t_c = (1 + \eta_0 + \eta_1 t)t + \delta t \tag{7.79}$$

双基地系统的每个发射脉冲的起始时刻、接收回波信号的采样起始时刻分别为

$$nT_t = (1 + \eta_{0t} + \eta_{1t}nT)nT + \delta t_t \tag{7.80}$$

$$nT_r + t_g = [1 + \eta_{0r} + \eta_{1r}(nT_r + t_g)](nT_r + t_g) + \delta t_r \tag{7.81}$$

式中:T 为理想脉冲重复周期(计算中使用的时间);t_g 为采样波门相对接收起始脉冲的延时;下标 t 表示发射,下标 r 表示接收。

将式(7.80)以及式(7.81)代入式(7.78)可知:发射站、接收站计时时钟的计时偏移会导致目标在距离向出现径向偏移以及信号调频斜率的改变,在方位向出现横向偏移;计时时钟的漂移会在慢时间引入距离弯曲和二次相位误差项,影响信号成像质量;计时时钟的随机抖动项为与绝对时间高次误差项之和,在 ISAR 成像过程中一般视为距离向位置抖动和方位向的相位噪声[161]。

发射站、接收站计时时钟的计时偏移系数引入的时间偏移量正比于两站各自的偏移系数 η_0,在进行常数化补偿相参成像时,偏移系数过大还会引起越距离分辨单元徙动现象,为保证两站偏移系数引入的距离徙动量在半个距离分辨单元内,偏移系数需满足

$$|\eta_{0t} + \eta_{0r}|NT \leqslant \frac{\rho_r}{2c} \tag{7.82}$$

式中:ρ_r 为雷达径向分辨率;N 为成像处理总脉冲数。

这种距离徙动在 ISAR 成像中可以通过非参数化包络对齐进行补偿,因此条件式(7.82)是非必要的。但必须保证两站偏移系数引入的距离徙动量小于

采样波门有效宽度 Δr_g 的 $1/2$，即

$$|\eta_{0t} + \eta_{0r}|NT \leqslant \frac{\Delta r_g}{2c} \tag{7.83}$$

例如，成像时间 $NT = 5\text{s}$，距离分辨率为 0.3m，采样波门宽度为 1km，则要求收发计时时钟偏离系数严要求为小于 10^{-10}，宽要求为小于 3.3×10^{-6}。

发射站、接收站计时偏移系数会引入调频斜率改变，变化系数为 $(1 + \eta_{0t})^2 (1 + \eta_{0r})^2 - 1 \approx 2(\eta_{0t} + \eta_{0r})$。

发射站、接收站计时时钟的计时漂移引起的距离弯曲和方位向偏移量取决于两站各自的漂移系数与累积成像时间，为保证两站漂移系数引入的距离弯曲量和多普勒徙动量在半个分辨单元内，需分别满足

$$|\eta_{1t} + \eta_{1r}|(NT)^2 \leqslant \frac{\rho_c}{c} \tag{7.84}$$

$$|\eta_{1t} + \eta_{1r}|NTf_c \leqslant \frac{\rho_c}{2} \tag{7.85}$$

式中：f_c 为载波频率；ρ_c 为方位维分辨率。

例如，成像时间 $NT = 5\text{s}$，距离分辨率为 0.3m，方位维分辨率为 0.2Hz，载频为 10GHz，则在不补偿情况下要求收发计时时钟漂离系数小于 $2 \times 10^{-12}/\text{s}$。

发射站、接收站计时时钟的漂移所引入的二次相位误差源于计时时钟漂移引入的径向距离弯曲，各脉冲对应的相位为

$$\phi(n) = 2\pi(\eta_{1t} + \eta_{1r})f_c(nT)^2 \tag{7.86}$$

二次相位误差会造成方位主瓣展宽且幅度降低，仅当 $\phi \leqslant \pi/2$ 时，才能忽略二次相位误差的影响。例如，成像时间 $NT = 5\text{s}$，载频为 10GHz，则在不补偿情况下要求收发计时时钟漂离系数小于 $10^{-12}/\text{s}$。

计时时钟的随机抖动会在距离向引入随机偏移，相应的在方位向引入相位噪声。一般而言，计时时钟的随机抖动在距离向引入的随机偏移应不超过半个分辨单元，引入的相位噪声则需满足最大积分副瓣比小于 -25dB 的成像要求。

7.6.1.2　频率同步

双基地雷达系统中，发射站将基带信号上变频至载频，并通过天线发射出去，接收站接收目标反射的雷达信号并下变频至基带。在雷达信号的发射与接收过程中，频率源、本振信号频率的偏移、漂移和相噪将引入到了雷达信号中，影响目标的探测成像效果。

频率源的时变频率误差模型可表示为

$$f(t) = (1 + \xi_0 + \xi_1 t)f_c + \delta_f(t) \tag{7.87}$$

式中：f_c 为发射站或接收站频率源理想标称载频；ξ_0 为频率准确度（或称频率偏移系数，与计时时间偏离系数的关系为 $\xi_0 = \eta_0/(1+\eta_0) \approx \eta_0$，因为 $\eta_0 \ll 1$）；ξ_1 为频率稳定度（这里指因频率源环境和元器件参数变化产生的频率线性慢漂移系数）；$\delta_f(t)$ 为频率源的高阶误差项。

将式（7.87）代入式（7.78）可知，发射站、接收站频率源的频率误差对 ISAR 成像的影响与时间同步误差相对应：频率源的固定频率差会在目标的距离向和方位向引入偏移；频率源的频率漂移会导致目标在方位向引入二次相位项，并会引入距离向和方位向的偏移；频率源的高阶误差项会引入相位噪声。

发射站、接收站载波频率之间的固定差值会导致匹配滤波器失配从而引起脉冲压缩时频耦合时移、产生距离偏差，在方位向会引入对应的频率偏移分别为

$$\Delta r = \frac{(\xi_{0t} + \xi_{0r})f_c}{\mu_r}c \tag{7.88}$$

$$\Delta f_d = (\xi_{0t} + \xi_{0r})f_c \tag{7.89}$$

同时，匹配滤波器失配会引起脉冲压缩能量损失以及分辨率的降低，对应的变化系数均为 $(\xi_{0t}+\xi_{0r})f_c/(\mu_r T_p)$。

发射站、接收站频率源与标称频率之间的线性差值会引入距离徙动，在方位维引入多普勒漂移。序号为 n 的脉冲的距离徙动量和多普勒漂移分别如式（7.88）和式（7.89）。在不补偿的情况下，应保证两站频率漂移引入的距离徙动量和多普勒漂移在半个分辨单元内。

$$\Delta r(n) \approx \frac{2(\xi_{1t} + \xi_{1r})nTf_c}{\mu_r}c \tag{7.90}$$

$$\Delta f(n) = (\xi_{1t} + \xi_{1r})nTf_c \tag{7.91}$$

两站频率漂移引入的二次相位项为

$$\phi(n) = 2\pi(\xi_{1t} + \xi_{1r})(nT)^2 f_c \tag{7.92}$$

为确保成像质量，应满足 $\phi(n) \leq \pi/2$。

根据以上公式，对于成像时间 $NT = 5\,\mathrm{s}$，距离分辨率为 0.3m，方位维分辨率为 0.2Hz，载频 10 为 GHz，调频斜率为 $10^{13}/\mathrm{s}^2$，则在不补偿情况下要求频率源稳定度优于 $2 \times 10^{-12}/\mathrm{s}$。

7.6.2　双基地 ISAR 成像平面空变性及对成像影响

7.6.2.1　双基地 ISAR 空间目标转台模型的成像平面确定

除了目标在轨运动引起的收发双站雷达观测视角转动外，对地三轴稳定空间目标自身还存在姿态调整，因此，对地三轴稳定目标的双基地 ISAR 成像平面

由目标与收发站之间的观测几何、目标轨道运动和目标姿态调整转动共同决定。

双基地 ISAR 成像平面几何关系如图 7.27 所示,以目标旋转中心为原点 O,构建空间右手笛卡儿坐标系 xyz。其中 y 轴在双基地平面内,为发射站视线矢量与接收站视线矢量的角平分线方向,该矢量方向为双基地雷达等距离面的梯度;x 轴为方位向,是目标旋转矢量多普勒在雷达等距离面的投影方向;z 轴为目标相对雷达转动矢量在等距离面内的投影矢量方向,为有效转动矢量方向,同时也是成像面的法线方向。x 轴、y 轴与 z 轴构成右手坐标系,目标在笛卡儿坐标系中绕原点 O 旋转,其旋转矢量为 ω_{Σ}。记 $\hat{r}_t$ 为发射站雷达视线方向的单位矢量,即 x 轴的单位矢量,$\hat{r}_r$ 为接收站雷达视线方向的单位矢量。

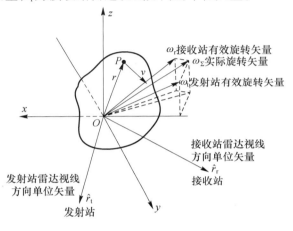

图 7.27　双基地 ISAR 成像平面几何关系(见彩图)

对双基地雷达,空间目标的距离向 $\boldsymbol{\Theta}$ 为角平分线方向[162],即

$$\boldsymbol{\Theta} = \hat{\boldsymbol{r}}_t + \hat{\boldsymbol{r}}_r \tag{7.93}$$

设对地三轴稳定目标的质心在轨道运行的速度矢量为 $\boldsymbol{v}$,目标相对收发双站的径向速度不引起雷达视角的变化,在发射站 LOS 切向和接收站 LOS 切向的速度分量(速度矢量在发射站和接收站 LOS 法平面的投影)分别为 $\boldsymbol{v}_t$、$\boldsymbol{v}_r$,即运动速度在发射站、接收站 LOS 正交面上的投影,则满足下式:

$$\boldsymbol{v} \times \hat{\boldsymbol{r}}_t = \boldsymbol{v}_t \times \hat{\boldsymbol{r}}_t, \qquad \boldsymbol{v} \times \hat{\boldsymbol{r}}_r = \boldsymbol{v}_r \times \hat{\boldsymbol{r}}_r \tag{7.94}$$

由于雷达成像时,经运动补偿后,目标平动模型就转化为转台模型,因此,对地三轴稳定目标总的旋转矢量由目标平动引起的旋转矢量和目标姿态稳定产生的旋转矢量两部分组成。设目标平动引起相对雷达发射站、雷达接收站的旋转矢量分别为 $\boldsymbol{\omega}_{vt}$、$\boldsymbol{\omega}_{vr}$,则

$$\boldsymbol{\omega}_{vt} = \frac{\boldsymbol{v} \times \hat{\boldsymbol{r}}_t}{r_t} = \frac{\boldsymbol{v}_t \times \hat{\boldsymbol{r}}_t}{r_t}, \qquad \boldsymbol{\omega}_{vr} = \frac{\boldsymbol{v} \times \hat{\boldsymbol{r}}_r}{r_r} = \frac{\boldsymbol{v}_r \times \hat{\boldsymbol{r}}_r}{r_r} \tag{7.95}$$

式中：r_t、r_r分别为目标质心到发射站、接收站雷达的距离。

假设对地三轴稳定目标自身转动的旋转矢量为$\boldsymbol{\omega}_s$，其在发射站、接收站雷达视线方向法平面上的投影$\boldsymbol{\omega}_{st}$、$\boldsymbol{\omega}_{sr}$满足

$$\hat{\boldsymbol{r}}_t \times \boldsymbol{\omega}_s = \hat{\boldsymbol{r}}_t \times \boldsymbol{\omega}_{st}, \quad \hat{\boldsymbol{r}}_r \times \boldsymbol{\omega}_s = \hat{\boldsymbol{r}}_r \times \boldsymbol{\omega}_{sr} \quad (7.96)$$

设目标相对发射站、接收站雷达的总旋转矢量分别为$\boldsymbol{\omega}_{\Sigma t}$、$\boldsymbol{\omega}_{\Sigma r}$，则

$$\boldsymbol{\omega}_{\Sigma t} = \boldsymbol{\omega}_{st} + \boldsymbol{\omega}_{vt}, \qquad \boldsymbol{\omega}_{\Sigma r} = \boldsymbol{\omega}_{sr} + \boldsymbol{\omega}_{vr} \quad (7.97)$$

可得三轴稳定目标的方位向，即

$$\boldsymbol{\Xi} = -\left[\left(\hat{\boldsymbol{r}}_t \times \boldsymbol{\omega}_{st} + \hat{\boldsymbol{r}}_r \times \boldsymbol{\omega}_{sr} \right) + \left(\frac{\boldsymbol{v}_t}{r_t} + \frac{\boldsymbol{v}_r}{r_r} \right) \right] \quad (7.98)$$

令$\boldsymbol{\Xi}_1 = \hat{\boldsymbol{r}}_t \times \boldsymbol{\omega}_{st} + \hat{\boldsymbol{r}}_r \times \boldsymbol{\omega}_{sr}$，$\boldsymbol{\Xi}_2 = \boldsymbol{v}_t/r_t + \boldsymbol{v}_r/r_r$，则$\boldsymbol{\Xi}_1$为转台情况下产生的方位矢量，$\boldsymbol{\Xi}_2$为目标平动引起的方位矢量。

因此，双基地情况下，目标有平动时，成像面的方位向$\boldsymbol{\Xi}$与距离向$\boldsymbol{\Theta}$未必正交，在直接采用距离多普勒算法进行成像时出现图像畸变。

由于空间目标可视为合作目标，其任意时刻的轨道位置、速度矢量信息是可以通过轨道根数求得，对地三轴稳定空间目标进行姿态调整引入的转动矢量通过目标质心并与轨道面的法向平行，旋转速度可根据轨道数据获得，因此，成像各个时刻的方位向和距离向可由式(7.98)、式(7.93)得到，由方位向和距离向共同确定目标的瞬时成像平面。

7.6.2.2　双基地 ISAR 成像平面空变性分析

雷达成像得到的二维图像，是空间三维目标在成像平面上的映射结果。若成像平面发生变化，则会使得散射点投影位置的变化，甚至还可能产生越距离单元和多普勒单元徙动现象，影响成像质量。针对这个问题，本节对三轴稳定空间目标的成像平面空变特性进行分析，为后续对成像质量的影响分析及越分辨单元徙动的校正提供理论依据。

成像平面空变情况下，建立如图 7.28 所示的几何模型。图中，T 为发射站，R 为接收站，L_B为双基地雷达基线长度。设目标质心为 O，双基地角为β，双基地角平分线与基线的交点为 Q。以目标质心为原点，按照图 7.27 方式构建瞬时空间右手笛卡儿坐标系 $x_1 y_1 z_1$ 以及 $x_m y_m z_m$，分别对应不同成像时刻 t_1 和 t_m。图 7.28 中各参数和数据点的下标代表不同成像时刻的具体取值，例如 P_1 和 P_m 分别代表散射点 P 在成像时刻 t_1 和 t_m 对应的位置。

在成像过程中，双站对空间目标的观测几何以及目标相对收发站的合成旋转矢量均随着目标轨道运动而变化。这不仅使得同一目标散射点投影到成像平面的坐标发生改变，还会因为等效旋转矢量模值的变化而引起散射点在多普勒维的尺度伸缩。由于目标在多普勒维的尺度伸缩可通过方位定标校正，因此，在

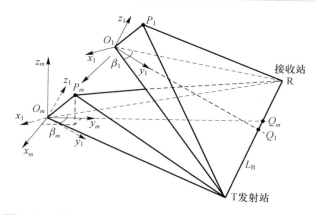

图 7.28　成像平面空变下的双基地 ISAR 几何模型(见彩图)

成像时间内,散射点在成像坐标系的变化可等效为将目标各个散射点固定并将成像坐标系反向转动,如图 7.28 所示。可通过计算成像坐标系的转动来分析成像平面空变下的空间目标成像特征。

令成像坐标系 $x_1 y_1 z_1$ 的轴单位矢量分别为 $\hat{\boldsymbol{x}}_1$、$\hat{\boldsymbol{y}}_1$、$\hat{\boldsymbol{z}}_1$,成像坐标系 $x_m y_m z_m$ 的轴单位矢量分别为 $\hat{\boldsymbol{x}}_m$、$\hat{\boldsymbol{y}}_m$、$\hat{\boldsymbol{z}}_m$。则坐标系 $x_1 y_1 z_1$ 与 $x_m y_m z_m$ 之间的转换可通过三次欧拉旋转实现。三个欧拉角即偏航角、俯仰角、滚动角,并在此定义:偏航角是坐标系绕轴的旋转角度 ξ_{zm},俯仰角是坐标系绕轴的旋转角度 ξ_{ym},滚动角是坐标系绕轴的旋转角度 ξ_{xm}。从旋转轴正向看原点,顺时针转动为正,逆时针转动为负。空间成像坐标系到 $x_m y_m z_m$ 的旋转矩阵为

$$\boldsymbol{R}_{xyz\_m} = \boldsymbol{R}_x(\xi_{xm})\boldsymbol{R}_y(\xi_{ym})\boldsymbol{R}_z(\xi_{zm})$$

$$= \begin{bmatrix} \cos\xi_{zm}\cos\xi_{ym} & \sin\xi_{zm}\cos\xi_{ym} & -\sin\xi_{ym} \\ -\sin\xi_{zm}\cos\xi_{xm} + \cos\xi_{zm}\sin\xi_{ym}\sin\xi_{xm} & \cos\xi_{zm}\cos\xi_{xm} + \sin\xi_{zm}\sin\xi_{ym}\sin\xi_{xm} & \cos\xi_{ym}\sin\xi_{xm} \\ \sin\xi_{zm}\sin\xi_{xm} + \cos\xi_{zm}\sin\xi_{ym}\cos\xi_{xm} & -\cos\xi_{zm}\sin\xi_{xm} + \sin\xi_{zm}\sin\xi_{ym}\cos\xi_{xm} & \cos\xi_{ym}\cos\xi_{xm} \end{bmatrix} \quad (7.99)$$

则坐标系 $x_m y_m z_m$ 与坐标系 $x_1 y_1 z_1$ 的三坐标轴指向满足

$$\begin{bmatrix} \hat{\boldsymbol{x}}_m & \hat{\boldsymbol{y}}_m & \hat{\boldsymbol{z}}_m \end{bmatrix}^{\mathrm{T}} = \boldsymbol{R}_{xyz\_m}\begin{bmatrix} \hat{\boldsymbol{x}}_1 & \hat{\boldsymbol{y}}_1 & \hat{\boldsymbol{z}}_1 \end{bmatrix}^{\mathrm{T}} \quad (7.100)$$

根据式(7.100),转换矩阵 $\boldsymbol{R}_{xyz\_m}$ 可表示为

$$\boldsymbol{R}_{xyz\_m} = \begin{bmatrix} \hat{\boldsymbol{x}}_m \\ \hat{\boldsymbol{x}}_m \\ \hat{\boldsymbol{x}}_m \end{bmatrix} \cdot \begin{bmatrix} \hat{\boldsymbol{x}}_1 \\ \hat{\boldsymbol{y}}_1 \\ \hat{\boldsymbol{z}}_1 \end{bmatrix}^{-1} \quad (7.101)$$

根据坐标系 $x_1 y_1 z_1$ 和 $x_m y_m z_m$ 的三坐标轴指向可得到转换矩阵 $\boldsymbol{R}_{xyz\_m}$，然后依次解得三个欧拉角分别为

$$\xi_{ym} = -\arcsin(\boldsymbol{R}_{xyz\_m}(1,3)) \tag{7.102}$$

$$\xi_{xm} = \arcsin\left[\frac{\boldsymbol{R}_{xyz\_m}(2,3)}{\cos\xi_{ym}}\right] \tag{7.103}$$

$$\xi_{zm} = \arcsin\left[\frac{\boldsymbol{R}_{xyz\_m}(1,2)}{\cos\xi_{ym}}\right] \tag{7.104}$$

理论上三个欧拉角范围为 $-\pi \leqslant \xi < \pi$，但在实际成像过程中，角度变化很小，取值范围一般限制在 $-\pi/18 < \xi < \pi/18$。由于偏航角 ξ_{zm} 是绕成像面法向的转角，实质上是成像实现方位分辨的累积转角，俯仰角 ξ_{ym} 和滚动角 ξ_{xm} 可认为是成像面绕距离轴和方位轴的转动角度，这两个角度体现了成像平面的空变特性。

下面通过仿真分析空间目标成像平面的空变特性。设置收发双站雷达位置参数如表 7.3 所列，收发双站基线长度约为 1350km。

表 7.3　收发双站雷达位置参数

	城市名称	地理纬度	地理经度	海拔
发射站	佳木斯	46°N	130°E	0m
接收站	北京	39°N	116°E	0m

观测目标为国际空间站，TLE 根数由美国国家空间监视网提供，如表 7.4 所列，其历元初始时刻为 2014 年 01 月 01 日 2:35:51.83。在相对初始历元外推 15990 ~ 16520s 的区间内，收发双站雷达对目标可视。

表 7.4　国际空间站 TLE 根数（2014 年 1 月 1 日）

0	ISS(ZARYA)
1	25544U　98067A　14001.10823881　.00008564　00000−0　15740−3　0　9990
2	25544　051.6491　207.6972　0004778　338.2618　164.5012　15.50082944865408

图 7.29(a) ~ (c) 分别为每 10s 对应的成像弧段内三个欧拉角的累积量。在整个可见圈次内，偏航角在某些弧段高达 7.5°，空变角度中的俯仰角有的也接近 5°，滚动角量级在 0.1°。从欧拉角的数值上看，该轨道圈次成像平面变化剧烈。

7.6.2.3　双基地空变性对 ISAR 成像质量影响

散射点与收发双站的距离以及历程变化决定散射点成像位置及其多普勒。由于目标成像时散射点未必在成像平面上，偏航角 ξ_{zm}、俯仰角 ξ_{ym}、滚动角 ξ_{xm} 和双基地角 β_m 的变化均会引起散射点距离和多普勒值的变化，导致越分辨单元徙动的发生，使 ISAR 图像散焦。不同轨道段，欧拉角及双基地角的变化情况不

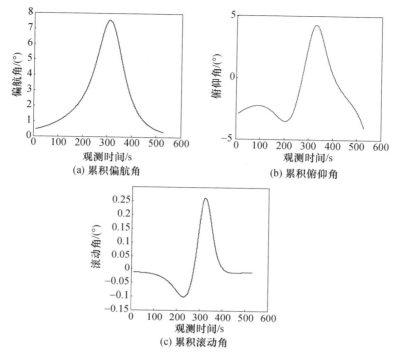

(a) 累积偏航角   (b) 累积俯仰角

(c) 累积滚动角

图 7.29 不同成像弧段对应的累积欧拉角

同,由此引入的越分辨单元徙动程度不同,进而会得到不同质量的 ISAR 像,因此,有必要分析各个角度变化对成像的质量影响,用于指导成像轨道段的选择。

成像时刻 t_m,散射点 P 相对质心在收发视线上的距离 Δr_{pm} 为在其瞬时空间成像坐标系下 y_m 轴坐标的 $2\cos(\beta_m/2)$ 倍,可表示为

$$\Delta r_{pm} = 2y_{pm}\cos\frac{\beta_m}{2} \tag{7.105}$$

对慢时间作方位压缩可得散射点的多普勒值为

$$f_d = \frac{f_c}{c}\frac{\mathrm{d}(\Delta r_{pm})}{\mathrm{d}t_m} \tag{7.106}$$

式中:Δr_{pm} 描述了散射点成像期间的相对质心的距离变化历程;f_d 描述了散射点的多普勒变化历程。

考虑在成像过程中,偏航角 ξ_{zm}、俯仰角 ξ_{ym}、滚动角 ξ_{xm} 都很小,多普勒的变化涉及的项较多,且对距离变化更敏感,先简化式(7.106)为

$$f_d = \frac{2f_c}{c}\Big[\Big(-\xi'_{zm}\cos\frac{\beta_m}{2} + \frac{\beta'_m}{2}\sin\xi_{zm}\sin\frac{\beta_m}{2}$$

$$+ \xi'_{ym}\sin\xi_{xm}\cos\frac{\beta_m}{2} + \xi'_{xm}\sin\xi_{ym}\cos\frac{\beta_m}{2}\Big)x_p$$

$$+ \left(-\xi'_{zm}\sin\xi_{zm}\cos\frac{\beta_m}{2} - \xi'_{xm}\sin\xi_{xm}\cos\frac{\beta_m}{2} - \frac{\beta'_m}{2}\sin\frac{\beta_m}{2} \right) y_{\mathrm{p}}$$

$$+ \left(\xi'_{xm}\cos\frac{\beta_m}{2} - \frac{\beta'_m}{2}\sin\xi_{xm}\sin\frac{\beta_m}{2} \right) z_{\mathrm{p}} \bigg] \tag{7.107}$$

式中:ξ' 表示 $\mathrm{d}\xi/\mathrm{d}t_m$,是对 ξ 的慢时间求导,表示角度的变化率。

据此,Δr_{pm} 可简化为

$$\Delta r_{pm} = 2\left(-\sin\xi_{zm} + \sin\xi_{ym}\sin\xi_{xm} \right)\cos\frac{\beta_m}{2}x_{\mathrm{p}}$$

$$+ 2\cos\xi_{zm}\cos\xi_{xm}\cos\frac{\beta_m}{2}y_{\mathrm{p}} + 2\sin\xi_{xm}\cos\frac{\beta_m}{2}z_{\mathrm{p}} \tag{7.108}$$

由式(7.107)和式(7.108)可知,散射点的距离和多普勒信息的每一项均含有双基地角的正余弦函数,为了更直观地分析成像平面空变对成像质量的影响,可先假定成像期间的双基地角变化很小,该变化不足以导致越分辨单元徙动的发生。由于俯仰角 ξ_{ym} 和滚动角 ξ_{xm} 是成像平面空变引入的空变角,因此,在考察空变性对成像的影响时,主要分析距离和多普勒历程中与俯仰角 ξ_{ym} 和滚动角 ξ_{xm} 有关的空变附加项。假设 Δr_{pm_xy} 和 f_{d_xy} 为成像平面空变引入的距离变化和多普勒变化信息,分别表示为

$$\Delta r_{pm\_xy} = 2\sin\xi_{ym}\sin\xi_{xm}\cos\frac{\beta_m}{2}x_{\mathrm{p}} + 2\sin\xi_{xm}\cos\frac{\beta_m}{2}z_{\mathrm{p}} \tag{7.109}$$

$$f_{\mathrm{d}\_xy} = \frac{2f_{\mathrm{c}}}{c}\bigg[\left(\xi'_{ym}\sin\xi_{xm}\cos\frac{\beta_m}{2} + \xi'_{xm}\sin\xi_{ym}\cos\frac{\beta_m}{2} \right) x_{\mathrm{p}}$$

$$- \xi'_{xm}\sin\xi_{xm}\cos\frac{\beta_m}{2}y_{\mathrm{p}} + \left(\xi'_{xm}\cos\frac{\beta_m}{2} - \frac{\beta'_m}{2}\sin\xi_{xm}\sin\frac{\beta_m}{2} \right) z_{\mathrm{p}} \bigg] \tag{7.110}$$

从式(7.109)和式(7.110)可以看出:

(1)空变引起的距离徙动项中有两项:$2\sin\xi_{ym}\sin\xi_{xm}\cos(\beta_m/2)x_{\mathrm{p}}$ 项中由于 ξ_{ym} 和 ξ_{xm} 都很小,两个数相乘就会更小,一般不足以引起距离单元徙动,除非 ξ_{ym} 和 ξ_{xm} 都较大,该项才会引起距离徙动;$2\sin\xi_{xm}\cos(\beta_m/2)z_{\mathrm{p}}$ 项直接取决于空变滚动角大小及高度维坐标,若成像过程中空变角 ξ_{xm} 足够大,会导致散射点越距离单元徙动的发生。若要求空变引起的距离徙动小于一个距离单元,对 $2\sin\xi_{xm}\cos(\beta_m/2)z_{\mathrm{p}}$ 项,则空变角度应满足 $\xi_{xm} < \dfrac{c}{2B\cos(\beta_m/2)z_{\mathrm{p}}}$。

(2)空变引起的多普勒项含有 5 项,其中 $\dfrac{2f_{\mathrm{c}}}{c}\xi'_{ym}\sin\xi_{xm}\cos\dfrac{\beta_m}{2}x_{\mathrm{p}}$、$\dfrac{2f_{\mathrm{c}}}{c}\xi'_{xm}\sin\xi_{ym}$ $\cos\dfrac{\beta_m}{2}x_{\mathrm{p}}$、$\dfrac{2f_{\mathrm{c}}}{c}\xi'_{xm}\sin\xi_{xm}\cos\dfrac{\beta_m}{2}y_{\mathrm{p}}$ 和 $\dfrac{2f_{\mathrm{c}}}{c}\beta'_m\sin\xi_{xm}\sin\dfrac{\beta_m}{2}z_{\mathrm{p}}$ 这四项都存在两个较小数相

乘的因子,相比之下,$\dfrac{2f_c}{c}\xi'_{xm}\cos\dfrac{\beta_m}{2}z_p$ 项更容易产生越多普勒单元徙动。若要求不发生越多普勒单元徙动,设成像时间为 T,式(7.110)中 5 项之和应满足一定条件,为了便于分析,严格要求每一项均小于 $\dfrac{c}{2Tf_c}x_p$。

假设目标距离向、方位向和高度维尺寸均为 30m,载波频率为 10GHz,线性调频信号带宽为 1GHz,累积成像时间 $T=10\mathrm{s}$,考虑极端情况下,双基地角为 0°,当不发生越距离单元徙动时,此时要求空变角 $\xi_{xm}<0.287°$;不发生越多普勒单元徙动时,$\phi_c<5\times10^{-5}$,即当多普勒中的变化项的变化量超过 5×10^{-5},就会出现越多普勒单元徙动。

俯仰角 ξ_{ym} 会引起目标的越多普勒单元徙动,但一般不会导致越距离单元徙动,从坐标系转换的角度考虑,俯仰角 ξ_{ym} 是绕距离轴的转动角度,该转动对散射点在距离轴的投影位置影响很小,但其变化率可能会导致多普勒变化较大。滚动角 ξ_{xm} 对散射点的距离单元徙动和多普勒单元徙动都会有影响,从产生机理上说,绕距离轴正交线的转动使散射点在距离轴的投影变化较大,同时会影响到多普勒信息,另外,滚动角 ξ_{xm} 引起的距离和多普勒徙动与散射点的高度坐标存在耦合,由于二维成像只能得到距离和方位信息,高度引起的徙动又是无法校正的,因此,只能通过规避轨道段或限制目标尺寸的方法使其不产生越分辨单元徙动。

通过以上分析,可以得到如下结论:

(1)偏航角 ξ_{zm} 对成像有利的,决定了成像的方位分辨率,应该选择角度变化大且变化均匀的成像段成像。

(2)俯仰角 ξ_{ym} 会引起多普勒单元徙动,对距离单元徙动基本无影响,为防止多普勒徙动,选择 ξ_{ym} 较小的成像段进行成像。

(3)滚动角 ξ_{xm} 会同时引起散射点的距离变化和多普勒变化,对成像是不利的,该角度是成像轨道段选择的重要参数,选择 ξ_{xm} 变化小且 ξ'_{xm} 恒定的成像段进行成像。

下面通过两个轨道段的仿真实验验证空变性对成像的影响。根据图 7.29 中三个空变角的变化情况,选择空变严重程度不同的两个成像段进行双基地 ISAR 成像仿真。成像段 310～320s 空变最严重,但该段时间累积转角较大,接近 8°,大转角成像容易引入越分辨单元徙动,不方便观察空变性对成像的影响,因此,选择空变性较严重的 215～225s 为成像段 1,观察不同高度散射点的成像质量。选择成像平面几乎无空变的 260～270s 为成像段 2,该段理论上对不同高度的散射点无影响。两个轨道段的仿真参数及成像参数如表 7.5 所列。

表 7.5　仿真参数设置

参数名称	参数值	参数名称	参数值	参数名称	参数值	
					成像段 1	成像段 2
载频/GHz	10	脉冲重频/Hz	50	平均双基地角/(°)	88.46	100.0
带宽/MHz	400	累积脉冲数/个	500	累积转角/(°)	3.39	5.79
脉冲宽度/μs	20	成像时间/s	10	距离分辨率/m	0.523	0.583
采样率/MHz	500	成像算法	RD	方位分辨率/m	0.354	0.231

仿真散射点模型(在成像坐标系下的坐标)如图 7.30 所示,共 9 个散射点,散射点坐标如表 7.6 所列,散射点的距离、方位相距都很近,为 3m,但高度差较大,A ~ C 高度坐标为 0,D ~ F 高度坐标为 20m,G ~ I 高度坐标为 40m。

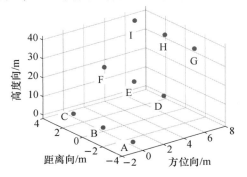

图 7.30　散射点模型(成像坐标系下)

表 7.6　散射点坐标(成像坐标系下)

	A	B	C	D	E	F	G	H	I
距离/m	3	0	-3	3	0	-3	3	0	-3
方位/m	0	0	0	3	3	3	6	6	6
高度/m	0	0	0	20	20	20	40	40	40

图 7.31 为两个成像段的仿真结果。可以看出,图 7.31(a)中不同高度的散射点成像质量差别较大,高度越高,成像质量越差;图 7.31(b)中各散射点成像结果较一致,这是因为成像段 1 空变严重,对不同高度的散射点成像质量影响较大,成像段 2 基本无空变,不同高度的散射点成像质量差别很小。

为定量分析高度对越多普勒单元徙动的影响,提取散射点 B、E、H 三点所处的距离单元,其方位压缩结果如图 7.32 所示,成像段 1 的三个散射点差异很大,随高度的增加,主瓣展宽严重,成像段 2 的三个散射点差异不大。对两个成像段 ISAR 图像不同高度的散射点的距离和方位 3dB 主瓣宽度进行统计,如表 7.7 所列,可以看出,成像段 1 方位主瓣受高度影响较大,高度为 0m 时,方位主瓣占据

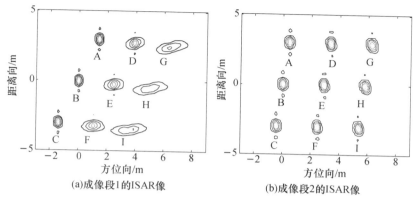

图 7.31　两个成像段 ISAR 成像结果

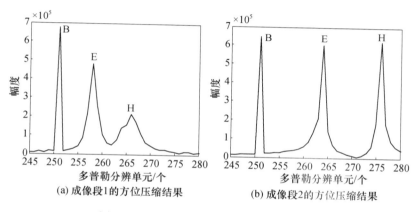

图 7.32　不同高度散射点的方位信息对比

表 7.7　两个成像段散射点 3dB 宽度统计

	距离向 3dB 主瓣宽度/m		方位向 3dB 主瓣宽度/m	
	成像段 1	成像段 2	成像段 1	成像段 2
高度 0m(A,B,C)	0.528	0.588	0.360	0.240
高度 20m(D,E,F)	0.533	0.592	1.352	0.244
高度 40m(G,H,I)	0.541	0.595	2.521	0.247

了 1 个方位分辨单元,高度为 20m 时,方位主瓣占据了 3.6 个方位分辨单元,当高度为 40m 时,跨越了 7 个方位分辨单元。对高度 40m 的目标,该成像段空变不会引起距离徙动,而会引起约 7 个多普勒单元徙动的发生。成像段 2 方位主瓣受高度影响很小,不管高度为多少,散射点的方位 3dB 主瓣宽度均为 1 个方位单元。从两个成像段的距离主瓣宽度看,散射点的距离徙动受空变性的影响都很小。

在成像过程中,成像平面空变引起的散射点越分辨单元徙动与双基地角时变引起的散射点越分辨单元徙动存在耦合,无法分离。上述仿真中的两个成像弧段双基地角变化近似相等,其影响也基本一致,因此可以反映成像平面空变的影响。

7.6.2.4 双基地角时变对成像的影响分析

双基地角是双基地雷达区别于单基地的重要特征参数,成像过程中,双基地角是时变的,通常的双基地角恒定的假设是不成立的,若选择 10s 的成像时间,双基地角变化 3° ~ 5°也是常见的,因此,有必要分析双基地角尤其是双基地角时变对成像质量的影响。

1)双基地角时变对越距离单元徙动的影响

由式(7.108)可以看出,散射点的距离变化受双基地角的余弦调制,双基地角在成像期间是变化的,这必然会引起 Δr_{pm} 的变化,进而产生越距离单元徙动。双基地角影响越距离单元徙动的根源在于双基地角的变化使不同脉冲回波时刻的距离分辨率发生变化。

雷达发射带宽为 B 的 LFM 信号,第 m 个发射脉冲(t_m 时刻)对应的双基地ISAR 的距离分辨率为

$$\delta_{ym} = \frac{c}{2B\cos(\beta_m/2)} \tag{7.111}$$

相对单基地雷达的距离分辨率 $c/(2B)$ 来说,双基地模式下的距离分辨率下降为单基地的 $1/\cos(\beta_m/2)$,且不同脉冲时刻,由于双基地角的时变,分辨率也是时变的。对散射点 P,设其相对质心的距离坐标为 y_p,则该散射点所在的距离像的像素位置为

$$N_{ym} = N_{yc} + \frac{y_p}{\delta_{ym}} = N_{yc} + \frac{2B}{c}\cos\frac{\beta_m}{2}y_p \tag{7.112}$$

式中: N_{yc} 为质心(原点)所在的一维距离像的像素位置。

可见,由于双基地角的时变,散射点在一维距离像中的像素位置也不是固定的,这同样会导致越距离单元徙动的发生,影响方位压缩效果。若雷达发射带宽 $B = 1GHz$,成像过程中双基地角由 87° 变化到 90°,设散射点的距离坐标 $y_p = 30m$,则成像期间双基 ISAR 的距离分辨率由 0.207m 下降到 0.212m,通过式可以计算出散射点距离质心的像素位置由第 145 个像素点移动到第 141 个像素点,即由于双基地角时变引起的距离徙动为 4 个距离分辨单元,可见,该徙动量还是很大的,不容忽视。

2)双基地角时变对越多普勒单元徙动的影响

式(7.107)给出了成像期间散射点的多普勒变化历程,该多普勒变化一方

面受双基地角的正余弦函数的调制,引起多普勒的变化,另一方面,双基地 ISAR 较单基地情况下多出了若干项,这是双基地 ISAR 特有的。

双基地 ISAR 的方位分辨率 δ_{xm} 是双基地角的函数,可表示为

$$\delta_{xm} = \frac{\lambda}{2\theta_{\mathrm{M}}\cos(\beta_m/2)} \tag{7.113}$$

式中:λ 为发射信号的载波频率;θ_{M} 为成像期间的累积转角。

由于双基地角的存在,双基地雷达的方位分辨率与距离分辨率一样,也是单基地模式的 $1/\cos(\beta_m/2)$。可以从瞬时 ISAR 像的角度考虑双基地角时变对越多普勒单元徙动的影响,对某散射点 P,设其方位坐标为 x_p,则 t_m 时刻,该散射点在其瞬时像上方位的像素位置为

$$N_{xm} = N_{xc} + \frac{x_{\mathrm{p}}}{\delta_{xm}} = N_{xc} + \frac{2\theta_{\mathrm{M}}}{\lambda}\cos\frac{\beta_m}{2}x_{\mathrm{p}} \tag{7.114}$$

式中:N_{xc} 为目标质心所在的方位像素位置。

双基地角时变下,该像素的方位位置 N_{xm} 也是时变的,该变化会引起散射点方位向的散焦,对成像也是不利的。该产生机理与双基地角时变对越距离单元徙动的影响机理一致。

双基地角引入方位附加项并导致图像"歪斜"。双基地 ISAR 较单基地 ISAR 多出了的项如下:

$$f_{\mathrm{d}\_\beta} = \frac{f_{\mathrm{c}}}{c}\left(\beta_m'\sin\xi_{zm}\sin\frac{\beta_m}{2}x_{\mathrm{p}} - \beta_m'\sin\frac{\beta_m}{2}y_{\mathrm{p}} - \beta_m'\sin\xi_{xm}\sin\frac{\beta_m}{2}z_{\mathrm{p}}\right) \tag{7.115}$$

令

$$f_{\mathrm{d}\_\beta1} = \frac{f_{\mathrm{c}}}{c}\left(\beta_m'\sin\xi_{zm}\sin\frac{\beta_m}{2}x_{\mathrm{p}} - \beta_m'\sin\xi_{xm}\sin\frac{\beta_m}{2}z_{\mathrm{p}}\right) \tag{7.116}$$

$$f_{\mathrm{d}\_\beta2} = -\frac{f_{\mathrm{c}}}{c}\beta_m'\sin\frac{\beta_m}{2}y_{\mathrm{p}} \tag{7.117}$$

式中:$f_{\mathrm{d}\_\beta1}$ 与成像的累积转角 ξ_{zm}、空变滚动角 ξ_{xm} 有关,当累积转角较大时,$f_{\mathrm{d}\_\beta1}$ 的变化会跨越多个多普勒分辨单元,导致方位向的散焦;$f_{\mathrm{d}\_\beta2}$ 与双基地角有关,是慢时间的高次函数,大小正比于散射点的距离坐标,当双基地角变化时,$f_{\mathrm{d}\_\beta2} \neq 0$,此时,引入了一个多普勒偏移,即使散射点所在的方位坐标 x_{p} 为 0,但散射点的多普勒值不为 0,即产生了一个方位偏移,使得 ISAR 图像的距离向和方位向指向不再正交,发生"歪斜"。此外,$f_{\mathrm{d}\_\beta2}$ 产生的方位偏移也是时变的,同样会引起散射点方位散焦。

综合以上分析,相对单基地 ISAR,双基地 ISAR 中双基地角时变对成像的影响主要包括以下三个方面:

(1)双基地角的存在降低了距离向和方位向分辨率,且分辨率均是单基地

的 $1/\cos(\beta_m/2)$，成像期间分辨率的变化会使散射点发生越距离单元徙动和越多普勒单元徙动，影响成像质量。

（2）双基地角时变与散射点的方位和高度信息共同影响散射点的多普勒值，并可能引起多普勒徙动的发生，如式（7.116）中各项。

（3）双基地角时变使散射点成像时增加了一个多普勒偏移，即式（7.117），该偏移量正比于散射点的距离坐标，导致双基地 ISAR 距离向和方位向的不正交，使双基地 ISAR 图像产生"歪斜"，并且，成像期间图像的"歪斜"程度可能是变化的，该过程也会引起方位散焦。因此，单基地 ISAR 成像结果可以说是目标在成像面上的投影，而双基地 ISAR 成像时，大部分弧段，成像结果与目标在成像面上的投影不吻合，成像结果的方位向与目标在成像平面上的投影位置存在一定偏移，是一种斜投影。

7.6.3　双基地 ISAR 像畸变及校正

双基地 ISAR 收发分置造成了目标相对发射站、接收站的转动可能不同，这将导致成像面内散射点转动多普勒发生整体变化，体现为双基地 ISAR 的方位轴与距离轴互不正交，造成散射点分布的几何距离－几何方位单元与成像分辨的距离－多普勒分辨单元的形状和位置不同，这种现象称为 ISAR 像畸变，或称图像"歪斜"。当目标轨道较低，双基地角较大时，双基地 ISAR 的距离轴和方位轴夹角很大，RD 算法重建的目标图像畸变严重，为了给目标识别提供无畸变的目标图像，必须进行校正[163]。

定义双基地 ISAR 的图像畸变角度 θ_{dst} 为双基地 ISAR 图像中目标距离轴与回波数据矩阵列之间的夹角，角度值逆时针为正，如图 7.33 所示，则畸变的角度 θ_{dst} 与方位轴－距离轴夹角 φ_{ax}（图 7.33）满足

$$\theta_{\mathrm{dst}} = \frac{\pi}{2} - \varphi_{\mathrm{ax}} \tag{7.118}$$

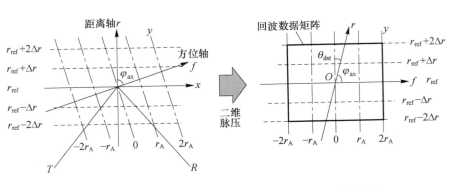

图 7.33　基于多普勒分析重建双基地 ISAR 图像的畸变原理

　　RD 算法使得目标几何分辨单元从矩形被"推挤"为平行四边形,由此导致的图像畸变角度与双基地 ISAR 距离轴与方位轴夹角互余,只要设法求出双基地 ISAR 距离轴与方位轴夹角,就可得到畸变角度大小,再对图像反向"推挤",就可以实现图像校正。由前面分析可知,图像的"歪斜"角度(或距离向和方位向夹角)可根据目标与雷达的相对转动信息确定,然后,对得到的 ISAR 二维图像在方位向多倍插值(一般 3 ~ 5 倍插值),根据图像"歪斜"的角度计算任意距离单元上多普勒单元的移位个数,对二维图像在方位向进行移位操作,即可得到"歪斜"校正后的图像。

　　使用上述方法对 RD 算法得到的畸变成像结果进行了畸变校正仿真。表 7.8 给出了仿真轨道信息,仿真双基地雷达参数同表 7.5。仿真场景如图 7.34 所示,图中圆圈表示发射站,菱形表示接收站,轨道上加粗的轨道段表示了任意选取的仿真轨道段在该圈次中的位置。表 7.9 给出了仿真参数及成像结果的统计。图 7.35 显示了两个不同仿真轨道段中使用上述方法进行畸变校正前后的双基地 ISAR 图像。

表 7.8　双基地 ISAR 图像畸变校正仿真轨道信息

轨道段	成像弧段
1	国际空间站 UTCG 1st Jun 2008 17:31:12. 0 ~ 17:31:14. 3
2	国际空间站 UTCG 1st Jun 2008 17:33:32. 0 ~ 17:33:35. 1

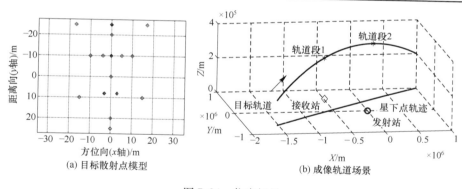

图 7.34　仿真场景

表 7.9　双基地 ISAR 图像畸变校正仿真参数

轨道段	成像方法	积累脉冲数 /个	成像积累 时间/s	累积转动 角度/(°)	平均双基 地角/(°)	是否速度补偿
1	RD 算法	117	2.34	1.32	58.45	补偿
2	RD 算法	154	3.08	1.26	49.90	补偿

（续）

轨道段	观测起始时刻目标位置	双基地 距离分辨率/m	双基地 方位分辨率/m	距离轴-方位轴 理论夹角/(°)
1	$R_t = 746\text{km}, R_r = 555\text{km}$	0.8591	0.75	109.72
2	$R_t = 646\text{km}, R_r = 827\text{km}$	0.8273	0.75	70.3

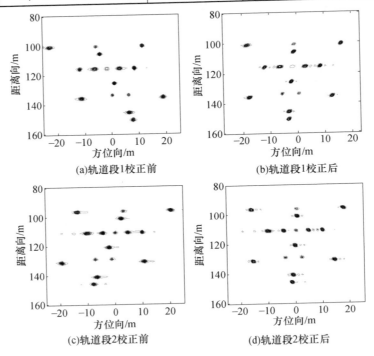

图 7.35　双基地 ISAR 成像 RD 算法结果畸变补偿前后对比

7.7　基于双基地模型的 ISAR 越分辨单元徙动校正技术

　　当目标尺寸较大或成像累积转角较大时，RD 算法实现 ISAR 成像会产生越分辨单元徙动现象，这是影响成像质量的关键因素。越距离单元徙动指散射点在成像期间跨越多个距离单元的现象，在进行方位压缩时，难以实现相同距离单元回波的相参累加，使图像质量恶化。越多普勒单元徙动是由于成像过程中，散射点相对收发双站的转动多普勒发生变化，不在一个多普勒单元内，进行方位压缩时，会使方位主瓣展宽、图像质量下降。本节在分析 ISAR 图像越分辨单元徙动校正技术时以双基地配置为例，进行单基地 ISAR 图像校正时，只需将双基地角设置为 0°即可。

7.7.1　ISAR 越距离单元徙动校正

散射点经过理想的运动补偿后的一维距离像可表示为

$$s_r(\hat{t}, t_m) = k_0 \rho_0 \sqrt{\mu} T_p \mathrm{sinc}\left[\mu T_p\left(\hat{t} - \frac{\Delta r_{pm}}{c}\right)\right] \exp\left(-\mathrm{j}2\pi f_c \frac{\Delta r_{pm}}{c}\right) \quad (7.119)$$

式中：Δr_{pm} 见式(7.108)。从一维距离像时域看，由于 Δr_{pm} 是慢时间的函数，使成像期间散射点的峰值位置相对目标质心位置发生变化，由此产生了越距离单元徙动。将式(7.108)代入式(7.119)，并转换到频域，可得

$$S_r(f, t_m) = k_0 \rho_0 |S_t(f)|^2$$

$$\times \exp\left[-\mathrm{j}4\pi(f_c + f)\frac{(-\sin\theta(t_m) + \sin\xi_y(t_m)\sin\xi_x(t_m))x_p}{c}\cos\frac{\beta(t_m)}{2}\right]$$

$$\times \exp\left[-\mathrm{j}4\pi(f_c + f)\frac{\cos\theta(t_m)\cos\xi_x(t_m)y_p}{c}\cos\frac{\beta(t_m)}{2}\right] \quad (7.120)$$

上式的指数项中，快时间频率 f 与慢时间 t_m 存在耦合，该耦合项使其在 IFFT 之后散射点峰值位置是慢时间的函数关系，若能消除两者之间的耦合关系，就可以消除散射点的越距离单元徙动。

假定成像期间成像平面不存在空变，设累积转角 $\theta(t_m)$ 为慢时间的二次函数，记为

$$\theta(t_m) = \omega\left(t_m + \frac{1}{2}a_\omega t_m^2\right) \quad (7.121)$$

双基地 ISAR 中，双基地角以及等效转速不均匀都会引入慢时间的二次项甚至高次项，此时，快慢时间的耦合也不再是慢时间的一次函数，若仍采用常规方法 $\tilde{t}_m = (1 + f/f_c)t_m$ 进行 Keystone 变换完成重采样，不能完全消除方位坐标与慢时间的高次耦合项，方位压缩时会导致图像的散焦，因此需要针对双基地 ISAR 的成像特点对算法进行改进。

式(7.120)的指数项体现了双基地 ISAR 快时间频率与慢时间的耦合，记耦合项为

$$\phi = (f_c + f)\left[-\sin\theta(t_m) + \sin\xi_y(t_m)\sin\xi_x(t_m)\right]x_p$$

$$+ \cos\theta(t_m)\cos\xi_x(t_m)y_p\right]\cos\frac{\beta(t_m)}{2} \quad (7.122)$$

该耦合项包含了散射点的距离向与方位向坐标，且都受双基地角余弦函数的调制，从越距离单元徙动的机理上，双基地角的余弦项使分辨率变化，导致散射点在距离单元上的投影位置发生变化，因此，应先进行一次变换，消除双基地角对距离徙动的影响。

定义虚拟快频率 $\tilde{f}$ 和虚拟慢时间 $\tilde{t}_m$，使其满足

$$f\cos\frac{\beta(t_m)}{2} = \tilde{f}\cos\frac{\beta_A}{2} \tag{7.123}$$

$$\left(f_c\cos\frac{\beta(t_m)}{2} + \tilde{f}\cos\frac{\beta_A}{2}\right)\left(\sin\theta(t_m) - \sin\xi_y(t_m)\sin\xi_x(t_m)\right) = f_c\omega_A\cos\frac{\beta_A}{2}\tilde{t}_m \tag{7.124}$$

式中：β_A 为成像期间的平均双基地角；ω_A 为成像期间的平均等效旋转角速度。

将式(7.123)和式(7.124)代入式(7.120)，可得

$$S_r(f,t_m) = k_0\rho_0 |S_t(f)|^2 \exp\left[\ j4\pi f_c\frac{x_p\omega_A\tilde{t}_m}{c}\cos\frac{\beta_A}{2}\right]$$

$$\times \exp\left[\ -j4\pi\left(f_c\cos\frac{\beta(\tilde{t}_m)}{2} + \tilde{f}\cos\frac{\beta_A}{2}\right)\frac{y_p\cos\theta(\tilde{t}_m)\cos\xi_x(\tilde{t}_m)}{c}\right] \tag{7.125}$$

此时，快时间频率与慢时间的耦合只有 $\tilde{f}\cos\theta(\tilde{t}_m)\cos\xi_x(\tilde{t}_m)$ 项，由于 $\theta(\tilde{t}_m)\ll1$，$\cos\theta(\tilde{t}_m)\cos\xi_x(\tilde{t}_m)$ 的变化很小，散射点不会出现越距离单元徙动现象。式(7.123)和式(7.124)的两步操作，可通过一次广义的 Keystone 变换实现，该变量代换可记为

$$(f_c + f)\left(\sin\theta(t_m) - \sin\xi_y(t_m)\sin\xi_x(t_m)\right)\cos\frac{\beta(t_m)}{2} = f_c\omega_A\cos\frac{\beta_A}{2}\tilde{t}_m \tag{7.126}$$

将式(7.126)代入式(7.125)，并做 IFFT 到快时间域，即可得到越距离单元徙动校正后的一维距离像，即

$$s_r(\hat{t},\tilde{t}_m) = k_0\rho_0\sqrt{\mu}T_p\mathrm{sinc}\left[\mu T_p\left(\hat{t} - \frac{2y_p}{c}\cos\frac{\beta_A}{2}\right)\right]$$

$$\times \exp\left[\ -j2\pi\left(-f_c\frac{2x_p\omega_A\tilde{t}_m}{c}\cos\frac{\beta_A}{2} + f_c\frac{2y_p\cos\theta(\tilde{t}_m)\cos\xi_x(\tilde{t}_m)}{c}\cos\frac{\beta(\tilde{t}_m)}{2}\right)\right] \tag{7.127}$$

此时，一维距离像包络峰值始终出现在 $\hat{t} = (2y_p/c)\cos(\beta_A/2)$ 的位置，不存在越距离单元徙动现象。观察式(7.127)中的指数项，散射点的方位坐标 x_p 的系数是慢时间的一次函数，即通过提出的广义 Keystone 变换校正了越距离单元徙动，同时消除了目标不均匀转动、双基地角变化引入的高次项对方位压缩的影响。但校正后的一维距离像相位中，含有散射点的距离坐标 y_p 与慢时间的高次项，该项的存在同样会导致方位散焦，这需要通过越多普勒单元徙动进行校正，使相位项仅是方位坐标的单频函数。

需要注意的是，当信号发射脉冲重复频率较小，目标转动速度过大时，Keystone 变换会出现速度模糊的问题，导致算法失效，在双基地 ISAR 越距离单元徙

动校正中,也应避免速度模糊问题,这就要求成像期间散射点的转动多普勒不大于 PRF 的一半,即式(7.107)满足 $|f_d| \leqslant PRF/2$。这对成像目标的尺寸和成像轨道具有一定的约束,一般情况下,进行空间目标成像时,转动多普勒比较小,不会出现多普勒模糊的现象。

7.7.2　ISAR 越多普勒单元徙动校正

距离 – 多普勒原理实现方位分辨时,可以直接傅里叶变换实现,也可以通过时频分析的方法实现。由于双基地角时变等因素,方位向相位项含有慢时间的二次项甚至高次项,直接对方位向 FFT 会出现方位散焦问题,成像质量不高;时频分布适合于慢时间二次项的多普勒提取,但一般交叉项较多,也难以抑制,同时,时频分析需要很大的运算量和存储空间,即时频分析方法对成像的实施也有诸多的不利。

若能够通过相位补偿的方式消除一维距离像序列中相位项所含有的慢时间的二次及高次项,就可以采用 FFT 进行方位压缩,并且能量得到有效的积累,方位不再散焦。基于这个思路,对越距离单元徙动补偿后的一维距离像进行相位补偿,以期达到方位聚焦的效果。

7.7.2.1　越多普勒单元徙动校正

距离徙动校正后的双基地一维距离像如式(7.127)所示,记其相位项为

$$\varphi_B = -2\pi \left(-f_c \frac{2x_p \omega_A \tilde{t}_m}{c} \cos \frac{\beta_A}{2} + f_c \frac{2y_p \cos\theta(\tilde{t}_m) \cos\xi_x(\tilde{t}_m)}{c} \cos \frac{\beta(\tilde{t}_m)}{2} \right)$$

$$(7.128)$$

并令

$$\varphi_1 = 4\pi \frac{f_c}{c} x_p \omega_A \tilde{t}_m \cos \frac{\beta_A}{2} \tag{7.129}$$

$$\varphi_2 = -4\pi \frac{f_c}{c} y_p \cos\theta(\tilde{t}_m) \cos\xi_x(\tilde{t}_m) \cos \frac{\beta(\tilde{t}_m)}{2} \tag{7.130}$$

方位压缩的目的在于提取目标的多普勒信息,式中含 x_p 的系数项 φ_1 是慢时间的一次函数,但含 y_p 的项 φ_2 含有慢时间的高次函数,该项的存在会引起散射点越多普勒单元徙动的发生。理论上,可以直接将 φ_2 补偿掉,就消除了越多普勒单元的徙动,剩余慢时间的线性信号;但是,由于双基地 ISAR 成像结果会产生一定程度的"歪斜",若直接将 φ_2 补偿,"歪斜"也随之消除,这样会引起散射点波瓣的分裂(这是由于多普勒单元未细化引起的),因此,在进行相位补偿的同时,还不能破坏图像的"歪斜"特性。

对式(7.128)的相位求导可得散射点的多普勒信息：

$$f_{d,B} = -\frac{2f_c}{c}x_p\omega_A\cos\frac{\beta_A}{2} - \frac{2f_c}{c}y_p\theta'(\tilde{t}_m)\sin\theta(\tilde{t}_m)\cos\frac{\beta(\tilde{t}_m)}{2}$$

$$-\frac{2f_c}{c}y_p\xi_x'(\tilde{t}_m)\sin\xi_x(\tilde{t}_m)\cos\frac{\beta(\tilde{t}_m)}{2} - \frac{f_c}{c}y_p\beta'(\tilde{t}_m)\sin\frac{\beta(\tilde{t}_m)}{2} \tag{7.131}$$

上式四项中：第一项是散射点等效旋转引起的多普勒，可得到目标方位信息；第二、三项由于瞬时成像平面空变、双基地角时变以及等效旋转速度不均匀等因素会产生多普勒徙动，其中第三项由于滚动角及其变化率都比较小，产生越多普勒单元徙动的可能性很小；第四项是图像的"歪斜"项，由于双基地角时变该项也可能引入多普勒徙动，从第四项可以看出，双基地ISAR图像的"歪斜"量与距离坐标成正比，散射点离散射中心越远，"歪斜"量越大。针对距离单元y_p处，散射点"歪斜"量的均值为$-(f_c/c)y_p\overline{\beta'}\sin(\beta_A/2)$，其中$\overline{\beta'}$为成像期间$\beta'(\tilde{t}_m)$的均值，在构造相位补偿项时，若将$\varphi_2$补偿掉，则需加入多普勒$-(f_c/c)y_p\overline{\beta'}\sin(\beta_A/2)$对应的相位项，即不改变图像的"歪斜"特性。因此，可以构造补偿相位项如下：

$$\Phi_{cmp} = \exp\left[j4\pi\frac{f_c}{c}\left(y_p\cos\theta(\tilde{t}_m)\cos\xi_x(\tilde{t}_m)\cos\frac{\beta(\tilde{t}_m)}{2} + \frac{y_p}{2}\overline{\beta'}\sin\frac{\beta_A}{2}t_m\right)\right] \tag{7.132}$$

式中：$\theta(\tilde{t}_m)$和$\beta(\tilde{t}_m)$可由式(7.126)通过对$\theta(t_m)$和$\beta(t_m)$插值得到(为得到插值位置，令式(7.126)中的$f=0$)。相位补偿后的一维距离像为

$$s_{rcom}(\hat{t},\tilde{t}_m) = k_0\rho_0\sqrt{\mu}T_p\text{sinc}\left[\mu T_p\left(\hat{t} - \frac{2y_p}{c}\cos\frac{\beta_A}{2}\right)\right]$$

$$\times\exp\left[j2\pi\left(f_c\frac{2x_p\omega_A\tilde{t}_m}{c}\cos\frac{\beta_A}{2} + \frac{y_p}{2}\overline{\beta'}\sin\frac{\beta_A}{2}t_m\right)\right] \tag{7.133}$$

对慢时间做方位压缩可得ISAR二维像为

$$\text{ISAR}(\hat{t},f_d) = A_p\text{sinc}\left[\mu T_p\left(\hat{t} - \frac{2y_p}{c}\cos\frac{\beta_A}{2}\right)\right]$$

$$\times\text{sinc}\left[T_{ob}\left(f_d - \frac{2f_c\omega_Ax_p}{c}\cos\frac{\beta_A}{2} - \frac{y_p}{2}\overline{\beta'}\sin\frac{\beta_A}{2}\right)\right] \tag{7.134}$$

这样，通过相位补偿的方式，就完成了散射点越多普勒单元徙动的校正。

7.7.2.2　等效旋转中心估计及误差分析

构造多普勒徙动的补偿相位项Φ_{cmp}，需要知道散射点相对散射中心的距离

向坐标、双基地角、等效旋转角速度等信息。其中,双基地角可通过目标与双基地雷达的位置关系得到,等效旋转角速度可根据空间目标的精轨数据求得。而距离的绝对定标需要知道成像的等效旋转中心位置,目标等效旋转中心估计可由基于单特显点的运动补偿方法近似得到,但该方法得到的旋转中心位置精度较低,影响后续图像校正的聚焦效果,并且,不是所有的图像都有理想的单特显点单元,尤其是实测数据中,回波信噪比一般很低,找单一的特显点会更难,因此,该方法的应用受到很大限制。基于图像旋转相关最大准则的等效旋转中心估计方法将成像数据等分成两部分,得到两幅不同视角的图像,这两幅图应有相同的旋转中心,绕旋转中心旋转可达到最大程度的吻合,即通过图像旋转相关性最大准则对旋转中心位置进行搜索,相关性最大时对应的距离单元就是等效旋转中心位置。考虑到双基地角时变引起的 ISAR 图像"畸变",这种情况下,两幅图像不能通过旋转的方式达到吻合,如果仍采用旋转相关最大准则估计等效旋转中心位置,误差会很大,使算法达不到理想的校正效果。

针对双基地角时变的实际情况,可采用基于图像对比度最大的等效旋转中心搜索估计方法,该方法首先假定某一距离单元为等效旋转中心位置,其次对 ISAR 图像定标、相位补偿,计算图像对比度,然后变换假定的等效旋转中心位置,再对 ISAR 图像定标、相位补偿,得到新的图像对比度,如此循环,当假定的等效旋转中心位置就是实际的等效旋转中心时,图像对比度最大,据此,通过搜索就找到了等效旋转中心位置。

设对距离绝对定标时,实际等效旋转中心位于第 N 个距离单元上,此时散射点 P 实际距离坐标为 y_p,估计的等效旋转中心位于第 $\hat{N}$ 个距离单元上,P 点距离定标为 $\hat{y}_p$,误差 $\Delta y_p = y_p - \hat{y}_p$。进行相位补偿时,由式(7.132)可得构造的补偿相位项为

$$\phi_{B,cmp} = \exp\left[j4\pi \frac{f_c}{c}\left(\hat{y}_p \cos\theta(\tilde{t}_m)\cos\xi_x(\tilde{t}_m)\cos\frac{\beta(\tilde{t}_m)}{2} + \frac{\hat{y}_p}{2}\overline{\beta'}\sin\frac{\beta_A}{2}t_m \right) \right]$$

$$(7.135)$$

根据式(7.128)可知,经补偿后,散射点多普勒为

$$f_d = -\frac{2f_c}{c}x_p\omega_A\cos\frac{\beta_A}{2} + \frac{2f_c}{c}\Delta y_p\theta'(\tilde{t}_m)\sin\theta(\tilde{t}_m)\cos\frac{\beta(\tilde{t}_m)}{2}$$

$$+ \frac{2f_c}{c}\Delta y_p\xi_x'(\tilde{t}_m)\sin\xi_x(\tilde{t}_m)\cos\frac{\beta(\tilde{t}_m)}{2}$$

$$+ \frac{f_c}{c}\Delta y_p\beta'(\tilde{t}_m)\sin\frac{\beta(\tilde{t}_m)}{2} - \frac{f_c}{c}\hat{y}_p\overline{\beta'}\sin\frac{\beta_A}{2} \qquad (7.136)$$

并令

$$f_{d1} = -\frac{2f_c}{c}x_p\omega_A\cos\frac{\beta_A}{2} - \frac{f_c}{c}\hat{y}_p\overline{\beta'}\sin\frac{\beta_A}{2} \tag{7.137}$$

$$f_{d2} = \frac{2f_c}{c}\Delta y_p\theta'(\tilde{t}_m)\sin\theta(\tilde{t}_m)\cos\frac{\beta(\tilde{t}_m)}{2}$$

$$+\frac{2f_c}{c}\Delta y_p\xi_x{}'(\tilde{t}_m)\sin\xi_x(\tilde{t}_m)\cos\frac{\beta(\tilde{t}_m)}{2} + \frac{f_c}{c}\Delta y_p\beta'(\tilde{t}_m)\sin\frac{\beta(\tilde{t}_m)}{2} \tag{7.138}$$

式中：f_{d1} 为常数项，距离坐标估计不精确时，会使散射点在方位上的整体偏移，不会引起越方位分辨单元的徙动；f_{d2} 是慢时间的函数项，当距离坐标估计存在误差时，该项不为零，会使多普勒单元上发生散焦现象。基于此，可以在零多普勒轴上搜索等效旋转中心位置，当估计的旋转中心与实际旋转中心吻合时，距离绝对定标没有偏差，此时 $f_{d2}=0$，图像聚焦效果最好，对应的图像对比度最大。

多普勒补偿的精度受制于目标旋转中心估计的准确程度，由于距离定标误差引起 f_{d2} 变化，为保证多普勒补偿的效果，应使成像期间 f_{d2} 的变化不超过一个多普勒分辨单元。令估计误差对应的距离单元个数 $\Delta N = \hat{N} - N$，可得允许的估计误差距离单元个数需满足

$$\Delta N < \frac{2\cos(\beta_A/2)f_c t_s}{T_{ob}Q} \tag{7.139}$$

式中

$$Q = 2\theta'(\tilde{t}_m)\sin\theta(\tilde{t}_m)\cos\frac{\beta(\tilde{t}_m)}{2} + 2\xi_x{}'(\tilde{t}_m)\sin\xi_x(\tilde{t}_m)\cos\frac{\beta(\tilde{t}_m)}{2}$$

$$+\beta'(\tilde{t}_m)\sin\frac{\beta(\tilde{t}_m)}{2} - \beta'(\tilde{t}_0)\sin\frac{\beta(\tilde{t}_0)}{2} \tag{7.140}$$

设雷达成像时间 $T_{ob}=5s$，发射载波频率 $f_c=10GHz$，快时间采样率 $f_s=500MHz$，成像累积转角 $\theta(\tilde{t}_m)=5°$，旋转角速度近似恒定，双基地角也近似恒定，设 $\beta_A=90°$，通过上式计算可得，$\Delta N<6.6$，即估计误差不能超过 6 个距离单元，否则仍然会存在越多普勒单元徙动现象。同时，考虑旋转中心搜索时，若每个距离单元都搜索，数据处理运算量很大，因此，可以根据估计误差要求确定旋转中心搜索的步进量。

7.7.3 目标转角误差对成像校正的影响分析

实际成像过程中，越分辨单元徙动校正时所用到的转角参数 $\theta(t_m)$ 一般存在误差，会影响广义 Keystone 变换重采样时刻 $\tilde{t}_m$ 的准确度，以及越多普勒徙动校正的补偿相位项，导致成像性能的下降，严重时得不到 ISAR 图像。

累积转角测量误差的一阶项和二阶项造成的重采样时刻误差 $\tilde{t}_{em}$ 使 Keystone 变换后的散射点方位坐标与慢时间的二次甚至高次项有耦合,该耦合误差在后续的越多普勒单元徙动校正中无法补偿,导致散射点散焦。例如,若雷达发射载频为 10GHz 的宽带 LFM 信号,在 10s 成像时间内,双基地角近似不变为 90°,成像平面空变角度很小可忽略,实际累积转角均匀变化为 5°,而实测累积转角变化率恒定,累积了 6°。对于 $y_p = 30m$ 的目标,由于转角测量误差,采用实测数据校正后目标回波仍残留 5 个多普勒单元的徙动,必然会导致散射点在方位向的散焦。

累积转角测量的随机误差使重采样时刻误差 $\tilde{t}_{em}$ 具有随机性,会对成像引入随机相位。方位向聚焦时的傅里叶变换对随机相位很敏感,对 1000 个脉冲进行成像时,当随机相位误差低于 0.2π 时,FFT 后的信噪比高于 25dB,当随机相位误差大于 0.6π 时,FFT 的信噪比已小于 15dB。为了保证足够的信噪比,同时,考虑到实际数据中其他因素在一定程度上也会影响相位信息,累积转角测量误差引入的随机相位应不大于 0.2π。若载频 $f_c = 10GHz$,信号带宽为 $f_s = 500MHz$,散射点 $x_p = 20m$,双基地角恒为 90°,累积转角估计误差 $\Delta\theta(t_m)$ 要小于 0.058°,才能满足要求,该精度要求还是比较苛刻的。

7.7.4　ISAR 成像及越分辨单元徙动校正流程

双基地 ISAR RD 成像及越分辨单元徙动校正流程如图 7.36 所示[160]。

具体步骤如下:

(1)通过构造速度补偿相位项对基带回波信号进行高速运动补偿,消除脉内多普勒对脉冲压缩性能的影响。

(2)将回波数据转换到频域,与参考信号的频谱共轭相乘,即实现了数据的频域匹配滤波,对快时间 IFFT 即得到了 ISAR 的一维距离像。

(3)对一维距离像进行运动补偿,包括包络对齐和相位校正两个步骤。

(4)对运动补偿后的一维距离像直接做慢时间的 FFT 即可完成方位压缩,得到 ISAR 二维像,这是经典的 RD 算法成像过程。

(5)将运动补偿后的一维距离像的快时间域做 FFT,变换到快频域,通过广义 Keystone 变换完成越距离单元徙动校正。

(6)假定等效旋转中心位置,并构造多普勒补偿相位项,对一维距离像的频域数据进行相位补偿,方位压缩得到 ISAR 二维像,计算图像的对比度。

(7)假定新的等效旋转中心位置,重复步骤(6),并将此时的图像对比度与之前的对比,将图像对比度较大的 ISAR 二维像存储到 Image 矩阵,如此循环,直到将可能的等效旋转中心位置遍历结束。

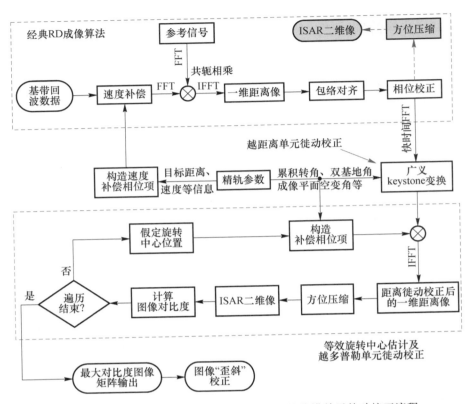

图 7.36　双基地 ISAR 距离 – 多普勒成像及越分辨单元徙动校正流程

（8）当遍历结束时,存储到 Image 矩阵的 ISAR 二维像对应的图像对比度最大,直接输出 Image 矩阵就是最优的越多普勒单元徙动校正后的 ISAR 图像。

（9）根据需要选择是否进行双基地 ISAR 图像的"歪斜"校正。

下面进行仿真说明,设置发射站和接收站的地理坐标如表 7.3 所列,仿真目标是我国的"天宫一号"卫星,TLE 根数是由美国国家空间监视网 2014 年 4 月 14 日提供的数据,如表 7.10 所列,其历元初始时刻为 2014 年 4 月 14 日 20：39：40.68。

表 7.10　"天宫一号"卫星 TLE 根数（2014 年 4 月 14 日）

```
0   TIANGONG  1
1   37820U  11053A   14104.86088755   .00057267   00000-0   50311-3   0   9357
2   37820  042.7734   335.3498   0012276   284.0961   185.9363   15.67862963146089
```

卫星对双站雷达的可视观测时间段为 2014 年 4 月 15 日 05：39：30 ~ 05：46：30,初始观测时刻相对历元 32389s,对成像平面空变特性不严重的某一弧段进行成像仿真,这里选择观测期间的第 120 ~ 130.22s。仿真散射点模型如图 7.37

所示。图 7.37(a)为目标的立体模型,图 737(b)为其俯视图,设置雷达成像参数如表 7.11 所列。

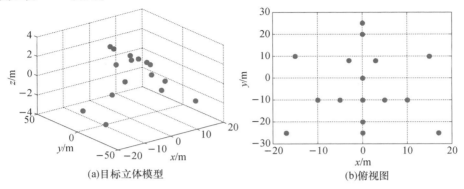

(a)目标立体模型　　　　　　(b)俯视图

图 7.37 散射点模型(星基坐标系下)

表 7.11 成像仿真参数

参数名称	参数值	参数名称	参数值	参数名称	参数值
载频/GHz	10	脉冲重复频率/Hz	50	累积转角/(°)	5.63
带宽/MHz	400	累积脉冲个数/个	512	距离分辨率/m	0.456
采样率/MHz	500	成像时间/s	10.22	方位分辨率/m	0.185
脉冲宽度/μs	20	平均双基地角/(°)	69.2		

图 7.38 给出了成像期间目标的等效转动角速度和双基地角变化情况,可见,角速度不是均匀的,双基地角变化也较大。

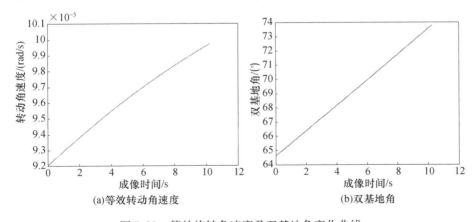

(a)等效转动角速度　　　　　　(b)双基地角

图 7.38 等效旋转角速度及双基地角变化曲线

经典 RD 算法包络对齐后的一维距离像历程如图 7.39(a)所示,可以看出,由于成像期间累积转角较大,双基地角变化也较大,一维距离像的越距离单元徙动现象严重,尤其是上下两端徙动量很大,高达 8 个距离采样单元。RD 算法所得 ISAR 二维的如图 7.39(b)所示,该图像中心的散射点聚焦效果较好,而距离目标中心越远的散射点,散焦越严重。

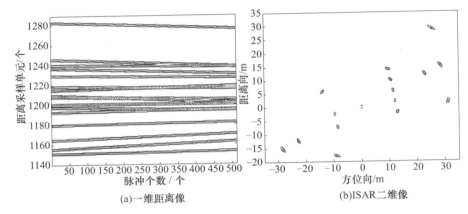

(a)一维距离像　　　　　　　　　(b)ISAR 二维像

图 7.39　经典 RD 算法包络对齐后的一维距离像及其成像结果(见彩图)

将每次回波的一维距离像变换到频域,并按照式(7.126)做广义的 Keystone 变换,完成数据的重采样,做 IFFT 变换到时域,得到越距离单元徙动校正后的一维距离像如图 7.40(a)所示,对其进行方位压缩,得到 ISAR 二维像如图 7.40(b)所示。越距离单元徙动校正后的一维距离像被"拉直",不再有徙动的现象,ISAR 二维像中散射点距离徙动引起的横向散焦被消除,图中的散焦体现在上下两端较严重,这是由于越多普勒单元徙动造成的。

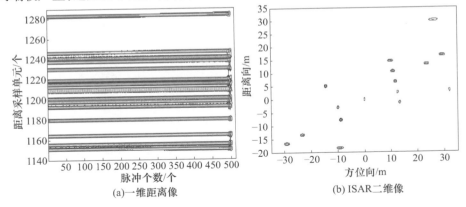

(a)一维距离像　　　　　　　　　(b)ISAR 二维像

图 7.40　越距离单元徙动校正后的一维距离像及其成像结果(见彩图)

要完成越多普勒单元徙动的校正,需先估计出目标的等效旋转中心位置,该成像段双基地角是时变的,图像会有"歪斜",前面提出的基于图像旋转相关最大的等效旋转中心估计方法误差会很大，这里采用基于图像对比度最大的搜索方法实现。为了减小搜索范围，考虑到等效旋转中心位置一般与强散射点有关，因此，选择峰值较大的距离单元两侧进行搜索。经过式（7.139）可以计算得到，等效旋转中心估计精度应在 3.35 个距离采样单元以内，据此可设置旋转中心搜索步进为 2 个距离采样单元，这样既可以找到等效旋转中心，又减少了运算量。等效旋转中心估计图像对比度变化曲线如图 7.41（a）所示，图像对比度最大时对应第 1201 个距离采样单元，以等效旋转中心位置为原点，对距离向进行绝对定标，并根据式构造相位补偿项，完成对一维距离像慢时间高次项相位的补偿。图 7.41（b）为越多普勒单元徙动校正后的 ISAR 二维像，该图像方位向的散焦现象消除，聚焦效果良好。

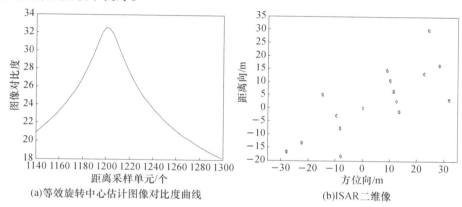

(a)等效旋转中心估计图像对比度曲线　　(b)ISAR二维像

图 7.41　等效旋转中心估计曲线及越多普勒徙动校正后的 ISAR 二维像（见彩图）

为直观对比本节算法的校正性能，表 7.12 统计了越分辨单元徙动校正前后散射点的距离和方位 3dB 主瓣宽度以及图像的对比度，经过越距离单元徙动的校正，图像的距离向 3dB 主瓣宽度明显减小，经过越多普勒单元徙动校正，3dB 主瓣宽度与理论分辨率吻合（注意：这里需要考虑汉明（Hamming）窗对主瓣宽度的影响，该窗使主瓣展宽约 30%）。

表 7.12　越分辨单元徙动校正前后散射点 3dB 主瓣宽度及图像对比度比较

	原始 ISAR 二维图像	越距离单元徙动校正后 ISAR 二维图像	越多普勒单元徙动校正后 ISAR 二维图像
距离向 3dB 主瓣宽度/m	1.170	0.607	0.602
方位向 3dB 主瓣宽度/m	0.420	0.402	0.246
图像对比度	28.4	30.3	32.5

根据 7.6.3 节的相关理论，图 7.42（a）给出了成像期间方位向与距离向夹角，该角度由 62.4° 变化到 59.2°，即该角度不是正交的，图像"歪斜"的平均角度

约为 29.2°,可依据该角度对图像进行畸变校正,校正结果如图 7.42(b)所示,图像的"歪斜"消除,利于后续的目标分类与识别。

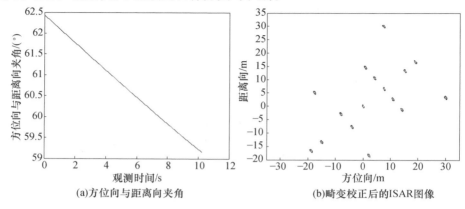

(a)方位向与距离向夹角　　　　　　　(b)畸变校正后的ISAR图像

图 7.42　图像方位向与距离向夹角及畸变校正后的 ISAR 图像(见彩图)

7.8　空间目标三维成像概述

7.8.1　基于时间序列的空间目标三维成像

当能够在垂直于距离多普勒成像面的高度维获得较大转角时,可直接利用雷达相对目标在高度维的转动形成的合成孔径来获取目标的第三维信息。相对多天线干涉成像而言,该方式获取的不再是不同散射点相对于距离多普勒成像平面的高度值,而是在目标高度维具有了分辨率。由于该方法利用的是不同时刻同一雷达站观测的连续高分辨一维距离像(HRRP)或二维 ISAR 像来获取目标三维像,一般称为基于时间序列的空间目标三维成像方法。根据输入信息的不同,可分为基于一维距离像时间序列的三维成像和基于 ISAR 图像时间序列的三维成像。根据成像原理的不同,可分为距离多普勒成像扩展法、散射点投影方法以及因式分解法等。下面将分别介绍。

7.8.1.1　距离多普勒成像扩展法

1996 年,美国 TASC 公司的 Seybold 等研究了目标三维重构方法,进行了仿真验证,并在 Eglin 空军基地用一部已有的毫米波步进频模式的距离高分辨雷达进行了外场试验,通过调节雷达高度,获得俯仰合成孔径来形成竖直方向的高分辨。在处理时,首先对各 ISAR 图像进行相位校正,以保证不同图像之间保持相位相干性,然后在高度维进行 FFT,重构出目标三维图像[164]。该方法利用

ISAR 图像序列中散射点的相位信息进行三维重构,是对距离多普勒二维成像原理的直接扩展。

7.8.1.2　散射点投影法

2008 年,日本三菱电气公司的 Iwamoto 等将速度场的概念引入 ISAR 成像领域,目的在于通过观测量与目标运动信息之间的矩阵关系,获取散射点的三维位置信息[167];他们对单个雷达站获取的 ISAR 图像时间序列采用最小二乘方法估算目标散射点的三维位置,实现了三维成像,但是所提出的方法只对简单形体目标有效[168]。

2017 年,北京理工大学的赵会朋研究了反投影成像算法在空间目标三维成像中的应用,在利用空间目标的轨道信息补偿完目标平动后,利用空间目标的高分辨一维距离像时间序列完成了目标的三维重构仿真。另外,还根据散射点在不同轨道圈次所得二维 ISAR 图像之间的关联信息重构目标三维坐标,并进行了仿真验证[151]。

7.8.1.3　因式分解法

2016 年,北京航空航天大学的毕严先等通过对目标运动场景建模,推导出图像序列中散射点二维位置坐标与原目标三维坐标的投影矩阵关系,利用矩阵分解方法,从观测矩阵中分解出原目标散射点的三维位置矩阵,实现了目标的三维位置重构[169]。该方法同样只适用于散射中心不多、小转角的条件,随着散射中心数目增多、转动角度较大,散射中心将发生遮挡、滑动等情况,如何对目标进行三维重建还有待进一步研究。

2016 年,复旦大学电磁波信息科学教育部重点实验室的王峰等以 ENVISAT 卫星的电磁仿真模型为对象,通过强散射点提取、图像匹配、正交因式分解对多幅连续的 ISAR 成像序列进行处理,获得了该目标数百个强散射点的三维重构[170]。

文献[169,170]的方法主要通过在目标本体坐标系下建立三维目标体与其二维成像面的正交投影关系,利用矩阵因式分解的方法恢复出目标的三维形状和相对运动信息。基于因式分解三维成像方法中,不同图像序列散射点的提取与关联是难点。军械工程学院的王昕等利用卡尔曼滤波和最邻近数据关联准则完成不同姿态下二维散射中心的关联[171];哈尔滨工业大学的杨云川采用基于金字塔的 Lucas – Kanade 光流算法,对 ISAR 图像序列中的特征点进行跟踪,实现强散射点的提取与关联[172]。文献[169]利用散射点幅度信息辅助实现对目标散射点的有效关联,通过对关联过程中的假设更新和管理有效剔除目标运动过程中产生的虚假散射点,适用于目标在多个姿态下多个散射点的关联和三维重构。

目前的文献报道中,无论是基于图像序列中散射点的相位信息、位置信息,还是两者结合的三维重构方法,都需要已知目标的运动信息,这在普通目标 ISAR 成像时往往不能满足。但是空间目标的运动轨迹可通过轨道预报得到,预报误差可通过后续的轨道误差搜索等操作来补偿,因此上述方法的核心思想对空间目标三维成像的研究仍有重要的指导意义。

7.8.2　基于空间像集合的多维成像

分布式雷达利用空间展开的多个发射机和接收机,通过多个角度观测目标,将雷达的空间采样与 ISAR 的时间采样联合起来,可以更为有效地实现高分辨成像。这种基于 ISAR 像空间集合的目标散射三维重构方法为一次快拍下的目标成像提供了可能,具有不依赖于雷达系统与目标之间的相对运动来实现三维空间高分辨率成像的潜在能力。

2009 年,日本三菱电气公司提出了利用多基地实现三维 ISAR 成像的技术[168]。与干涉逆合成孔径雷达(InISAR)中利用相位差信息直接估计散射点的位置不同,该方法首先利用多个接收机对应空间 ISAR 图像集合之间相位差估计目标运动的径向速度和径向加速度,然后将目标的转动角速度和散射点的位置信息一并估计出来。上述成像系统中,接收机之间以及接收机与发射机之间的位置较近,不属于严格意义上的多基地雷达系统,只能说是收发分置的一发多收雷达系统。

2015 年,北京理工大学的王锐等在分布式全相参雷达体制下,通过对多个接收机获得的方位维多角度合成,实现了二维 ISAR 的高分辨[173]。同年,中国科学技术大学的王天云等基于空间谱成像理论研究了分布式雷达稀疏成像技术[174]。

7.8.3　空间目标多天线干涉三维成像

干涉三维 ISAR 成像的探索和研究始于 20 世纪 90 年代,它通过分析处理两个或多个接收天线获取的回波数据得到各自的二维 ISAR 图像,然后利用不同的复 ISAR 图像进行干涉获得目标散射点高度信息,最终实现三维成像。国内外的许多科研机构通过对已有设备进行改造,完成了一系列原理验证试验,并对所涉及的图像配准、相位解缠绕以及角闪烁抑制等关键问题进行了深入研究。

1995 年,美国桑迪亚国家实验室通过对 RCS 测量设备进行改造,利用一种折叠式紧凑场天线系统进行了干涉试验,得到了目标的二维 ISAR 图像和高度信息,高度的精度约为波长量级[175]。1996 年,美国布法罗市纽约州立大学的 Soumekn 等提出了将干涉算法应用于机场地面监管雷达系统中,实现了飞机着陆的自动控制[176]。该试验过程中采用了垂直配置的双天线干涉系统,当飞机的两个机翼与地面不平行时,从干涉 ISAR 图像中可明显地看出其倾斜高度,从而对地面和飞机上的自动着陆控制系统发出警报,提醒飞机调整姿态,平稳降落[177]。2003 年,美国陆军航空兵和导弹司令部的 Smith 等进行了转台目标的干涉 ISAR 成像试验,将同一部成像雷达搭架在不同高度上,分别对转台目标进行多次成像,模拟转台目标的双通道干涉三维 ISAR 成像[178],但由于转台平面抖动、目标非定向散射以及相位噪声等因素的影响,试验结果不理想。2005 年,美国海军部门的 Given 等对舰船目标的干涉 ISAR 成像实现方法进行研究,推导出转动占优和平动占优两种情况下的干涉成像算法,并分析散射点间的相互作用对干涉成像产生的影响,得出图像分辨率和干涉成像效果成正比的结论[179,180]。2007 年,林肯实验室利用 Haystack 雷达、HAX 雷达、三个固定接收站和一个移动接收站构建多基地雷达干涉成像试验系统,其中 Haystack 雷达和 HAX 雷达负责发射和接收信号,其他四个接收站只负责接收信号。该试验系统验证了双基地宽带雷达对低轨道卫星的跟踪和干涉三维 ISAR 成像能力[113]。2008 年,美国麻省洛威尔大学开展了干涉 ISAR 成像的暗室试验,得到了三面角反射器的干涉三维 ISAR 图像,并通过对坦克等复杂目标的暗室成像结果进行分析,探讨了实际工程应用中干涉 ISAR 测量可能存在的问题[181]。2011 年,西班牙马德里理工大学在现有高分辨毫米波线性调频连续波(LFMCW)雷达设备上增加了一套接收装置,研究了毫米波干涉 ISAR 系统的可行性,获得了运动目标的距离、速度和高度信息[182]。

　　2013 年美国麻省理工学院的 Forrester 研究了对 SPASE 卫星缩比模型的电磁散射回波进行处理后的干涉三维 ISAR 图像[183],干涉三维 ISAR 成像场景和成像结果如图 7.43 所示。两幅 ISAR 图像对应接收天线的俯仰角度差为 0.05°。

　　2014 年,意大利比萨大学的 Martorella 等进行了 X 频段 LFMCW 的双天线干涉 ISAR 成像试验,利用置于屋顶的试验系统对公路上行驶的卡车进行干涉成像[184]。

　　国内许多单位也开展了干涉 ISAR 成像的试验研究工作。1999 年,北京环境特性研究所电磁散射国家实验室的肖志河等使用高程不同的两个接收天线,实现了转台模型的干涉三维 ISAR 成像[185]。2005 年,许小剑等将旁瓣抑制后得到的高分辨 ISAR 图像进行了干涉处理[186]。2008 年,西北工业大学也进行了干涉三维 ISAR 成像的暗室试验,基于修正的球形后向投影方法实现了近场目标的二维 ISAR 成像,并对不同高度的天线获得的多幅 ISAR 图像进行干涉处理,得到飞机缩比模型的三维 ISAR 图像[187]。2014 年,中国科学研究院的刘亚波等进行了机动目标的干涉三维 ISAR 成像试验,利用高分辨 ISAR 像得到较为理想的干涉三维图像[188]。

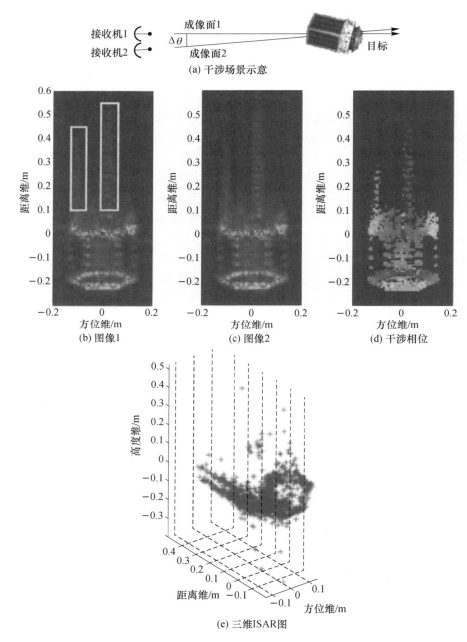

图 7.43   SPASE 缩比模型的干涉三维 ISAR 成像结果[183]（见彩图）

　　干涉三维 ISAR 成像一般需要进行图像配准、相位重建（包括相位补偿和相位解缠绕）以及角闪烁抑制等处理。下面对这几方面的研究现状进行论述。

　　图像配准是干涉处理的第一步,其精度直接影响干涉图像的质量。斜视时,目标与不同天线的距离和相对运动各不相同,造成同一散射点在两幅干涉 ISAR 图像中位置存在平移失配[37]。其中,距离不同导致距离偏移,速度不同导致多普勒偏移。此外,两接收天线位置不同引入的观测视角差也会造成图像旋转失配和畸变失配。众多学者致力于干涉 ISAR 图像平移配准的研究。目前已有的解决途径主要有基于相关法[189]和基于角运动参数估计的图像配准方法[190]。基于相关法的图像配准是通过移位搜索实现两幅 ISAR 图像的对齐。基于角运动参数估计的图像配准方法利用干涉 ISAR 系统的几何模型计算目标与不同天线间的距离差和速度差,并进行相位补偿,实现图像配准。文献[191]中提出了基于单特显点和多特显点的斜视角估计法,通过以特显点为聚焦中心的运动补偿,完成图像配准。文献[190]提出了基于多基线的斜视角估计法,利用短基线模式下可忽略图像不匹配问题的特性,提取干涉相位估计斜视角,从而对长基线模式下的回波数据进行补偿,实现图像配准。

　　干涉技术利用散射点在图像中的相位差估计该散射点的高度信息,因此,干涉相位准确是提高干涉成像质量的先决条件。然而在实际应用中,由于噪声、成像处理以及相位模糊等因素的影响,并非总能得到准确的干涉相位,需要进行相位重建。相位重建包括相位误差校正和相位解缠绕两部分。相位误差主要来源于系统的热噪声以及干涉处理过程,如图像配准精度不高、平动补偿不理想以及目标非匀速转动等。干涉 ISAR 成像中,将相位补偿问题进行单独研究的报道较为少见,大部分研究在解决成像问题的同时解决相位补偿的问题。例如,美国特拉华大学的王根元博士和海军研究实验室的 Chen 等在研究匀加速旋转目标干涉三维 ISAR 成像时,利用 Chiplet 分解法估计回波二次项相位并进行补偿,解决了目标匀加速转动引入的相位误差[192]。中国科学技术大学在研究高速运动目标、机动目标和大转角目标的干涉三维 ISAR 成像技术时,考虑了 Winger – Ville 等双线性时频变换不能保留相位的问题,并提出了相应的解决方法[191]。文献[193]提出基于匹配傅里叶变换的干涉 ISAR 三维成像方法,有效解决了目标非匀速转动产生的相位误差。

　　相位缠绕是指干涉相位的真实值大于 2π,发生了相位模糊。干涉相位与目标尺寸、基线长度、目标距离等因素有关,通过约束目标和雷达天线之间的几何关系可避免相位缠绕的发生[190];然而,在实际应用中,这种约束参数条件并不总是成立的。路径积分法[77]是干涉 SAR 成像中常用的相位解缠绕方法,文献[191]将该思想应用于干涉 ISAR 成像中,假设 ISAR 图像中相邻像素点的真实干涉相位差的绝对值小于 π,通过对干涉相位差沿某一路径求积分即可恢复出真实的干涉相位值。该方法适用于相位噪声较小且目标连续分布的场合。针对 ISAR 图像中存在大量孤立散射点的现象,文献[177]提出了多普勒信息解模糊方法。在正交型天线配置下,散射点的干涉相位和转动多普勒都与其横向位置有关,通过分析干涉几何模型与 ISAR 成像模型之间的关系,推导干涉相位与多普勒之间的关系,以多普勒为参考进行解模糊。文献[194]提出了多基线配置相位解缠方法,从基线设计的角度出发,利用短基线下的不模糊干涉相位校正长基线下的模糊干涉相位。文献[195]研究了星载干涉 ISAR 成像中存在的相位缠绕问题,利用星载 ISAR 编队构形的几何特点,同样以短基线测量的低精度、非缠绕的干涉相位为参考,对长基线测量的高精度、缠绕的干涉相位进行解缠。

当同一分辨单元内存在高度不同的多个散射点时,干涉 ISAR 成像实际上得到的是各散射点的合成高度。当观测视角变化时,分辨单元内的散射点分布发生改变,产生角闪烁现象。常用的角闪烁抑制方法主要有剔除法[196]、高分辨率法[197]以及空间分割法[198-200]。剔除法的原理较为简单,根据阈值分析角闪烁是否发生,为了避免误判,应选择合适的阈值。阈值的选择依赖于雷达系统参数和目标特性等综合因素,不具备普适性。分辨率提高法通过减少同一分辨单元内的散射点个数来抑制角闪烁发生。通过增加带宽可提高径向距离分辨率,增加观测累积转角可提高横向距离分辨率。文献[197]提出了基于多频带数据融合的方法提高分辨率。如果目标在不同频带内的散射特性不相关,该方法将不适用。此外,还可采用阵列天线进行干涉成像,从空间上将投影到同一分辨单元内的多个散射点分离。文献[198]中提出了基于 L 形阵列天线的干涉 ISAR 成像方法,将处于同一分辨单元但高度不同的散射点进行了有效分离。这种方法受限于天线的阵列个数,不能进行无限分割。

纵观干涉三维 ISAR 成像的发展历程和现状,部分研究已取得了丰硕成果,正逐步朝着多样化、实用化的方向发展。虽然国内干涉三维 ISAR 成像的理论研究较为深入,但相关试验却较少,干涉三维 ISAR 成像系统目前仍处于原理论证阶段,尚未见成型的系统设备投入使用。而由于军事保密等原因,国外关于空间目标干涉 ISAR 三维雷达成像技术的最新研究成果也不多,但根据已可查询的一些资料,已有研究机构在理论研究的基础上利用现有设备进行了仿真与试验,例如林肯实验室所搭建的多基地雷达干涉成像试验系统已进行了空间目标干涉 ISAR 三维成像试验,但根据报道结果,应尚处于验证阶段,尚未成熟应用。

参考文献

[1] WEEDEN B C, KELSO T S. Analysis of the Technical Feasibility of Building an International Civil Space Situational Awareness System[C]. Paper IAC-09. A6. 5. 2, International Astronautical Congress, Dae jeong, South Korea,2009(10):12 – 16.

[2] FERRAZZANI M. Preliminary Considerations on the European Preparatory Programme on Space Situational Awareness[C]. Presented in International Astronautical Congress, Prague, Czech Republic, Sep. 27-Oct. 1, 2010.

[3] 蔡亚梅,汪立萍,陈利玲. 美国空间态势感知系统发展现状及趋势分析[J]. 航天电子对抗, 2011,27(2).

[4] SRIDHARAN R,PENSA A F. Perspective in Space Surveillance[M]. Cambridge, MA:MIT Press,2017.

[5] NAKA F R, CANAVAN G H, CLINTON R A, et al. Report on Space Surveillance Asteroids and Comets and Space Debris[R]. Washington:USAF Scientific Advisory Board, 1996.

[6] PETERSEN S R. Space Control and the Role of Antisatellite Weapons[R]. No. AU-ARI-90-7. Maxwell AFB, AL:Air University Press, 1991.

[7] COLARCO R F. Space Surveillance Network Sensor Development, Modification, and Sustainment Programs[C]. Advanced Maui Optical and Space Surveillance Technologies Conference, 2009.

[8] 柳仲贵. 空间目标监视系统设计[D]. 南京:南京大学, 2001.

[9] WEEDEN B C, Paul J C. Computer Systems and Algorithms for Space Situational Awareness: History and Future Development[J]. Advances in the Astronautical Sciences, 2010, 138 (25):1 – 20.

[10] DONNELLY R P, CONDLEY C J. Surveillance of Space-Optimal Use of Complementary Sensors for Maximum Efficiency[C]. Specialists Meeting on "Space Sensing & Situational Awareness", Maui, USA, 2006:RTO-MP-SET-105.

[11] GERNER J L. Telemetry, Tracking and Command of Satellites-A Perspective[C]. In TT&C 2004 Workshop, 2004:7 – 9.

[12] SHARMA J, WISEMAN A, ZOLLINGER G. Improving Space Surveillance with Space-based Visible Sensor[R]. Lexington:Massachusetts Inst of Tech Lexington Lincoln Lab, 2001.

[13] KEMPKES M A, et al. W-band Transmitter Upgrade for the Haystack Ultrawideband Satellite Imaging Radar (HUSIR)[C]. Vacuum Electronics Conference, 2006 held Jointly with 2006 IEEE International Vacuum Electron Sources. ,2006(4):25 – 27.

[14] SKOLNIK M I. Radar Handbook [M]. 3rd Ed. USA：McGraw-Hill Education, Jan. 22, 2008.

[15] 李学勇. 双/多基地雷达发展及关键技术[J]. 雷达与对抗,2013,33(2).

[16] WILSON B L. Space Surveillance Network Automated Tasker[C]. AAS/AIAA Space Flight Mechanics Meeting, Maui, USA, 2004.

[17] SHEPHERD L G G. Space Surveillance Network[C]. Shared Space Situational Awareness Conference,Colorado Springs,CO,2006(9):15 – 24.

[18] 马林. 空间目标探测雷达技术[M]. 北京:电子工业出版社, 2013.

[19] WIEDEMANN C, BENDISCH J, KRAG H, et al. Modeling of Copper Needle Clusters from the West Ford Dipole Experiments[C]. Proceedings of the Third European Conference on Space Debris. Noordwijk, Netherlands：ESA Publications Division. Mar. 19 – 21, 2001, 1, October 2001：315 – 320.

[20] 王海福, 冯顺山, 刘有英. 空间碎片导论[M]. 北京:科学出版社, 2010.

[21] JOHNSON N L. Medium Earth Orbits：is There a Need for a Third Protected region? [C]. 61st International Astronautical Congress, Prague, Sep. 27 – Oct. 1, 2010.

[22] KING-HELE D. Satellite Orbits in an Atmosphere：Theory and Applications[M]. London：Blackie and Son, Ltd. , 1987：33 – 41.

[23] SEONGICK CHO, YU-HWAN AHN, JOO-HYUNG RYU,et al. Development of Geostationary Ocean Color Imager (GOCI)[C]. Korean Journal of Remote Sensing, 2010, 26 (2)：157 – 165.

[24] National Aeronautics and Space Administration. Orbital Debris Quarterly News[R]. Vol. 21, Iss. 1, Feb. 2017.

[25] National Aeronautics and Space Administration. Orbital Debris Quarterly News[R]. Vol. 20, Iss. 1&2, Apr. 2016.

[26] Orbital Debris Program Office. History of On-orbit Satellite Fragmentations [R]. 14th Edition Houston, Texas, 2008.

[27] LEWIS H G, SWINERD G G, REBECCA J N. The Space Debris Environment:Future Evolution[J]. Aeronautical Journal, 2011, 115 (1166)：241 – 247.

[28] KELSO T S. Analysis of the Iridium 33-Cosmos 2251 Collision , University of Chicago press release[J]. Advances in the Astronautical Sciences, 2009, 135 (2):1099 – 1112.

[29] GRAY M. Chinese Space Debris Hits Russian Satellite, Scientists Say[N]. CNN. March 10, 2013. (Retrieved 2017-03-01). CNN,2013-3-10.

[30] IMBURGIA J S. Space Debris and Its Threat to National Security：A Proposal for a Binding International Agreement to Clean Up the Junk[C]. Vand. J. Transnatl L. 44, 2011：589 – 641.

[31] CROWTHER R. Orbital Debris：A Growing Threat to Space Operations[J]. Philosophical Transactions of the Royal Society of London. Series A：Mathematical, Physical and Engineering Sciences, 2003, 361 (1802)：157 – 168.

［32］ PENDLETON R R. Rapidly Deployable Space Capabilities Based Assessment-Approach and Status［C］. 7th Responsive Space Conference, 2009.

［33］ Joint Space Operations Center. Satellite Catalog Data［OB/OL］. ［2017－04－01］. https://www. space－track. org.

［34］ VALLADO D A, MCCLAIN W D. Fundamentals of Astrodynamics and Applications［M］. 3nd ed, Hawthorne. CA/New York：Microcosm Press/Springer, 2007.

［35］ 陈磊,韩蕾,白显宗,等. 空间目标轨道力学与误差分析［M］. 北京:国防工业出版社,2010.

［36］ 柯蒂斯. 轨道力学［M］. 北京:科学出版社, 2009.

［37］ 赵莉芝. 空间目标干涉三维 ISAR 成像技术研究［D］. 北京:北京理工大学, 2015

［38］ MARK A RICHARDS. Fundamentals of Radar Signal Processing［M］. Tata：McGraw-Hill Education, 2005.

［39］ 夏东坤,李洋,乞耀龙,等. 星载极化 SAR 系统电离层去相干研究［J］.电子学报,2011, 39（6）：1309－1314.

［40］ 贲德,王海涛. 天基监视雷达新技术［M］. 北京:电子工业出版社,2014.

［41］ BERGER J M, MOLES J B, WILSEY D G. An analysis of USSPACECOM'S Space Surveillance Network（SSN）Sensor Tasking Methodology［D］. Wright-Patterson AFB, OH, USA, Operational Sciences School of Engineering, Air Force Institute of Technology, 1992.

［42］ MILLER J G. A New Sensor Allocation Algorithm for the Space Surveillance Network［J］. Military Operations Research, 2007, 12（1）：57－70.

［43］ North American Aerospace Denfence Command. Mathematical Foundation for Space Computational Central Astrodynamic Theory［R］. Colorado：Colorado Springs, 1991.

［44］ NEAL H L, COFFEY S L, KNOWLES S. Maintaining the Space Object Catalog with Special Perturbations［J］. Advances in the Astronautical Sciences, 1997, 97（2）：1349－1360.

［45］ PAUL W S, FELIX R H. Evolution of the NAVSPACECOM Catalog Processing System Using Special Perturbations［C］. The 4th US/Russian Space Surveillance Workshop, US Naval Observatory, Washington, DC, 2000.

［46］ Lockheed Martin Mission Systems. Space Surveillance Network Optimization（SSNO）Study ［R］. Colorado：Omitron Coporation, 2002.

［47］ HEJDUK M D. Space Catalogue Accuracy Modeling Simplifications［C］. AIAA/AAS Astrodynamics Specialist Conference and Exhibit, Honolulu, USA, 2008：AIAA 2008－6773.

［48］ HEJDUK M D, GHRIST R W. Solar Radiation Pressure Binning for the Geosyncrhonous Orbit［C］. AAS/AIAA Astrodynamics Specialist Conference, Girdwood, USA, 2011：AAS 11－581.

［49］ HEJDUK M D, CASALI S J, CAPPELLUCCI D A,et al. A Catalogue-Wide Implementation of General Perturbations Orbit Determination Extrapolated From Higher Order Orbital Theory Solutions,Solutions［C］. Kauai,HI,USA:Spaceflight Mechanics Conference,2013.

［50］ 刘林. 航天器轨道理论［M］. 北京:国防工业出版社, 2000.

[51] 王威,于志坚.航天器轨道确定－模型与算法[M].北京:国防工业出版社,2007.

[52] 柳仲贵. 近地空间目标监视网设计[J]. 飞行器测控学报. 2000, 34 (4):9－17.

[53] 王俊岭. 空间监视网传感器高效调度关键技术研究[D]. 北京:北京理工大学, 2013.

[54] 宋正鑫. 空间碎片环境雷达监测关键技术研究[D]. 长沙:国防科技大学, 2009.

[55] HOOTS F R, JR SCHUMACHER P W, GLOVER R A. History of Analytical Orbit Modeling in the us Space Surveillance System[J]. Journal of Guidance, Control, and Dynamics, 2004, 27 (2): 174－185.

[56] 刘林. 航天动力学引论[M]. 南京:南京大学出版社, 2006.

[57] 张俊华, 徐青, 赵拥军. 一种基于STK平台的相控阵雷达空间目标监视模型[J]. 雷达科学与技术, 2007, 5 (1):34－37.

[58] SETTECERRIA T J, SKILLICORNA A D, SPIKESB P C. Analysis of the Eglin Radar Debris Fence[J]. Acta Astronautica, 2003, 54 (3): 203－213.

[59] BEER S, FUCHS U. Efficient Search Strategies for a Low Earth Orbit Surveillance Radar [C]. Radar Symposium (IRS), 2016 17th International. IEEE, 2016: 1－5.

[60] PETRICK B L. Weighting Scheme for the Space Surveillance Network Automated Tasker [R]. Air Force Inst of Tech, Wright-Patterson AFB OH, 1994.

[61] VAN K G, BLACKMAN S. On Phased Array Radar Tracking and Parameter Control[J]. IEEE Transactions on Aerospace and Electronic Systems, 1993, 29 (1):186－194.

[62] COHEN S A. Adaptive Variable Update Rate Algorithm for Tracking Targets with a Phased Array Radar[J]. IEE Proceedings F, Jun, 1986, 133 (3):277－280.

[63] WASTON G A, BLAIR W D. Revisit Control of a Phased Array Radar for Maneuvering Targets in the Presence of False Alarms using the IMM-IPDAF[C]. Proceedings of SPIE Acquisition, Tracking, and Pointing IX, Orlando, FL, 1995:318－329.

[64] JOHNSON N L. US Space Surveillance[J]. Advances in Space Research, 1993,13(8):5－20.

[65] Delaney W P, Ward W W. Radar Development at Lincoln Laboratory:An Overview of the first fifty Years[J]. Lincoln Laboratory Journal,2000,12(2):147－166.

[66] REED J E. The AN/FPS-85 Radar System[J]. Proceedings of the IEEE, 1969, 57 (3): 324－335.

[67] BROOKNER E. Phased-Array Radars[J]. Scientific American, 1985, 252 (2): 94－102.

[68] STANSBERY G. Preliminary Results from the US Participation in the 2000 Beam Park Experiment[C]. Space Debris, 2001, 473: 49－52.

[69] 陈超,张剑云,刘春生,等.美国国家导弹防御系统发展分析[J].雷达与电子战,2007,2: 38－47.

[70] CHORMAN P. Cobra Dane Space Surveillance Capabilities[C]. Proceedings of the 2000 Space Control Conference, 2008:159－168.

[71] 陈亚飞,翟志超,王学进. 美俄典型地基战略预警相控阵雷达系统比较分析[J]. 飞航导弹,2016,(10):32－37.

［72］骆文辉,杨建军. 国外空间监视系统的现状与发展[J]. 飞航导弹,2008(04):25 – 31.

［73］汪洋,韩长喜. 美国"太空篱笆"计划概述[J]. 现代雷达,2014,36(03):16 – 18.

［74］SCHAAF S F. NAVSPASUR. Sensor Performance Study[R]. Naval Postgraduate School Monterey CA, 1991.

［75］WADIAK E J, M. D. ANDREWS. NAVSPASUR System Performance Analysis[R]. Interferometrics INC Vienna VA, 1988.

［76］HAIMERL J A, FONDER G P. Space Fence System Overview[C]. Proceedings of the Advanced Maui Optical and Space Surveillance Technology Conference. 2015.

［77］HAINES L, PHU P. Space Fence PDR Concept Development Phase[C]. Proc. Advanced Maui Optical and Space Surveillance Technologies Conference, Maui, HI. 2011.

［78］LESTURGIE M, EGLIZEAUD J P, MULLER D, et al. The Last Decades and the Future of Low Frequency Radar Concepts in France [C]. International Conference on Radar Systems, 2004.

［79］KLINKRAD H. Monitoring Space-Efforts Made by European Countries[C]. International Colloquium on Europe and Space Debris, Toulouse, France,2002(11):27 – 28.

［80］王永良. 空间谱估计理论与算法[M]. 北京:清华大学出版社, 2004.

［81］王焱. 电子篱笆的信号处理技术研究[D]. 北京:北京理工大学, 2014.

［82］都春霞. 空间目标监视电子篱笆系统信号处理算法研究[D]. 北京:北京理工大学, 2015.

［83］SKOLNIK M I. 雷达系统导论[M]. 北京:电子工业出版社, 2007.

［84］ABATZOGLOU T J, GHEEN G O. Range, Radial Velocity, and Acceleration MLE using Radar LFM Pulse Train[J]. IEEE Transactions on Aerospace and Electronic Systems, 1998, 34 (4):1070 – 1083.

［85］陈德峰. 中高轨道目标雷达探测技术研究[D]. 北京:北京理工大学, 2010.

［86］王慧. 精密跟踪测量雷达标定与数据处理技术研究[D]. 北京:北京理工大学, 2016.

［87］王大军,汤兵,许雯. 一种同轴跟踪系统的自适应前馈方法[J]. 现代雷达, 2006,28 (7):21 – 23.

［88］WANG Z. Mathematical Processing to Tracking Data of Range and Range Rate[J]. Chinese Space Science and Technology, 1994.

［89］杨斌峰. 地面测控雷达角度标校技术[J]. 现代电子技术, 2005, 28(17):47 – 49.

［90］雷五成. 跟踪雷达轴系校准和修正[J]. 火控雷达技术, 2002, 31(4):15 – 19.

［91］钟岚. 脉冲测量雷达数据处理系统设计[D]. 南京:南京理工大学, 2009:4 – 6.

［92］姚士康. 跟踪雷达定向灵敏度的分析和标校[J]. 现代雷达, 1996, 18(3):7 – 16.

［93］NIEKE J, AOKI T, TANIKAWA T, et al. A Satellite Cross-calibration Experiment[J]. IEEE Geoscience and Remote Sensing Letters, 2004, 1(3): 215 – 219.

［94］张朋永, 常青. GPS 精密单点定位中精密星历和钟差的内插算法选取[J]. 测绘信息与工程, 2010, 35(2):16 – 17.

［95］廖超明, 姜卫平, 覃允森. 一种有效的 WGS – 84 坐标系与地方坐标系转换方法[J].

测绘通报，2008：18 – 19.

[96] 金胜，邓颖丽，朱天林. 脉冲测量雷达卫星标定方法研究[J]. 飞行器测控学报，2005，24（4）：66 – 70.

[97] TEETS R B, MILLER J G. An Overview of the Space Surveillance Performance Analysis Tool [C]. Proceedings of the 1997 Space Control Conference, 1997, 2: 1 – 16.

[98] WEISS HERBERT G. The Millstone and Haystack Radars [J]. IEEE Transactions on Aerospace and Electronic Systems, 2001, 37（1）：365 – 379.

[99] MELVIN L S, GERALD P B. Radars for the Detection and Tracking of Ballistic Missiles, Satellites, and Planets[J]. Lincoln Laboratory Journal, 2000, 12（1）：217 – 244.

[100] 付佗，高梅国，陈德峰. 脉冲测量雷达探测中高轨目标技术研究[R]. 国防科学技术报告，2008.

[101] 付佗，高梅国，陈德峰. 脉冲测量雷达探测中高轨目标技术与试验研究[R]. 国防科学技术报告，2009.

[102] 李琳. 雷达相参模式探测空间目标实时信号处理技术研究[D]. 北京：北京理工大学，2009.

[103] 翟欢欢. 空间目标探测雷达跟踪与显控技术研究[D]. 北京：北京理工大学，2010.

[104] 徐安. 空间目标探测雷达信号采集与显控系统的研制[D]. 北京：北京理工大学，2009.

[105] 张健，付佗. 脉冲雷达探测中高轨道目标方法及试验[J]. 飞行器测控学报，2012（02）.

[106] 唐明桂. 脉冲雷达探测空间碎片技术研究[D]. 北京：北京理工大学，2015.

[107] PAUL V, LUKE S, SCOTT D. An Improved Kalman Filter for Satellite Orbit Predictions [J]. The Journal of the Astronautical Sciences, 2004, 52（3）.

[108] BROWN W M, FREDERICKS R J. Synthetic Aperture Radar Imaging of Rotating Objects [J]. Annual Radar Symposium, 1967.

[109] AVENT R K, SHELTON J D, BROWN P. The ALCOR C-band imagingradar[J]. IEEE Antennas and Propagation Magazine, 1996, 38（3）：16 – 27.

[110] MIT Lincoln Laboratory. 2009 Annual Report [R]. Lexington, MA：Lincoln Laboratory, 2009.

[111] 周万幸. ISAR 成像系统与技术发展综述[J]. 现代雷达，2012，34（9）：1 – 7.

[112] WEISS H G. The millstone and haystack radars[J]. IEEE Transactions on Aerospace and Electronic Systems, 2001, 37（1）：365 – 379.

[113] MIT Lincoln Laboratory. 2008 Annual Report [R]. Lexington, MA：Lincoln Laboratory, 2008.

[114] CUOMO K M, PIOU J E, MAYHAN J T. Ultrawide-Band Coherent Processing[J]. IEEE Transactions on Antennas and Propagation, 1999, 47（6）：1094 – 1107.

[115] 毛二可，谭怀英，郭建明. 美国导弹防御地基雷达的发展现状[J]. 兵器知识，2010.

[116] ENDER J, LEUSHAKE L, BRENNER A, et al. H. Radar Techniques for Space Situational

Awareness[C]. Radar Symposium,Leipzig,Germany Sep. 7 - 9,2011:1 - 6.

[117] Mehrholz D,Leushacks L,Flury W. Detecting,Tracking and Imaging Space Debris[J]. ESA Bulletin,109,2002:128 - 129.

[118] Analysis of the ATV-4 using radar images[DB/OL]. [2017 - 05 - 01]. http://www. fhr. fgan. de/en/businessunits/space/Analysis of the ATV-4 using radar images. html,2013.

[119] Combine Techniques for the Surveillance of Space Objects[DB/OL]. [2017 - 05 - 01]. http://www. fhr. fgan. de/en/businessunits/space/Combine techniques for the surveillance of space objects. html,2013.

[120] GOMBERT G, BECKNER F. High Resolution 2 - D ISAR Imaging Collection and Processing[C]. Dayton, USA, 1994: 371 - 377.

[121] WANG J F, KASILINGAM D. Global range alignment for ISAR[J]. IEEE Transactions on Aerospace and Electronic Systems, 2003, 39 (1): 351 - 357.

[122] LI X, LIU G S, NI J L. Autofocusing of ISAR Images Based on Entropy Minimization[J]. IEEE Transactions on Aerospace and Electronic Systems, 1999, 35 (4): 1240 - 1251.

[123] ZHU D, WANG L, YU Y, et al. Robust ISAR Range Alignment Via Minimizing the Entropy of the Average Range Profile[J]. IEEE Geoscience and Remote Sensing, 2009, 6 (2): 204 - 208.

[124] YE W, YEO T S, BAO Z. Weighted Least-squares Estimation of Phase Errors for SAR/ISAR autofocus[J]. 1999 IEEE Transactions on Geoscience and Remote Sensing, 1999, 37 (5): 2487 - 2494.

[125] 朱兆达, 邱晓辉, 佘志瞬. 用改进的多普勒中心跟踪法进行 ISAR 运动补偿[J]. 电子学报, 1997, 25 (3): 65 - 69.

[126] WAHL D E, EICHEL P H, GHIGLIA D C, et al. Phase Gradient Autofocus-a Robust Tool for High-resolution SAR Phase Correction[J]. IEEE Transactions on Aerospace and Electronic Systems, 1994, 30 (3): 827 - 835.

[127] BERIZZI F, CORSINI G. Autofocusing of Inverse Synthetic Aperture Radar Images using contrast optimisation[J]. IEEE Transaction on Aerospace and Electronic Systems, 1996, 32 (3): 1185 - 1191.

[128] SHE Z H, LIU Y. Autofocus for ISAR Imaging using Higher Order Statistics[J]. IEEE Geoscience and Remote Sensing Letters, 2008, 5 (2): 299 - 303.

[129] THAYAPARAN T, LAMPROPOULOS G, STANKOVIC L. Motion Compensation in ISAR Imaging using the Registration Restoration Fusion Approach[J]. IET Signal Process, 2008, 2 (3): 223 - 236.

[130] SON J S, THOMAS G, FLORES B. Range-Doppler Radar Imaging and Motion Compensation[M]. Boston: Artech House, 2000.

[131] WANG Y, JIANG Y C. A Novel Algorithm for Estimating the Rotation Angle in ISAR Imaging[J]. IEEE Geoscience and Remote Sensing Letters, 2008, 5 (4).

[132] DU L P, SU G C. Adaptive Inverse Synthetic Aperture Radar Imaging for Nonuniformly

Moving Targets[J]. IEEE Geoscience and Remote Sensing Letters,2005,2(3):247 - 249.

[133] CHEN V C, QIAN S. Joint Time-frequency Transform for Radar Range-Doppler Imaging [J]. IEEE Transactions on Aerospace Electronic Systems, 1998, 34 (2): 486 - 499.

[134] THAYAPARAN T, STANKOVIC L J, WERNIK C. Real-time Motion Compensation Image Formation and Image Enhancement of Moving Targets in ISAR and SAR using S-method-based Approach[J]. IET Signal Process, 2008, 2 (3): 247 - 264.

[135] 保铮, 邢孟道, 王彤. 雷达成像技术[M]. 北京: 电子工业出版社, 2005.

[136] XIONG D, WANG J, ZHAO H,et al. Modified Polar Format Algorithm for ISAR Imaging [C]. IET International Radar Conference,2015(10):14 - 16.

[137] LI J, LING H. Application of Adaptive Chirplet Representation for ISAR Feature Extraction from Targets with Rotating Parts[J]. IET Proceedings of Radar Sonar and Navigation, 2003, 150 (4): 284 - 291.

[138] WANG G Y, XIA X G. An Adaptive Filtering Approach to Chirp Estimation and ISAR Imaging of Maneuvering Targets[C]. 2000 IEEE International Radar Conference, 2000: 481 - 486.

[139] ZHENG Y M, XING M D, BAO Z. Imaging of Maneuvering Targets Based on Parameter Estimation of Multicomponent Polynomial Signals[C]. 5th International Conference on Signal Processing Proceedings, 2000: 1826 - 1829.

[140] LU G, BAO Z. Compensation of Scatter Migration Through Resolution Cell in Inverse Synthetic Aperture Radar Imaging[J]. IET Proceedings of Radar Sonar and Navigation, 2000, 147 (2): 80 - 85.

[141] XING M D, WU R B, LAN J Q, et al. Migration Through Resolution Cell Compensation in ISAR Imaging[J]. IEEE Geoscience and Remote Sensing Letters, 2004, 1 (2):141 - 144.

[142] DOERRY A W. Synthetic Aperture Radar Processing with Polar Formatted Subapertures [C]. 1994 IEEE Conference on Signals Systems and Computer, 1994: 1210 - 1215.

[143] MENSA D L, HALEVY S, WADE G. Coherent Doppler Tomography for Microwave Images [J]. Proceedings of the IEEE, 1983, 71 (2): 254 - 261.

[144] MUSON D C, BRIEN J D, JENKILS W K. A Tomographic Formulation of Spotlight Mode Synthetic Aperture Radar[J]. Proceedings of the IEEE, 1983, 71 (8): 917 - 925.

[145] HUANG Y J, WANG X Z, LI X. Inverse Synthetic Aperture Radar Imaging using Frame Theory[J]. IEEE Transactions on Signal Processing, 2012, 60(10): 5191 - 5200.

[146] LIU Y C, XING M D, SU J H. A New Algorithm of ISAR Imaging for Maneuvering Targets with Low SNR[J]. IEEE Transactions on Aerospace and Electronic Systems, 2013, 49 (1): 543 - 557.

[147] 陈津. 空间目标 ISAR 成像方法与特征分析研究[D]. 北京: 北京理工大学, 2016.

[148] 董健. 空间目标双基地 ISAR 成像关键技术研究[D]. 石家庄: 军械工程学院, 2009.

[149] 高梅国, 董健, 付佗,等. 对空间目标的步进频合成宽带 ISAR 成像波形设计方法: 20091013116.3[P].2009.

[150] CUMMING I G, WONG F H. Digital Processing of Synthetic Aperture Radar Data[M]. Norwood, MA: Artech House, 2005.

[151] 赵会朋. 空间目标ISAR反投影成像技术研究[D]. 北京: 北京理工大学, 2017.

[152] WALKER J L. Range-Doppler Imaging of Rotating Objects[J]. IEEE Transaction on Aerospace and Electronic Systems, 1980, 16 (1): 23－52.

[153] HURST M P, MITTRA R. Scattering Center Analysis Via Prony's Method[J]. IEEE Transactions on Antennas and Propagation, 1987, 35 (8): 986－988.

[154] LIU Z S, WU R B, LI J. Complex ISAR Imaging of Maneuvering Targets Via the Capon Estimator[J]. IEEE Transactions on Signal Processing, 1999, 47 (5): 1262－1271.

[155] ODENDAAL J W, BARNARD E I, PISTORIUS C W I. Two Dimensional Super-resolution Radar Imaging using MUSIC Algorithm[J]. IEEE Transactions on Signal Processing, 1994, 42 (10): 1386－1391.

[156] WANG Y X, LING H. A Frequency-aspect Extrapolation Algorithm for ISAR Image Simulation based on Two-dimensional ESPRIT[J]. IEEE Transactions on Geoscience and Remote Sensing, 2000, 38 (4): 1743－1748.

[157] DONOHO D L. Compressed sensing[J]. IEEE Transactions on Information Theory, 2006, 52 (4): 5406－5425.

[158] ZHANG L, XING M, QIU C, et al. Achieving Higher Resolution ISAR Imaging with Limited Pulses Via Compressed Sampling[J]. IEEE Geoscience and Remote Sensing Letters, 2009, 6 (3): 567－571.

[159] DONG L, FAN L H, LI J. Bistatic ISAR Imaging Algorithm Based on Compressed Sensing [C]. Proceedings of the Second International Conference on Communications, Signal Processing and Systems, 2013.

[160] 郭宝峰. 空间目标双基地ISAR高分辨成像技术与试验研究[D]. 石家庄: 军械工程学院, 2015.

[161] MARTORELLA M. Analysis of the Robustness of Bistatic Inverse Synthetic Aperture Radar in the Presence of Phase Synchronization[J]. IEEE Transactions on Aerospace and Electronic Systems, 2011, 47 (4): 2673－2689.

[162] HANLE E. Survey of bistatic and multistatic radar[J]. IEE Proc., 1986, 133 (7): 587－595.

[163] DONG J, GAO M G, SHANG C X, et al, Research on Image Plane of Bistatic ISAR[C]. IET International Radar Conference, 2009: 1－6.

[164] SEYBOLD J S, STEVEN J B. Three-dimensional ISAR Imaging using a Conventional High-range Resolution Radar[C]. Proceedings of the 1996 IEEE National Radar Conference, 1996.

[165] MAYHAN J T, BURROWS M L, CUOMO K M, et al. High Resolution 3D 'Snapshot' ISAR Imaging and Feature Extraction[J]. IEEE Transactions on Aerospace and Electronic Systems, 2001, 37 (2).

[166] IWAMOTO M, KIRIMOTO T. A Novel Algorithm for Reconstructing Three-dimensional Target Shapes using Sequential Radar Images[C]. Geoscience and Remote Sensing Symposium, 2001.

[167] SUWA K, YAMAMOTO K, IWAMOTO M. Reconstruction of 3-D Target Geometry Using Radar Movie[C]. 2008 7th European Conference on Synthetic Aperture Radar, VDE, 2008.

[168] SUWA K, WAKAYAMA T, IWAMOTO M. Three-Dimensional Target Geometry and Target Motion Estimation Method using Multistatic ISAR Movies and its Performance[J]. IEEE Transaction on Geoscience and Remote Sensing, 2011, 49 (6).

[169] 毕严先, 王俊. 基于 ISAR 像序列的目标三维重构[J]. 太赫兹科学与电子信息学报, 2016, 14 (4): 531 –534.

[170] 王峰, 徐丰, 金亚秋. 利用序列 ISAR 图像获取空间目标 3D 信息的方法[J]. 遥感技术与应用, 2016, 31 (5): 900 –906.

[171] 王昕, 郭宝锋, 尚朝轩. 基于二维 ISAR 图像序列的雷达目标三维重建方法[J]. 电子与信息学报, 2013, 35 (10): 2475 –2479.

[172] 杨云川, 黄磊. 基于 ISAR 图像序列的目标三维重构[J]. 哈尔滨: 哈尔滨工业大学, 2014.

[173] 王锐. 分布式全相参雷达参数估计及 ISAR 成像方法研究[D]. 北京: 北京理工大学, 2015.

[174] 王天云. 分布式雷达稀疏成像技术研究[D]. 合肥: 中国科学技术大学, 2015.

[175] SORENSEN K W. Coherent Change Detection and Interferometric ISAR Measurements in the Folded Compact Range [R]. Albuquerque, NM United States: Sandia National Labs, 1996.

[176] SOUMEKH M. Automatic Aircraft Landing using Interferometric Inverse Synthetic Aperture Radar Imaging[J]. IEEE Transactions on Image Processing, 1996, 5 (9): 1335 –1345.

[177] 刘承兰. 干涉逆合成孔径雷达(InISAR)三维成像技术研究[D]. 长沙: 国防科技大学, 2012.

[178] SMITH B J, ROCK J C, MCFARLIN S. A Synthetic Interferometric ISAR Technique for Developing 3-D Signatures[C]. IEEE Aerospace Conference Proceedings, Big Sky, United states, 2003: 1055 –1065.

[179] GIVEN J A, SCHMIDT W R. Generalized ISAR-Part I: An Optimal Method for Imaging Large Naval Vessels[J]. IEEE Transactions on Image Processing, 2005, 14 (11): 792 – 1797.

[180] GIVEN J A, SCHMIDT W R. Generalized ISAR-Part II: Interferometric Techniques for Three-dimensional Location of Scatterers [J]. IEEE Transactions on Image Processing, 2005, 14 (11): 792 –1797.

[181] BEGUHN S M. Interferometric Imaging in a Compact Radar Range[D]. Lowell: University of Massachusetts Lowell, 2008.

[182] FELGUERA D M, GONZALEZ J T P, ALMOROX P G, et al. Interferometric Inverse Syn-

thetic Aperture Radar Experiment using an Interferometric Linear Frequency Modulated Continuous Wave Millimetre Wave Radar[J]. IET Radar Sonar and Navigation, 2011, 5 (1): 39－47.

[183] FORRESTER N T. Surface Reconstruction from Interferometric ISAR Data[D]. Massachusetts Institute of Technology, 2013.

[184] MARTORELLA M, STAGLIANO D, SALVETTI F, et al. 3D Interferometric ISAR Imaging of Noncooperative Targets[J]. IEEE Transactions on Aerospace and Electronic Systems, 2014, 50 (4): 3102－3114.

[185] 肖志河, 戴朝明. 旋转目标干涉逆合成孔径三维成像技术[J]. 电子学报, 1999, 27 (12):19－23.

[186] XU X J, NARAYANAN R M. Enhanced Resolution in SAR/ISAR Imaging using Iterative Sidelobe Apodization[J]. IEEE Transactions on Image Processing, 2005, 14 (4): 537－547.

[187] LIANG H Q, HE M Y, LI N J, et al. The Research of Near-Field InISAR Imaging Diagnosis[C]. Nanjing: International Conference on Microwave and Millimeter Wave Technology, 2008:1773－1775.

[188] LIU Y B, LI N, WANG R, et al. Achieving High-quality Three-dimensional InISAR Imageries of Maneuvering Target Via Super-resolution Isar Imaging by Exploiting Sparseness[J]. IEEE Geoscience and Remote Sensing Letters, 2014, 11 (4): 828－832.

[189] 张群, 马长征, 张涛等. 干涉式逆合成孔径雷达三维成像技术研究[J]. 电子与信息学报, 2001, 23 (9): 890－898.

[190] ZHANG Q, YEO T S. Novel Registration Technique for InISAR and InSAR[C]. IEEE International Symposium on Geoscience and Remote Sensing, Toulouse, France, 2003: 206－208.

[191] 张冬晨. InISAR 三维成像的关键技术研究[D]. 合肥: 中国科学技术大学, 2009.

[192] WANG G Y, XIA X G, CHEN V C. Three-Dimensional ISAR Imaging of Maneuvering Targets using Three Receivers[J]. IEEE Transaction on Image Processing, 2001, 10 (3): 436－447.

[193] 付耀文, 李亚楠, 黎湘. 基于MFT 的非匀速转动目标干涉 ISAR 三维成像方法[J]. 宇航学报, 2012, 33 (6): 769－775.

[194] ZHANG Q, YEO T S, DU G, et al. Estimation of Three-dimensional Motion Parameters in Interferometric ISAR Imaging[J]. IEEE Transactions on Geoscience and Remote Sensing, 2004, 42 (2): 292－300.

[195] 曹星慧. 对空间目标的星载干涉 ISAR 三维成像技术研究[D]. 哈尔滨: 哈尔滨工业大学, 2011.

[196] 马长征. 雷达目标三维成像技术研究[D]. 西安: 西安电子科技大学, 1999.

[197] 李丽亚. 宽带雷达目标识别技术研究[D]. 西安: 西安电子科技大学, 2009.

[198] MA C Z, YEO T S, TAN C S, et al. Sparse Array 3－D ISAR Imaging Based on Maximum

Likelihood Estimation and Clean Technique[J]. IEEE Transactions on Image Processing, 2010, 19 (8): 2127 – 2142.

[199] MA C Z, YEO T S, ZHANG Q, et al. Three-Dimensional ISAR Imaging Based on Antenna Array[J]. IEEE Transactions on Geoscience and Remote Sensing, 2008, 46 (2): 504 – 515.

[200] MA C Z, YEO T S, TAN H S, et al. Three-Dimensional ISAR Imaging using a Two-dimensional Sparse Antenna Array[J]. IEEE Geoscience and Remote Sensing Letters, 2008, 5 (3): 378 – 382.

[201] LUO Y Z, YANG Z. A Review of Uncertainty Propagation in Orbital Mechanics [J]. Progress in Aerospace Sciences, 2017, 89 (2): 23 – 39.

主要符号表

A	方位角
A_e	天线有效面积
A_P	信号幅度
a	径向加速度
$\dot{a}$	径向加加速度
$a, e, i, \Omega, \omega, M(或 f)$	轨道根数六参数, 半长轴 a, 偏心率 e, 轨道倾角 i, 升交点赤经 Ω, 近地点角距 ω, 平近点角 M (或真近点角 f)
B	信号带宽
c	光速
E	俯仰角
E_{max}	过顶仰角
f_c	信号载频
f_{cp}	码速率
f_d	多普勒频率
f_n	第 n 个子脉冲的载频
f_s	采样率
G	天线增益
GM	地心引力常数
H_c	雷达测站高度
H_s	卫星轨道高度
k	波数
L_B	双基地雷达基线长度
L_c	目标横向尺寸
L_s	损耗
$\boldsymbol{M}$	旋转矩阵
P_m	雷达发射机峰值功率
R_A	目标到地心距离
R_c	测站到地心距离

R_e	地球半径
R_{max}	最大作用距离
r	测站与卫星的径向距离
$\boldsymbol{r}$	雷达视线矢量
r_t	目标到发射站的距离
r_r	目标到接收站的距离
T_{cp}	码周期
T_F	帧重复周期
T_{ob}	探测积累时间或成像观测时间
T_p	雷达脉冲宽度
T_r	雷达脉冲重复周期
T_s	采样间隔
t	全时间，$t = nT_r + \hat{t}$
t_n	慢时间，脉冲发射时刻，$t_n = nT_r$
$\hat{t}$	脉冲快时间
$\hat{t}_t$	发射快时间
$\hat{t}_r$	接收快时间
$\hat{t}_o$	目标快时间
v	径向速度
β	双基地角
Δf	频率步进量
φ_L	纬度角
ζ	雷达站至地心连线与轨道面的夹角（雷达站 – 轨道面夹角）
$\boldsymbol{\Xi}$	目标 ISAR 像方位向矢量
$\boldsymbol{\Theta}$	目标 ISAR 像距离向矢量
μ	LFM 信号调频斜率
θ_d	双基地 ISAR 图像畸变角
θ_e	目标至拱点的轨道地心角
θ_L	经度角
θ_M	成像累积转角
ξ	可见弧段地心角半值
ρ_0	散射点的复散射系数
ρ_{cB}	双基地 ISAR 像方位向分辨率
ρ_c	ISAR 像横向分辨率
ρ_{rB}	双基地 ISAR 像距离向分辨率

ρ_r	ISAR 像距离向分辨率
σ	目标雷达截面积
τ	回波时延
$\boldsymbol{\omega}_{sr}$	目标转动引起的相对接收站的旋转矢量
$\boldsymbol{\omega}_{st}$	目标转动引起的相对发射站的旋转矢量
$\boldsymbol{\omega}_{vr}$	目标平动引起的相对接收站的旋转矢量
$\boldsymbol{\omega}_{vt}$	目标平动引起的相对发射站的旋转矢量
ω	目标角速度
$\boldsymbol{\omega}$	旋转速度矢量

缩略语

BMEWS	Ballistic Missile Early Warning System	弹道导弹早期预警系统
CRLB	Cramér – Rao Lower Bound	克拉－美罗下界
ECEF	Earth Centraled Earth Fixed Coodrinate System	地心固定坐标系
ECI	Earth Centraled Inertial Coodrinate System	地心惯性坐标系
EDR	Energy Dissipation Rate	能量耗散率
GEO	Geosynchronous orbit	地球同步轨道
GSO	Geostationary orbit	地球静止轨道
HEO	High Earth orbit	高地球轨道(高轨)
InISAR	Interferometric Inverse Synthetic Aperture Radar	干涉逆合成孔径雷达
ISAR	Inverse Synthetic Aperture Radar	逆合成孔径雷达
LEO	Low Earth Orbit	近地轨道(低轨)
LOS	Line of Sight	观测视线
LUPI	Length of UPdate Interval	更新时间间隔
MEO	Medium Earth orbit	中地球轨道(中轨)
NZE	Northern Zenith Eastern Coodrinate System	NZE 测站坐标系
RCS	Radar Cross Square	雷达散射截面积
SBF	Sapcecraft Body – Fixed Coordinate System	目标本体坐标系
RSWSCF	RSW Satellite Coordinate System	RSW 星基轨道坐标系
SGP4	Simplified General Perturbations four	简化普适摄动模型4
SSN	Space Surveillance Net	空间监视网
TLE	Two Line Element	两行轨道根数

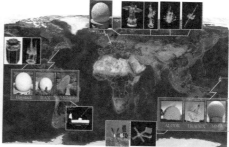

(a) 空间监视网传感器分布　　　　　(b) 空间监视雷达分布

图 1.1　空间目标监视网[4]

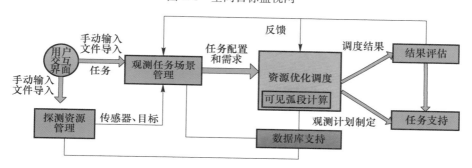

图 1.2　全网观测资源优化调度功能

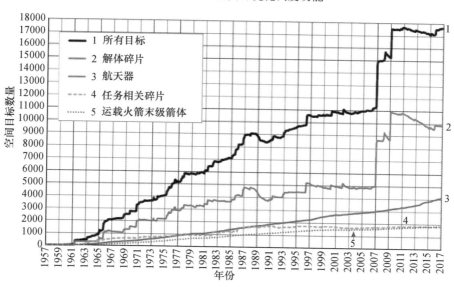

图 2.1　美国空间监视网编目空间目标数量变化情况[24]

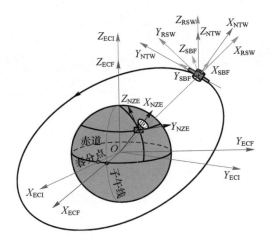

图 2.3　空间目标观测几何模型和坐标

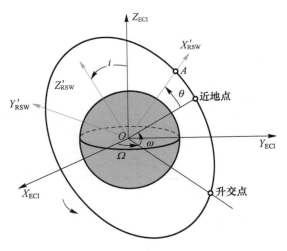

图 2.4　空间目标的轨道模型

彩 / 2

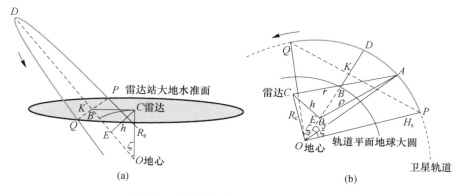

图 2.6 轨道目标与雷达相对位置关系

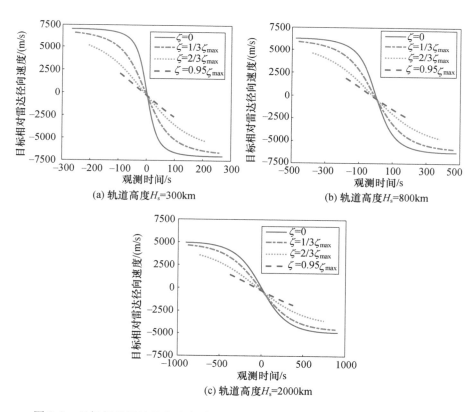

图 2.8 目标相对雷达径向速度随观测时间及雷达站－轨道面夹角的变化情况

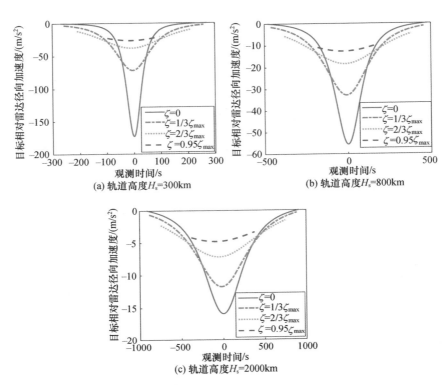

图 2.9　目标相对雷达径向加速度随观测时间及雷达站 - 轨道面夹角变化情况

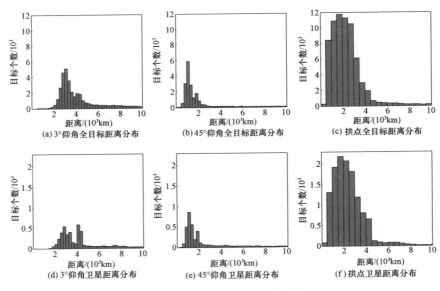

图 2.10　空间目标观测距离分布

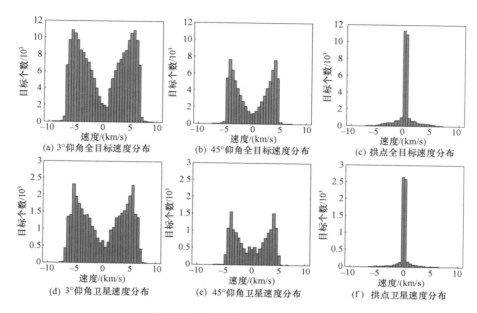

图 2.11　空间目标观测速度分布

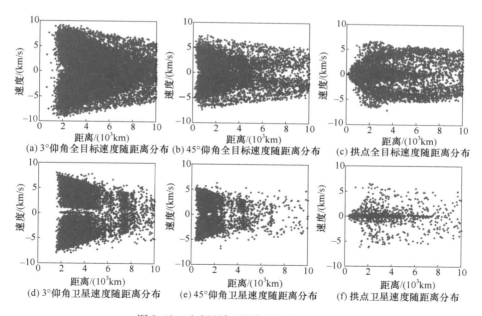

图 2.12　空间目标观测速度随距离分布

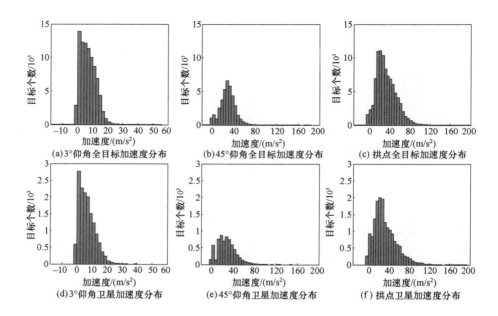

图 2.13　空间目标观测加速度分布

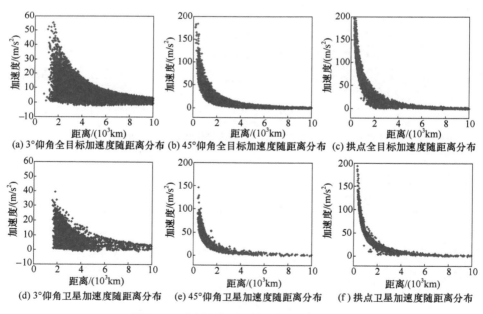

图 2.14　空间目标观测加速度随距离分布

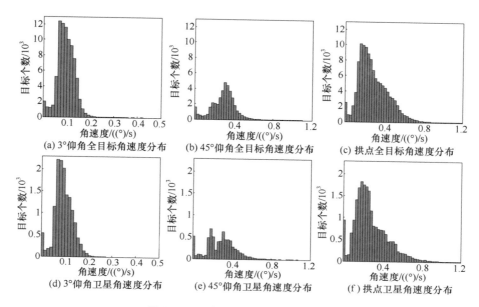

图 2.15　空间目标观测角速度分布

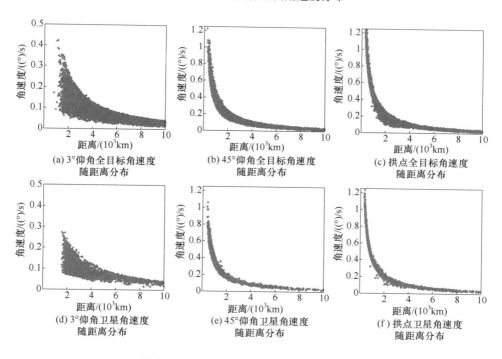

图 2.16　空间目标观测角速度随距离分布

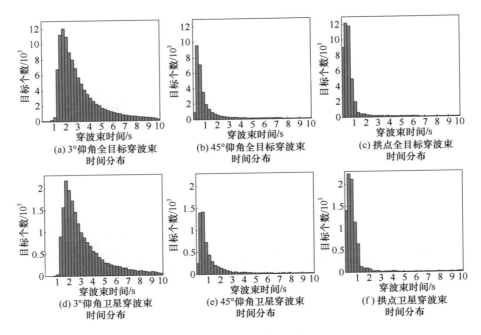

图 2.17　空间目标穿波束时间分布

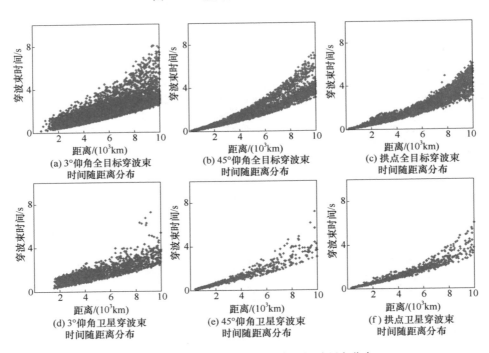

图 2.18　空间目标观测穿越波束时间随距离分布

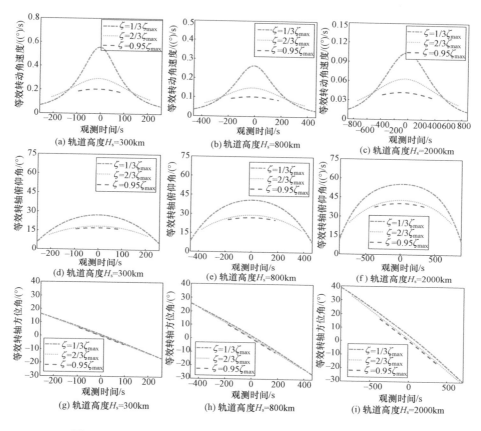

图 2.19　星基轨道坐标系下转动角速度、俯仰角和方位角的变化

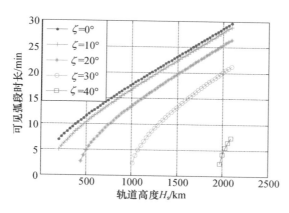

图 2.21　可见时长与轨道高度、雷达站 – 轨道面夹角的关系

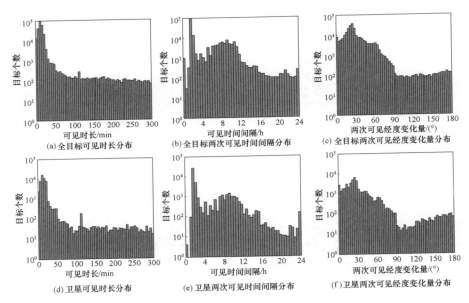

图 2.22　空间目标可见时长、间隔和经度变化量分布

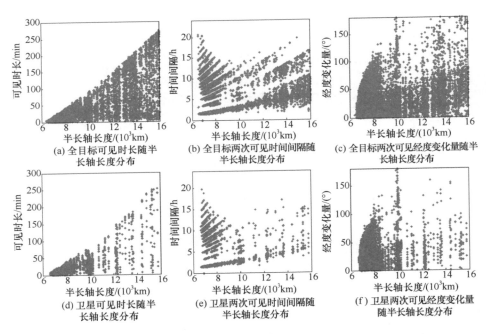

图 2.23　空间目标可见时长、间隔和经度随半长轴长度分布

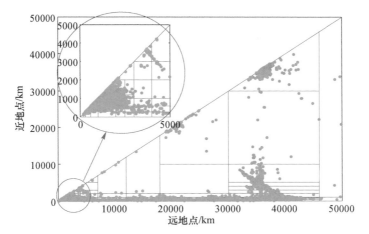

图 2.25 Gabbard 分类下空间目标的散布图(2017 - 02 - 08)

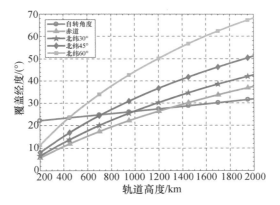

图 3.5 不同纬度测站下,搜索屏经度覆盖范围与轨道高度关系(屏张角 ±60°)

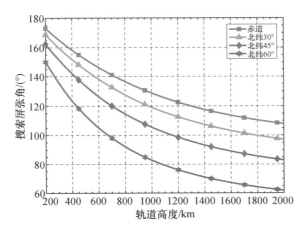

图 3.6 搜索屏张角与轨道高度关系

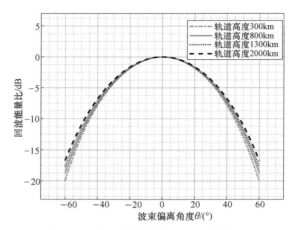

图 3.8 雷达波束扫偏时的回波能量比

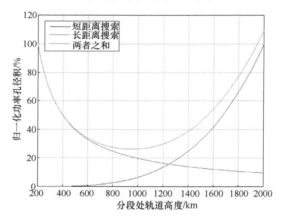

图 3.9 分段搜索策略下功率孔径积占比变化（EI = 60°）

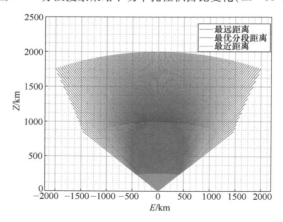

图 3.10 天 – 东坐标系（ZE）下搜索屏波束覆盖

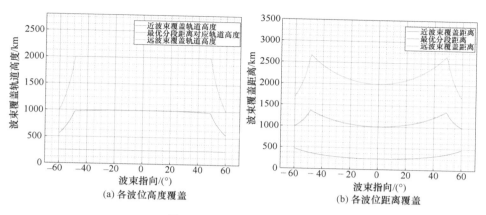

(a) 各波位高度覆盖　　　　　　　　(b) 各波位距离覆盖

图 3.11　搜索屏各波位覆盖

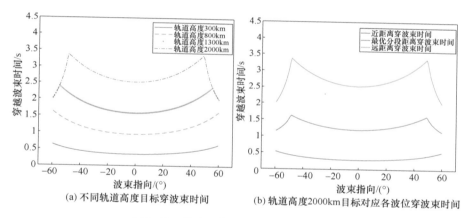

(a) 不同轨道高度目标穿波束时间　　(b) 轨道高度2000km目标对应各波位穿波束时间

图 3.12　搜索屏各波位对应穿波束时间

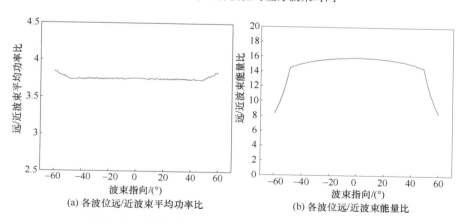

(a) 各波位远/近波束平均功率比　　　(b) 各波位远/近波束能量比

图 3.13　搜索屏各波位远/近波束平均功率比和能量比

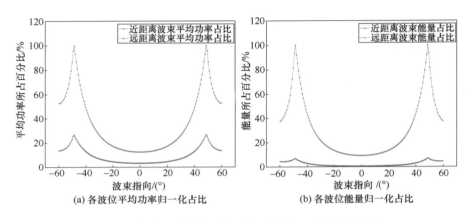

图 3.14 搜索屏各波位平均功率、能量归一化占比示意图

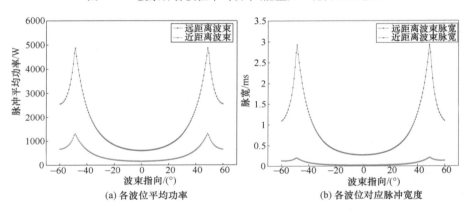

图 3.15 搜索屏各波位对应平均功率和脉冲宽度

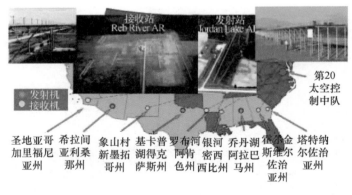

图 3.21 美国电子"篱笆"系统站点部署[73]

图 3.23 "太空篱笆"测站布置情况

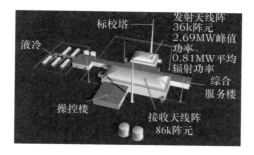

图 3.24 "太空篱笆"系统概要

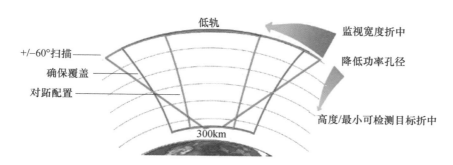

图 3.25 监视篱笆与雷达功率孔径折中概览

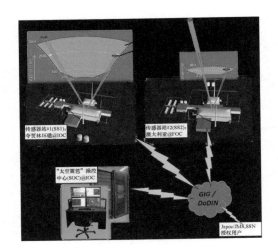

图 3.26 "太空篱笆"系统架构与覆盖

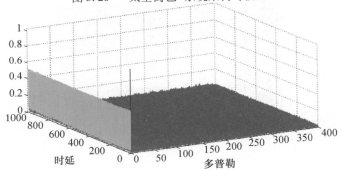

图 4.2 理想波形的模糊函数

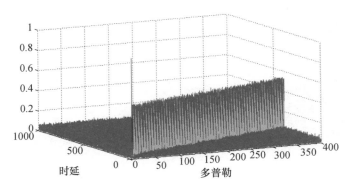

图 4.3 联合线性调频信号和伪码信号的模糊函数

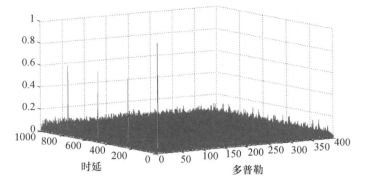

图 4.4　联合时长不同的伪码信号的模糊函数

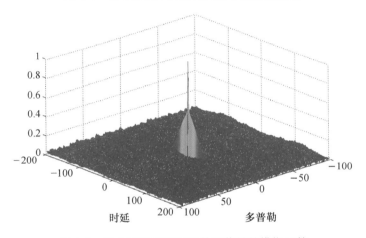

图 4.5　联合码速率不同的伪码信号的模糊函数

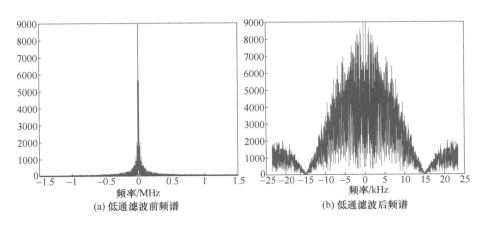

(a) 低通滤波前频谱　　　　　　　　　(b) 低通滤波后频谱

图 4.15　低通滤波前后频谱对比

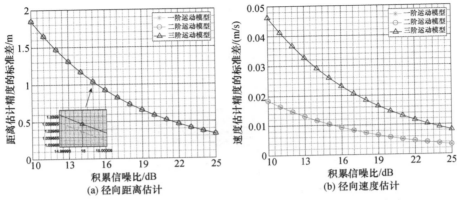

图 5.1 不同运动模型下积累信噪比对距离和速度估计精度的影响

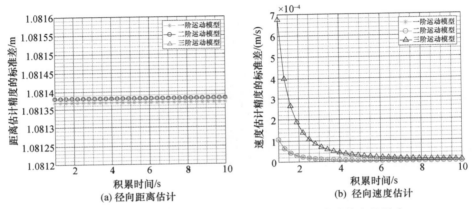

图 5.2 不同运动模型下积累时间对距离和速度估计精度的影响

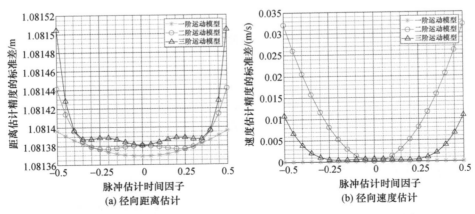

图 5.3 不同运动模型下脉冲估计时刻对距离和速度估计精度的影响

图 6.1　HAYSTACK 雷达

图 6.2　Millstone Hill 雷达天线

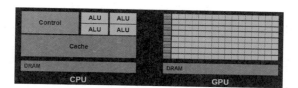

图 6.27　GPU 与 CPU 结构设计对比

图 7.1　夸贾林环礁的 3 部逆合成孔径雷达[4]

(a) X频段(9.5～10.5GHz)   (b) W频段(92～100GHz)

图 7.2   不同频段带宽下对同一卫星仿真成像结果[110]

(a) TIRA雷达[116]   (b) "和平号"空间站ISAR图像[117]

图 7.3   TIRA 雷达和"和平号"空间站 ISAR 图像

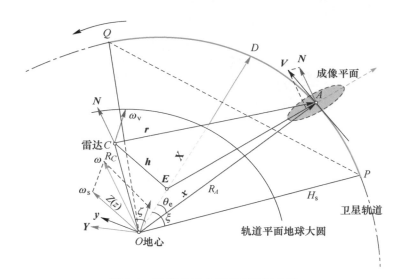

图 7.4   轨道目标成像平面观测几何

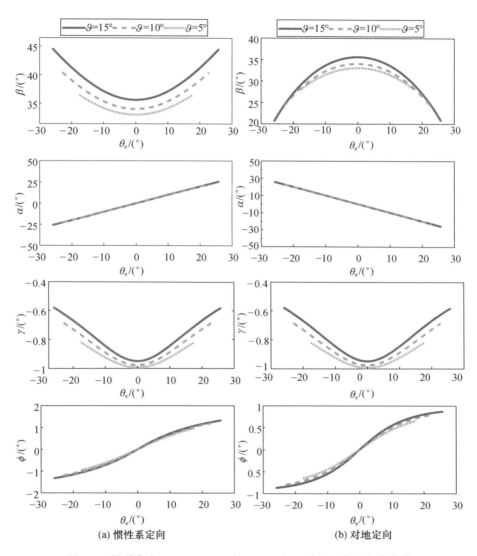

图 7.6　轨道高度 $H_{\mathrm{s}}=1200\mathrm{km}$ 时，α、β、γ 和 ϕ 随目标位置变化曲线

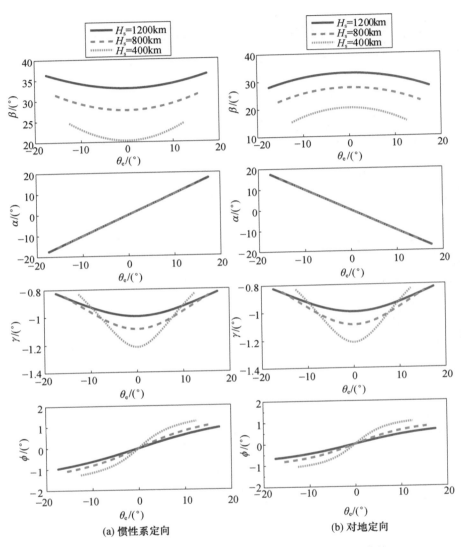

(a) 惯性系定向　　　　　　　　　(b) 对地定向

图 7.7　过顶仰角 $\vartheta = 5°$时，α、β、γ 和 ϕ 随目标位置变化曲线

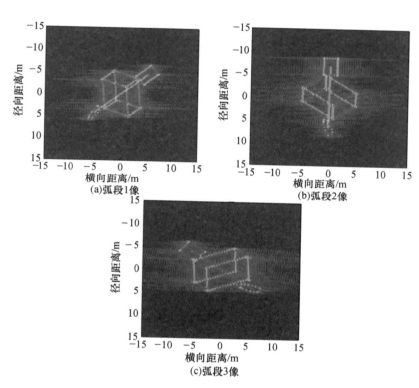

图 7.9 惯性系定向下随弧段变化的成像结果

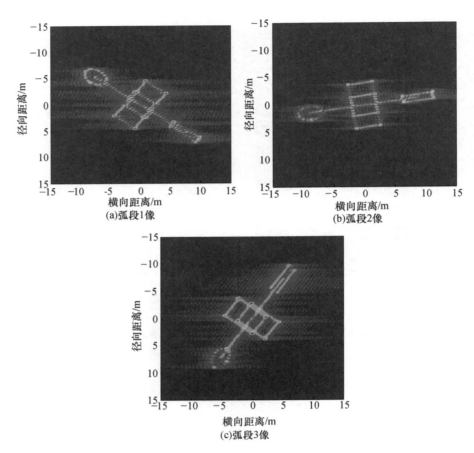

图 7.10　对地定向下随弧段变化的成像结果

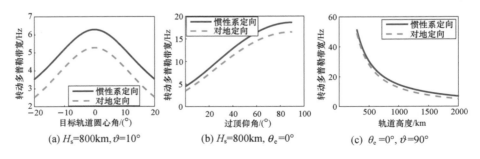

图 7.11　转动多普勒带宽与目标轨道圆心角、过顶仰角及轨道高度的关系

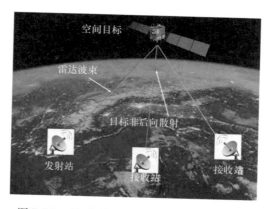

图 7.25 双/多基地 ISAR 成像系统分布示意

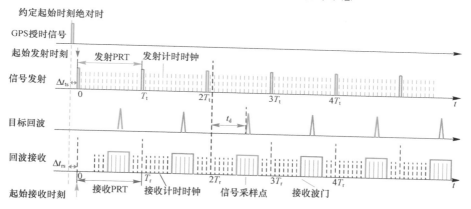

图 7.26 双基地雷达系统信号发射与接收时间关系

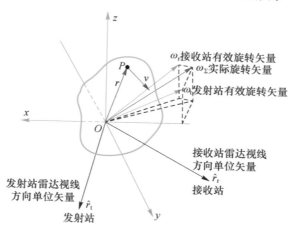

图 7.27 双基地 ISAR 成像平面几何关系

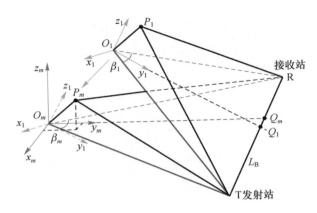

图 7.28　成像平面空变下的双基地 ISAR 几何模型

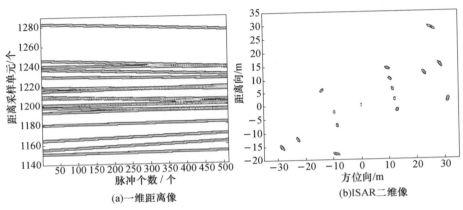

（a）一维距离像

（b）ISAR二维像

图 7.39　经典 RD 算法包络对齐后的一维距离像及其成像结果

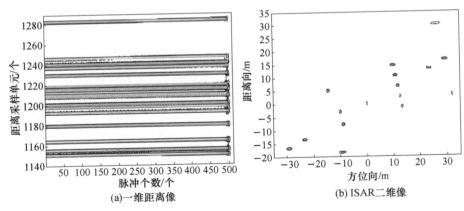

（a）一维距离像

（b）ISAR二维像

图 7.40　越距离单元徙动校正后的一维距离像及其成像结果

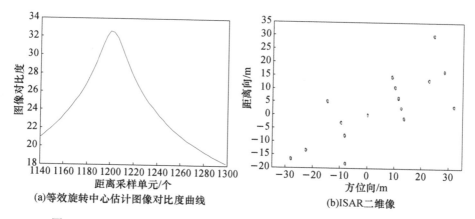

(a)等效旋转中心估计图像对比度曲线

(b)ISAR二维像

图 7.41　等效旋转中心估计曲线及越多普勒徙动校正后的 ISAR 二维像

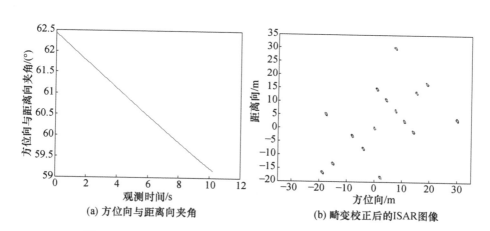

(a) 方位向与距离向夹角

(b) 畸变校正后的ISAR图像

图 7.42　图像方位向与距离向夹角及畸变校正后的 ISAR 图像

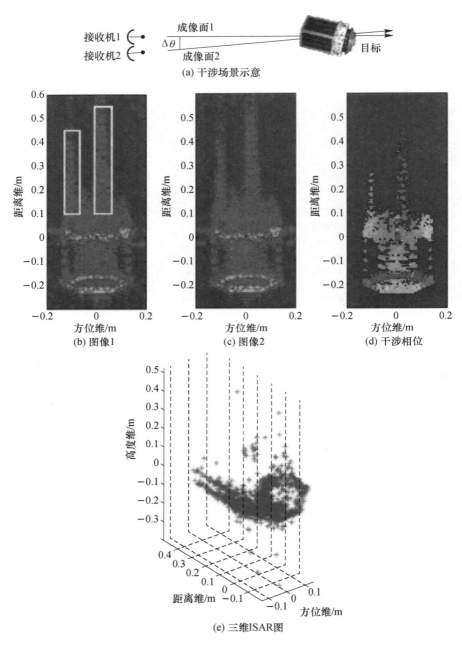

(a) 干涉场景示意

(b) 图像1

(c) 图像2

(d) 干涉相位

(e) 三维ISAR图

图 7.43　SPASE 缩比模型的干涉三维 ISAR 成像结果[183]